高职高专规划教材

市政工程计量与计价实训

李　瑜　主　编

秦晓晗　梁国赏　副主编

周慧玲　赖伟琳　主　审

中国建筑工业出版社

图书在版编目（CIP）数据

市政工程计量与计价实训/李瑜主编. —北京：中国建筑工业出版社，2019.3（2022.1重印）
高职高专规划教材
ISBN 978-7-112-23216-1

Ⅰ.①市… Ⅱ.①李… Ⅲ.①市政工程-工程造价-高等职业教育-教材 Ⅳ.①TU723.32

中国版本图书馆CIP数据核字(2019)第016772号

本教材是高职高专规划教材《市政工程计量与计价》配套用书，与教材配合帮助学生巩固理论知识，提高学生识图和动手解决计量计价问题的能力。

本教材共分5章，包括：市政工程实训概论、土方工程实训、道路工程实训、排水工程实训及综合实训部分。另外附有某市政工程道路项目（含道路工程、排水工程）作为实训内容，通过实际工程的训练，帮助学生更好地掌握所学知识，学以致用。

本教材可作为高职工程造价专业、市政工程及相关专业的课程教材，也可作为相关专业从业人员的自学及参考用书。

责任编辑：张　晶　吴越恺
责任校对：焦　乐

高职高专规划教材
市政工程计量与计价实训
李　瑜　主　编
秦晓晗　梁国赏　副主编
周慧玲　赖伟琳　主　审
*
中国建筑工业出版社出版、发行（北京海淀三里河路9号）
各地新华书店、建筑书店经销
北京红光制版公司制版
北京建筑工业印刷厂印刷
*
开本：880×1230毫米　1/16　印张：9　字数：281千字
2019年5月第一版　2022年1月第二次印刷
定价：**26.00**元
ISBN 978-7-112-23216-1
（33301）

前　　言

《市政工程计量与计价》是一门实践性较强的专业课程，相应的实训课程则是帮助学生理解、消化、巩固理论基础知识不可缺少的重要环节，也是提高学生识图、计量与计价能力的有效手段。

本实训教材引进企业工作岗位和职业能力要求，依据国家最新清单计价规范、广西壮族自治区现行市政定额计价标准，合理进行实训内容的整体设计，以合作企业提供的真实工程项目（某市政道路工程）为载体，以计量与计价技术为主线，形成与项目实施过程相匹配的实训内容，使企业工程项目与专业人才培养目标有机结合起来，将产教融合真正贯穿到实训课程中。

本教材由广西建设职业技术学院李瑜担任主编，广西建设职业技术学院秦晓晗、梁国赏担任副主编，广西南宁市建设工程造价管理处韦杰及广西建设职业技术学院阎梦晴、李红、陆慕权、陈玲燕参编。具体分工为：李瑜、韦杰负责编写整理土方、道路工程部分；秦晓晗、阎梦晴、李红负责编写整理排水工程部分；梁国赏负责编写整理实训概论以及综合实训图纸的招标控制价编制；陆慕权、陈玲燕负责所有图纸及文字校核整理。全书由李瑜负责统稿，由广西建设职业技术学院周慧玲、广西建设工程造价管理总站赖伟琳主审。

本教材可作为高职院校工程造价、市政工程及相关专业的实训教材，也可作为函授和自学辅导用书或供相关专业人员学习参考。

教材中关于工程量清单编制及工程量清单计价书编制的具体做法和案例，仅代表个人对规范、定额和相关计价文件的理解，限于编者水平，不足之处在所难免，敬请读者和同行批评指正。

编者
2018 年 11 月

目　　录

1 市政工程实训概论

1.1 市 政 工 程 简 介

1.1.1 市政工程概念

市政工程是指市政设施建设工程。在我国，市政设施是指在城市区、镇（乡）规划建设范围内设置、基于政府责任和义务为居民提供有偿或无偿公共产品和服务的各种建筑物、构筑物、设备等。城市生活配套的各种公共基础设施建设都属于市政工程范畴。市政建设工程属于建筑行业范畴，是国家工程建设的一个重要组成部分，也是城市（镇）发展和建设水平的一个衡量标准。

1.1.2 市政工程分类

市政工程是一个总概念，按照专业不同，主要包括：城市道路工程、城市桥梁、隧道工程、给水排水工程、城市燃气、热力工程、城市轨道交通工程等，如图 1-1 所示。

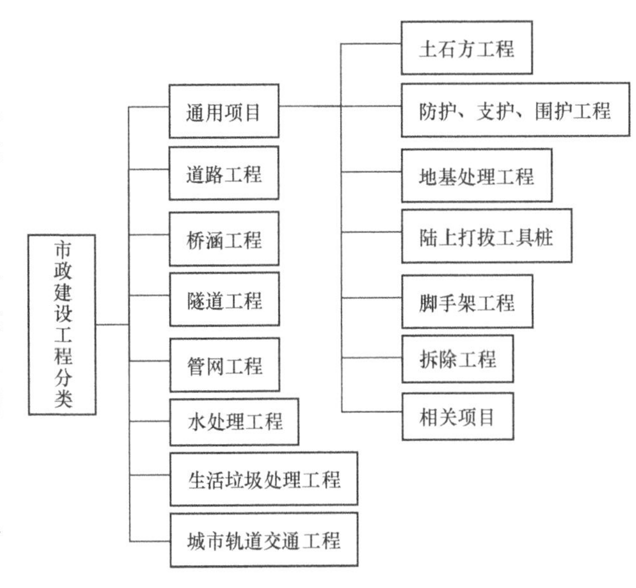

图 1-1 市政建设工程分类（按专业划分）

1.1.3 市政工程建设项目组成

市政工程建设与工业民用工程建设特点一样，按照国家主管部门的统一规定，将一项建设工程划分为建设项目、单项工程、单位工程、分部工程、分项工程五个等级，这个规定适用于任何部门的基本建设工程（图 1-2）。

（1）建设项目

建设项目通常是指市政工程建设中按照一个总体设计来进行施工，经济上实行独立核算，行政上具有独立的组织形式的建设工程。如南宁市的快环路工程，就是一个建设项目；南宁市正在紧张施工地铁一号线、二号线工程也是一个建设项目。

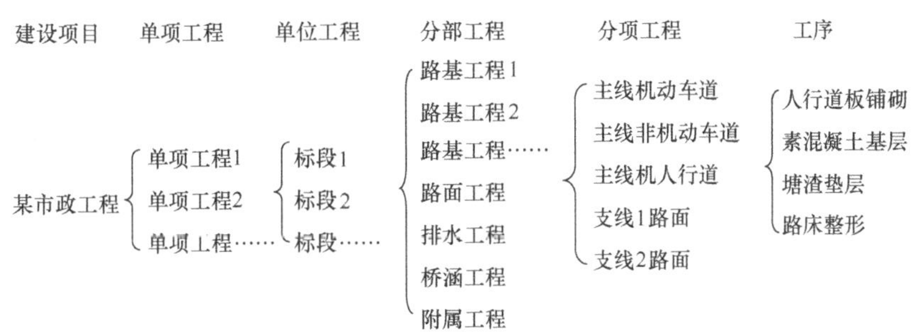

图 1-2 基本建设项目划分

工业建设中的一座工厂，民用建设中的一所学校，市政建设中的一条城市道路、一条给水或排水管网、一座立交桥、一座涵洞等，均为一个建设项目。

(2) 单项工程

又称工程项目，是建设项目的组成部分，建成后能够独立发挥生产能力或效益的工程。如一个工厂的各个主要生产车间、辅助生产车间、行政办公楼等，一所学校中的教学楼、办公楼、图书馆、宿舍楼等，市政建设中的防洪渠、隧道、地铁售票处等。

(3) 单位工程

单位工程是单项工程的组成部分，指具有单独设计的施工图纸和单独编制的施工图预算文件，可以独立施工和作为成本核算对象，但建成后不能够独立发挥生产能力或效益的工程。通常按照单项工程所包含的不同性质的工程内容，根据能否独立施工的要求，将一个单项工程划分为若干个单位工程，如市政建设中的一段道路工程、一段排水管网工程等。

(4) 分部工程

分部工程是单位工程的组成部分，一般是按照单位工程的主要结构，各个主要部位划分的。如工业与民用建筑中将土建工程作为单位工程，而土石方工程、砌筑工程等作为分部工程。市政工程中一段道路划分为路基工程、路面工程、附属工程等若干个分部工程。公路工程中路基工程划分为单位工程，路基工程中的土石方工程、小桥工程、排水工程、涵洞工程、砌筑防护、大型挡土墙工程划分为分部工程。一个单位工程是由一个或几个分部工程组成的。

(5) 分项工程

它是分部工程的组成部分，是将分部工程按照不同的施工方法、不同的工程部位、不同的材料、不同的质量要求和工作难易程度更细地划分为若干个分项工程。如土石方工程划分为挖土、运土、回填土等；小型桥梁划分为基础及下部构造、上部构造预制及安装或浇筑、桥面、栏杆、人行道等分项工程。一个分部工程是由一个或几个分项工程所组成的。

分项工程又可划分为若干工序，分项工程是预算定额的基本计量单位，故也称为工程定额子目或称为工程细目。

各个分项工程的造价合计形成分部工程造价，各分部工程造价合计形成单位工程造价，各单位工程造价合计形成单项工程造价，各单项工程造价合计形成建设项目造价。即工程造价的计算过程是：分部、分项工程造价→单位工程造价→单项工程造价→建设项目总造价。

1.2 实训目的与内容

1.2.1 实训目的

《市政工程计量与计价》是工程造价专业课程体系中的专业拓展课程，是将工程造价基本理论逐渐转化为实际操作，并将工程造价的接触面和应用面扩大的重要课程。《市政工程计量与计价实训》则是继此课程之后，学生顶岗实习之前的重要实践环节。

因此，《市政工程计量与计价实训》课程的重要性不言而喻，通过实训课程，让每位同学接触到实际项目，熟悉工程图纸，熟悉清单项目及定额，熟知项目特征的描述，并学会对项目整体情况进行概述。在了解国家整体规范及相关文件精神后，熟练运用计价软件，进行市政工程项目清单招标控制价的编制。

通过实训课程，每位同学应力争达到以下要求：

(1) 巩固和综合运用所学的基本知识，掌握市政工程工程量清单及其招标控制价的编制方法，并熟练掌握算量软件及其计价软件的应用。

(2) 提升综合分析问题和解决问题的能力，达到学会查阅图集、各种手册以及询价的综合能力；培养理论联系实际，踏实、严谨、认真的工作作风，以及工程造价人员必备的全局观念，经济观念和质量观念，学会编制造价指标分析。

(3) 培养团队合作精神，学会沟通、学会共处、学会适应社会，为将来的顶岗实习打下坚实的基础。

1.2.2 实训内容

(1) 在土方工程、道路工程、排水工程等各章节，掌握各部分计量计价。

(2) 在综合实训章节，掌握整个市政工程项目的计量计价。

1.3 实训要求与成绩评定

1.3.1 实训要求

(1) 服从指导教师的安排，实训期间注意安全，严禁打闹、嬉戏，杜绝一切事故。

(2) 实训时遵守纪律，不迟到，不早退。

(3) 尊重指导教师，虚心求教。

(4) 实训期间一般不得请假，特殊情况需请假者，按照学校有关规定执行。

1.3.2 成绩评定

按照实训要求，指导老师根据学生的土方工程、道路工程、排水工程、综合实训及平时成绩等来综合评定成绩（权重建议土方部分占15%，道路部分占15%，排水部分占15%，综合实训占45%，平时成绩占10%。平时成绩主要根据实训期间的考勤、作业完成情况来评定）。

实训综合成绩按优、良、中、及格和不及格来考核，具体如下：

1. 优秀

(1) 工作努力，遵守纪律、表现好；

(2) 能按时按量优异地完成任务书中规定的任务，能熟练运用所学专业理论知识，具有较强的综合分析问题和解决问题的能力，在某些方面有独到见解；

(3) 预算书齐全、整洁，内容正确，概念清楚，书写工整。

2. 良好

(1) 工作努力，遵守纪律，表现良好；

(2) 能按时按量独立完成任务书中规定的任务，能较好地运用所学理论知识，具有较强的综合分析问题解决问题的能力；

(3) 预算书齐全、整洁，内容正确，概念清楚。

3. 中等

(1) 工作较努力，遵守纪律，表现一般；

(2) 基本上能按时按量独立完成任务书中规定的任务，在运用所学理论和专业知识上基本正确，具有一定的综合分析问题和解决问题的能力；

(3) 预算书完备，内容基本正确，概念较清楚，书写较工整。

4. 及格

(1) 工作态度及表现一般；

(2) 在规定时间内勉强完成任务书中规定的任务，基本达到教学要求，但分析和解决问题的能力较差，在非主要问题上存在错误；

(3) 预算书内容基本正确，书写较工整，仅有局部非原则性错误。

5. 不及格

(1) 未达到各章节实训任务规定的基本要求；

(2) 实训缺席时间累计达三分之一及以上；

(3) 实训成果不按时提交；

(4) 实训成果雷同或有抄袭现象；

(5) 实训过程中严重违反纪律。

2 土方工程实训

2.1 土方工程计算规则

2.1.1 清单工程量计算规则

节选自《建设工程工程量计算规范-GB 50857～50862—2013-广西壮族自治区实施细则（修订本）》。

1. 土方工程

（1）挖一般土方（项目编码：040101001）

工程量计算规则：按设计图示尺寸以体积计算。

（2）挖沟槽土方（项目编码：040101002）

工程量计算规则：按设计图示尺寸以体积计算，因工作面（或支挡土板）和放坡增加工程量并入挖沟槽土方工程量计算，管道接口工作坑和各类井室增加工程量按全部沟槽土方总量的2.5%并入挖沟槽土方工程量计算。

（3）挖基坑土方（项目编码：040101003）

工程量计算规则：按设计图示尺寸以体积计算，因工作面（或支挡土板）和放坡增加工程量并入挖基坑土方工程量计算。

（4）暗挖土方（项目编码：040101004）

工程量计算规则：按设计图示断面乘以长度以体积计算。

（5）挖淤泥、流沙（项目编码：040101004）

工程量计算规则：按设计图示位置、界限以体积计算。

2. 石方工程

（1）挖一般石方（项目编码：040102001）

（2）挖沟槽石方（项目编码：040102002）

（3）挖基坑石方（项目编码：040102003）

上述（1）～（3）工程量计算规则均为：按设计图示尺寸以体积计算。

3. 回填方及土石方运输

（1）填方（项目编码：040103001）

工程量计算规则：按图示回填体积并依据下列规定以体积计算。

1）路基及隧道明洞回填：按设计图示尺寸以体积计算。

2）沟槽回填：按挖沟槽方清单项目工程量减管径在200mm以上的管道、基础、垫层和各种构造物所占的体积计算。

3）台（涵）回填：按设计及规范要求尺寸计算体积，减基础、构筑物等埋入体积。

（2）余方弃置（项目编码：040103002）

工程量计算规则：按挖方清单项目工程量减利用回填方体积（正数）计算。

（3）土石方运输每增1km（项目编码：桂040103003）

工程量计算规则：借方回填或弃方工程量与超过（少于）规定运距里程的乘积。

4. 其他工程

支挡土板（项目编码：桂040104001）

工程量计算规则：按施工组织设计明确的支撑面积计算。

2.1.2 定额工程量计算规则

1. 挖土方

（1）挖、运土方体积均以天然密实体积（自然方）计算，回填土按碾压后的体积（实方）计算。土方体积换算见表 2-1。

土方体积换算表 **表 2-1**

虚方体积	天然密实度体积	夯实后体积	松填体积
1.00	0.77	0.67	0.83
1.30	1.00	0.87	1.08
1.50	1.15	1.00	1.25
1.20	0.92	0.80	1.00

（2）土方工程量按图纸尺寸计算，修建机械上下坡的便道土方量并入土方工程量内。

（3）挖沟槽、基坑、平整场地和一般土方的划分规则：

1）底宽 7m 以内，底长大于底宽 3 倍以上为沟槽。

2）底长小于底宽 3 倍以内且坑底面积在 150m^2 以内为基坑。

3）厚度在 30cm 以内就地挖、填土为平整场地。平整场地适用于桥涵、水处理（泵站、池类等）工程等需要由施工单位完成平整场地的情况，一般道路和排水管道工程不得计算平整场地费用。

4）超过上述范围的土方按挖一般土方计算。

（4）管道接口作业坑和沿线各种井室所需增加开挖的土方工程量按沟槽全部土方量 2.5%计算。

（5）挖土方放坡和沟、槽底加宽应按施工组织设计规定计算。如无明确规定，可按表 2-2～表 2-4 中规定计算：

放坡系数表 **表 2-2**

土壤类别	放坡起点（m）	人工挖土	机械挖土		
			在沟槽、坑内作业	在沟槽侧、坑边上作业	顺沟槽方向坑上作业
一、二类土	1.20	1：0.50	1：0.33	1：0.75	1：0.50
三类土	1.50	1：0.33	1：0.25	1：0.67	1：0.33
四类土	2.00	1：0.25	1：0.10	1：0.33	1：0.25

注：1. 沟槽、基坑中土类别不同时，分别按其放坡起点、放坡系数，依不同土类别厚度加权平均计算。
2. 计算放坡时，在交接处的重复工程量不予扣除，槽、坑做基础垫层时，放坡自垫层上表面开始计算。

管沟施工每侧所需工作面宽度计算表（单位：mm） **表 2-3**

管道结构宽	混凝土管道基础 90°	混凝土管道基础＞90°	金属管道	塑料管道
300 以内	300	300	200	200
500 以内	400	400	300	300
1000 以内	500	500	400	400
2500 以内	600	500	400	500
2500 以上	700	600	500	600

注：管道结构宽，有管座按管道基础外缘，无管座按管道外径计算，构筑物按基础外缘计算。

基础施工所需工作面宽度计算表 **表 2-4**

基础材料	每侧工作面宽（mm）	基础材料	每侧工作面宽（mm）
砖	200	混凝土垫层或基础支模板者	300
浆砌条石、块（片）石	150	垂面做防水防潮层	1000

注：1. 挖土交接处产生的重复工程量不扣除。如在同一断面内遇有数类土壤，其放坡系数可按各类土占全部深度的百分比加权计算。
2. 管道结构宽：无管座按管道外径计算，有管座按管道基础外缘计算，构筑物按基础外缘计算，如设挡土板则每侧增加 10cm。

(6) 清理土堤基础根据设计规定按堤坡斜面积计算，清理厚度为30cm内，废土运距按30m计算。

(7) 人工修整土堤台阶工程量，按挖前的堤坡斜面积计算，运土应另行计算。

2. 挖石方

(1) 石方工程的沟槽、基坑、一般石方的划分同土方工程。

(2) 爆破岩石按图示尺寸以"m^3"计算，其沟槽、基坑深度和宽允许超挖量：较软岩、较硬岩为200mm；坚硬岩为150mm。超挖部分岩石并入挖石方工程量内计算。

(3) 控制爆破、静力爆破和岩石破碎机破碎岩石项目不能计算超挖量。

3. 填方及土石方运输

(1) 回填土区分夯填、松填按图示回填土体积以"m^3"计算。

(2) 管沟回填土应扣除管径在200mm以上的管道、基础、垫层和各种构造物所占的体积。

(3) 原土碾压按碾压面积以"m^2"计算，填土碾压按填料压实后体积以"m^3"计算。

(4) 土石方运距应以挖土重心至填土重心或弃土重心最近距离计算，挖土重心、填土重心、弃土重心按施工组织设计确定。如遇下列情况应增加运距：

人力及人力车运土、石方上坡坡度在15%以上，推土机、铲运机重车上坡坡度大于15%，斜道运距按斜道长度乘以如下系数（表2-5）。

坡度系数 **表2-5**

项目	推土机、铲运机				人力及人力车
坡度（%）	5～10	15以内	20以内	25以内	15以上
系数	1.75	2	2.25	2.50	5

(5) 采用人力垂直运输土、石方，垂直深度每米折合水平运距7m计算，垂直运输与水平运输的运距一并计算。

(6) 自卸汽车运土石方定额均未含洒水车，施工中使用洒水车的，每1000m^3土方增加洒水车（罐容量4000L）0.6台班，水12m^3。

4. 支挡土板

支撑工程按施工组织设计确定的支撑面积以"m^2"计算。

2.2 实训注意事项

2.2.1 清单工程量计算注意事项

1. 土石方工程量计算

在计算土方工程量之前，应首先收集确定以下数据：

(1) 土壤的类别。

(2) 地下水位标高，所挖土方是干土还是湿土，二者所使用的定额标准不同。

(3) 挖运土的方法，确定是采用人工挖运，还是机械挖运等。

(4) 余土和缺土的运距。

(5) 是否放坡或支挡板，是否需要留工作面等。

上述数据可以通过勘测资料和施工组织设计获得。

2. 土石方工程工程量清单编制注意事项

(1) 沟槽、基坑、一般土石方的划分为：底宽≤7m且底长>3倍底宽为沟槽，底宽≤3倍底宽且底面积≤150m^2为基坑。超过上述范围的土方按挖一般土方计算。

(2) 挖弃土方体积应按挖掘前的天然密实体积计算。

(3) 挖沟槽、基坑土方中的挖土深度，一般指原地面标高至槽、坑底的平均高度。

(4) 挖一般土方、沟槽、基坑土方应根据工程部位不同，分别设置清单编码。

(5) 我区结合实际情况，把挖沟槽、基坑土石方因工作面和放坡增加的工程量（管沟工作面增加的工程量），并入各土石方清单工程量中。

(6) 挖沟槽、基坑、一般土石方清单项目的工作内容不包括土石方场内平衡所需的运输费用，如发生场内平衡时所需费用，应计入 040103001 "回填方"。暗挖土方清单项目的工作内容中仅包括了洞内的水平、垂直运输费用，如需土石方外运时，按 040103002 "余方弃置" 项目编码列项。

(7) 挖方出现流沙、淤泥时，如设计未明确，在编制工程量清单时，其工程数量可为暂定量，运距必须描述，如不能确定时，招标人可暂定。结算时，应根据实际情况由发包人与承包人双方现场签证确认工程量，运距按实调整。

(8) 挖淤泥、流沙清单项目的工作内容中包含运输（场内、外），不能与其他挖土方清单合并列项。

(9) 填方材料品种必须描述，如填方材料品种不能确定时，可由招标人暂定，结算时按实调整。

(10) 填方材料粒径应按设计和规范要求描述，设计和规范无要求的，项目特征可以不描述。

(11) 回填方清单项目的工作内容含运输，回填方总工作量中若包括场内平和利用方回填和缺方内运借方回填两种情况时，应分别列项编码。

(12) 回填方体积应按压实体积计算，并应按不同部位分别编码列项。部位包括路基、沟槽、井周、基础台（涵）背、明洞及洞门等。

(13) 根据广西壮族自治区实施细则规定，沟槽、基坑清单工程量同定额工程量，因此沟槽余方和挖一般土方余方可以合并，不需再分别列余方弃置清单项目。

(14) 余方弃置按挖掘前的天然密实体积计算。土石方运输每增 1km 体积如为弃方，应按挖掘前的天然密实体积计算；若为借方，则按压实体积计算。

2.2.2 定额工程量计算注意事项

1. 土石方工程

(1) 机械挖软岩，由于施工方法与土方相同，归在机械挖土方章节子目内。

(2) 基础施工所需工作面宽度计算表附注中，"挖土交接处产生的重复工程量不扣除，如在同一断面内遇有数类土壤，其放坡系数可按各类土占全部深度的百分比加权计算"。挖土交接处是指不同沟槽管道十字或斜向交叉时产生的重复土方，无须扣除。如果是不同管道走向相同，在施工过程中管道交接处产生的重复土方，必须扣除。

(3) 清理土堤基础根据设计规定按堤坡斜面积计算，清理厚度为 30cm 内，废土运距按 30m 计算。

(4) 自卸汽车运土方（石方）分别设置了运距 0.5km 以内和 1km 以内起步的项目，运距 0.5km 以内起步的项目一般在场内土石方调配时使用，土石方的场外运输以运距 1km 内起步。

2. 防护、支护、围护工程

地下连续墙定额项目未包括泥浆池的制作、拆除，发生时根据施工组织设计另行计算；泥浆使用后的废浆，因无场地处理需立即清运的，执行第三册桥涵工程泥浆外运子目；泥浆经晾晒干化处理后外运的，执行土方相应定额子目。

3. 地基处理工程

抛石挤淤按设计要求抛填范围内片石的实际抛填量计算，定额中片石消耗量不含需挤密碾压施工增加的压实量。抛填片石后需铺设反滤层时，另行套用相应定额子目计算。

4. 脚手架工程

(1) 独立安全挡板是自设支撑单独搭设的防护挡板，用于行人通道、设备防护等；独立安全挡板是不靠在脚手架上的，分水平和垂直，所搭的位置一般是进入建筑物施工人员通过，或者建筑物底下的人行通道，水平搭设就是水平安全挡板，垂直搭设就是垂直安全挡板（图 2-1）。

(2) 靠脚手架安全挡板是靠在外脚手架外边的安全挡板，支撑全靠外架提供。

(3) 独立安全挡板及靠脚手架安全挡板的用途都是防坠落。

图 2-1　安全独立挡板

(4) 独立安全挡板是指脚手架以外单独搭设的，用于车辆通道、人行通道、临街防护和施工现场与其他危险场所隔离防护。独立安全防护挡板，水平的安全挡板按投影面积计算，垂直的安全挡板按垂直搭设面积计算。

5. 拆除工程

预制混凝土块料拆除适用于透水砖、植草砖、水泥阶砖等块料类（含砂浆结合层）拆除。

6. 相关工程

施工护栏定额按《南宁市建设工程质量安全管理标准化图集（强制性行业标准）》（2013 年 4 月出版）的 4 种围挡形式编制，分别为图 2-2 所示：砌体＋彩钢夹心板围挡（高 2.5m）；图 2-3 所示：砌体围挡（高 2.0m）；图 2-4 所示：型钢＋彩钢夹心板（50mm 厚）围挡（高 2.0m）；图 2-5 所示：型钢＋彩钢板（0.5mm 厚）围挡（高 1.76m）。使用定额时要根据实际施工采用的样式套用。施工护栏装饰定额仅适用于图 2-2、图 2-3 所示的砌块部分的涂料装饰。非上述 2 种施工围挡的装饰，不能套用该定额。

图 2-2　砌体＋彩钢夹心板围挡（高 2.5m）

图 2-3　砌体围挡（高 2.0m）

图 2-4 型钢+彩钢夹心板（50mm 厚）围挡（高 2.0m）

图 2-5 型钢+彩钢板（0.5mm 厚）围挡（高 1.76m）

2.3 实 训 案 例

【例 2-1】 单选：根据现行市政定额，底宽 7m 以内，底长大于底宽 3 倍以上按开挖(　　)土方。

A. 一般道路　　B. 沟槽　　C. 基坑　　D. 平整场地

【解】 选 B。工程量计算规则中，“挖沟槽、基坑、平整场地和一般土方的划分：底宽 7m 以内，底长大于底宽 3 倍以上为沟槽；底长小于底宽 3 倍以内且坑底面积在 150m^2 以内为基坑；厚度在 30cm 以内就地挖、填土为平整场地。”

【例 2-2】 单选：计算定额工程量时，管道接口作业坑和各种井室所需增加开挖的土石方工程量按挖沟槽全部土石方量的(　　)计算。

A. 2.5%　　B. 2%　　C. 3%　　D. 1.5%

【解】 选 A。工程量计算规则中，“管道接口作业坑和沿线各种井室所需增加开挖的土方工程量按沟槽全部土方量 2.5%计算。”

【例 2-3】 单选：沟槽回填土应扣除管径在(　　)mm 以上的管道、基础、垫层和各种构造物所占的体积。

A. 150　　B. 300　　C. 350　　D. 200

【解】 选 D。工程量计算规则中，“管沟回填土应扣除管径在 200mm 以上的管道、基础、垫层和各种构造物所占的体积。”

【例 2-4】 单选：机械开挖沟槽土方坑边作业时，一、二类土的放坡系数应取(　　)。

A. 0.33　　B. 0.25　　C. 0.5　　D. 0.75

【解】 选 D。参见表 2-2 放坡系数表。

【例 2-5】 某道路工程全长 600m，路基工程中，共挖土方 2000m^3，挖土深度综合考虑。根据地质勘察报告，挖方为一、二类土，需外运 1km 弃置。请根据题意编制土方部分相关工程量清单，填入表 2-6 中。

【解】

(1) 清单列项

根据《建设工程工程量计算规范-GB 50857～50862—2013-广西壮族自治区实施细则（修订本）》，表 A.1 关于挖一般土方的注释，“挖沟槽、基坑、一般土石方清单项目的工作内容不包括土石方场内平衡所需的运输费用，如发生场内平衡时所需费用，应计入 040103001‘回填方’……如需土石方外运时，按 040103002 余方弃置项目编码列项。”

(2) 表格填写

分部分项工程和单价措施项目清单与计价表　　**表 2-6**

工程名称：××道路工程

序号	项目编码	项目名称及项目特征描述	计量单位	工程量	金额（元）		
					综合单价	合价	其中：暂估价
1	040101001001	挖一般土方 1. 土壤类别：一、二类土 2. 挖土深度：综合 3. 部位：路基	m^3	2000.00			
2	040103002001	余方弃置 废弃料品种：一、二类土 运距：1km	m^3	2000.00			

【例 2-6】 某市新建道路土方工程，修筑起点 K0＋000，终点 K0＋300，路基设计宽度为 16m，该路段内既有填方，又有挖方，详见表 2-7。土质三类土，余方运至 5km 处弃置点，填方要求密实度达到 95%，借方运距按 6km 考虑。试编制土方工程量清单，填入表 2-8 中。

道路工程土方计算表　　表 2-7

桩号	A填 (m^2)	A挖 (m^2)	长度 (m)	填方 (m^3)	挖方 (m^3)
K0+000	4.4	0	—	—	—
			50	372.5	0
K0+050	10.5	0			
			50	470	0
K0+100	8.3	0			
			50	260	60
K0+150	2.1	2.4			
			50	52.5	265
K0+200	0	8.2			
			50	0	335
K0+250	0	5.2			
			50	0	520
K0+300	0	15.6	—	—	—
合　计				1155	1180

注：挖方中有 400m^3 为可利用土方。

【解】

（1）清单列项

本例题工程概况中，挖方 1180m^3，400m^3 可以利用，则需要外运弃置 1180－400＝780m^3，故列两个清单项目，挖一般土方及余方弃置。

040103001，回填方的项目特征中需区别填方来源，本项目填方共需 1155m^3，土方来源分为两类，一类是场内可利用方；另一类是借方，故列两个清单项目。

（2）清单工程量计算

挖一般土方：1180m^3

利用方回填：400×0.87＝348m^3

借方回填 1155－348＝807m^3

余方弃置 1180－400＝780m^3

（3）表格填写

分部分项工程和单价措施项目清单与计价表　　表 2-8

工程名称：××道路工程

序号	项目编码	项目名称及项目特征描述	计量单位	工程量	金额（元）		
					综合单价	合价	其中：暂估价
1	040101001001	挖一般土方 1. 土壤类别：三类土 2. 挖土深度：综合 3. 部位：路基	m^3	1180			
2	040103001001	利用方回填 1. 压实度：95% 2. 填方材料品种：三类土 3. 填方来源：场内平衡 4. 借方运距：1km 以内 5. 部位：路基	m^3	348			

续表

序号	项目编码	项目名称及项目特征描述	计量单位	工程量	金额（元）		
					综合单价	合价	其中：暂估价
3	040103001002	借方回填 1. 密实度：95% 2. 填方材料品种：硬土 3. 填方来源：自行考虑 4. 借方运距：1km 以内 5. 部位：路基	m^3	807			
4	040103002001	余方弃置 1. 废弃料品种：三类土 2. 运距：由投标人根据施工现场实际情况自行考虑决定	m^3	780			
5	桂 040103003001	土石方运输每增加 1km 1. 弃方 2. 运距 4km	m^3 · km	3120			
	桂 040103003002	土石方运输每增加 1km 1. 借方 2. 运距 5km	m^3 · km	4035			

【例 2-7】 某道路工程中有 200m^3 的路基为一、二类土，不良土质，需换填硬土。施工方案为液压挖掘机（斗容量 1.25m^3）挖土，装车。自卸汽车（12t）运土。弃土运距按 1km 计算，借土运距按 3km 计算，买土费用不包含运费，振动压路机（15t 以内）碾压。

试编制此部分换填土方的相关工程量清单，填入表格 2-9。

【解】 分析：本案例为软土路基换填，在清单项目中没有直接换填的清单编码。考虑到换填的主要工作内容有挖除不良土，外运，借土回填，故列三个清单项目，见表 2-9。

分部分项工程和单价措施项目清单与计价表 **表 2-9**

工程名称：××道路工程

序号	项目编码	项目名称及项目特征描述	计量单位	工程量	金额（元）		
					综合单价	合价	其中：暂估价
1	040101001001	挖一般土方 1. 一、二类土，含装车 2. 挖土深度：综合 3. 部位：路基	m^3	200			
2	040103001002	回填方 1. 密实度：按设计设计 2. 填方品种：硬土 3. 借方来源：外购土 4. 借方运距 1km 5. 部位：路基	m^3	200			
3	040103002001	余方弃置 1. 一、二类土 2. 运距 1km	m^3	200			
4	桂 040103003001	土石方运输每增加 1km 1. 硬土 2. 借方运距 4km	m^3 · km	800			

【例 2-8】 接例 2-7，给表 2-9 中的清单项目套定额子目并判断换算，计算定额工程量。

【解】（1）确定定额子目并判断是否需要换算，见表 2-10。

分部分项工程和单价措施项目清单与计价表 **表 2-10**

工程名称：××道路工程

序号	项目编码	项目名称及项目特征描述	计量单位	工程量	金额（元）		
					综合单价	合价	其中：暂估价
1	040101001001	挖一般土方 1. 一、二类土，含装车 2. 挖土深度：综合 3. 部位：路基	m^3	200			
	C1-0016	液压挖掘机挖土方（斗容量 $1.25m^3$），装车，一、二类土	$1000m^3$	0.2			
2	040103001002	回填方 1. 密实度：按设计设计 2. 填方品种：硬土 3. 借方来源：外购土 4. 借方运距 1km 5. 部位：路基	m^3	200			
	C1-0124	自卸汽车运土方（运距 1km 内），12t	$1000m^3$	0.23			
	B-	购买硬土费用（含挖）	m^3	230			
	C1-0093	填土碾压，振动压路机，15t 内	$1000m^3$	0.2			
3	040103002001	余方弃置 1. 一、二类土 2. 运距 1km	m^3	200			
	C1-0124	自卸汽车运土方（运距 1km 内），12t	$1000m^3$	0.2			
4	桂 040103003001	土石方运输每增加 1km 1. 硬土 2. 借方运距 4km	$m^3 \cdot km$	800			
	C1-0127 换	自卸汽车运土方（增加 1km 运距），12t	$1000m^3$	0.92			

（2）计算定额工程量（表 2-11）

定额工程量计算表 **表 2-11**

定额子目	定额名称	单位	工程量	计算式
C1-0016	液压挖掘机挖土方（斗容量 $1.25m^3$），装车，一、二类土	$1000m^3$	0.2	同清单工程量 $200m^3$
C1-0124	自卸汽车运土方（运距 1km 内），12t	$1000m^3$	0.23	土方体积换算，$200\times1.15=230m^3$
B-	购买硬土费用（含挖）	m^3	230	土方体积换算，$200\times1.15=230m^3$
C1-0093	填土碾压，振动压路机，15t 内	$1000m^3$	0.2	同清单工程量 $200m^3$
C1-0124	自卸汽车运土方（运距 1km 内），12t	$1000m^3$	0.2	同清单工程量 $200m^3$
C1-0127 换	自卸汽车运土方（增加 4km 运距），12t	$1000m^3$	0.92	$200\times4\times1.15=920m^3$

3 道路工程实训

3.1 道路工程计算规则

3.1.1 清单工程量计算规则

节选自《建设工程工程量计算规范-GB 50857～50862—2013-广西壮族自治区实施细则（修订本）》。

1. 道路基层

(1) 路床（槽）整形（项目编码：040202001）

工程量计算规则：按设计道路底基层图示尺寸以面积计算，不扣除 1.5m^2 以内各类井所占面积。

(2) 石灰稳定土（项目编码：040202002）

(3) 水泥稳定土（项目编码：040202003）

(4) 石灰、粉煤灰、土（项目编码：040202004）

(5) 石灰、碎石、土（项目编码：040202005）

(6) 石灰、粉煤灰、碎（砾）石（项目编码：040202006）

(7) 粉煤灰（项目编码：040202007）

(8) 矿渣（项目编码：040202008）

(9) 砂砾石（项目编码：040202009）

(10) 卵石（项目编码：040202010）

(11) 碎石（项目编码：040202011）

(12) 块石（项目编码：040202012）

(13) 山皮石（项目编码：040202013）

(14) 粉煤灰三渣（项目编码：040202014）

(15) 水泥稳定碎（砾）石（项目编码：040202015）

(16) 沥青稳定碎石（项目编码：040202016）

上述（2）～(16) 工程量计算规则：按设计图示尺寸以面积计算，不扣除 1.5m^2 以内各类井所占面积。

2. 道路面层

(1) 沥青表面处治（项目编码：040203001）

(2) 沥青贯入式（项目编码：040203002）

(3) 透层、粘层（项目编码：040203003）

(4) 封层（项目编码：040203004）

(5) 沥青混合料（项目编码：040203006）

(6) 水泥混凝土（项目编码：040203007）

(7) 块料面层（项目编码：040203008）

(8) 弹性面层（项目编码：040203009）

上述（1）～(8) 工程量计算规则：按设计图示尺寸以面积计算，不扣除 1.5m^2 以内各类井所占面积，带平石的面层应扣除平石所占面积。

3. 人行道及其他

(1) 人行道整形碾压(项目编码:040204001)

工程量计算规则:按设计图示尺寸以面积计算,不扣除侧石、树池和各类井所占面积。

(2) 人行道块料铺设(项目编码:040204002)

(3) 现浇混凝土人行道及进口坡(项目编码:040204003)

上述(2)~(3)工程量计算规则:按设计图示尺寸以面积计算,不扣除 1.5m^2 以内各类井所占面积,应扣除侧石、树池所占面积。

(4) 安砌侧(平、缘)石(项目编码:040204004)

(5) 现浇侧(平、缘)石(项目编码:040204005)

上述(4)~(5)工程量计算规则:按设计图示中心线长度计算。

(6) 检查井升降(项目编码:040204006)

工程量计算规则:按设计图示路面标高与原有的检查井发生正负高差的检查井的数量计算。

(7) 树池砌筑(项目编码:040204007)

工程量计算规则:按设计图示数量计算。

(8) 预制电缆沟铺设(项目编码:040204008)

工程量计算规则:按设计图示中心线长度计算。

3.1.2 定额工程量计算规则

1. 道路基层

(1) 道路基层宽度按设计基层顶面与底面的平均宽度以“m^2”计算。

(2) 道路基层计算不扣除 1.5m^2 以内各种井位所占的面积,以“m^2”计算。

(3) 道路工程的侧缘(平)石以“m”计算,包括各转弯处的弧形长度。

(4) 厂拌设备安拆按设备套数以“座”计算。

(5) 基层混合料运输按压实后体积以“m^3”计算。

2. 道路面层

(1) 道路工程沥青混凝土、水泥混凝土及其他类型路面工程量以设计长度×设计宽度+圆弧等加宽部分以“m^2”计算,不扣除 1.5m^2 以内各类井所占面积。

(2) 混凝土路面模板按模板接触混凝土面积以“m^2”计算。

(3) 伸缩缝按设计伸缩缝长度×伸缩缝深度以“m^2”计算,锯缝机锯缝按长度以“m”计算。

(4) 混凝土路面养生按混凝土路面面积以“m^2”计算。

(5) 刻纹机刻混凝土路面按混凝土路面面积以“m^2”计算。

(6) 清扫洗刷路面按实际需清扫洗刷路面面积以“m^2”计算。

3. 人行道及其他

(1) 混凝土垫层基础按铺设面积乘以厚度以“m^3”计算。

(2) 人行道块料铺设按实铺面积计算,不扣除 1.5m^2 以内各类井所占面积。

(3) 安砌路缘石按实铺长度以“m”计算。

(4) 砌筑树池按设计外围尺寸以“m”计算。

(5) 排水沟、截水沟分不同材质按设计体积以“m^3”计算。

(6) 砾(碎)石盲沟按设计图示尺寸以“m^3”计算;透水管、PVC 管盲沟按实际铺设长度以“m”计算。

4. 交通管理设施

(1) 标牌、标杆、门架及零星构件制作

1) 标牌制作按不同板形以“m^2”计算;

2) 标杆制作按不同杆式类型以“t”计算;

3) 门架制作综合各种类型以“t”计算;

4）图案、文字按最大外围面积计算；

（2）标牌、标杆、门架安装

1）交通标志杆安装，其中单柱式杆、单悬臂杆（L杆）按不同杆高以“套”计算，其他均按不同杆型以“套”计量，包括标牌的紧固件；

2）门架拼装按不同跨度以“t”计算；

3）圆形、三角形、矩形标志板安装，按不同板面面积以“块”计算；

4）突起路标、轮廓标以“只”计算；

5）反光柱安装以“套”计算。

（3）路面标线

1）路面标线已包含各类油漆的损耗，普通标线按漆划实漆面积以“m^2”计算；

2）图案、文字标线按单个标记的最大外围矩形面积以“m^2”计算；菱形、三角形、箭头标线按漆划实漆面积以“m^2”计算。

（4）隔离设施

1）隔离护栏制作综合各类类型以“t”计算。

2）道路隔离护栏的安装长度按设计长度计算，20cm以内的间隔不扣除。

3）波形钢板护栏包括波形钢板梁、立柱两部分，按设计质量“t”计算。连接螺栓材料已单独列出，工程量不计算连接螺栓重量，但防阻块（重量归入波形钢板），型钢横梁（重量归入立柱）等配件重量应计入。

4）隔离栅钢立柱按设计质量“t”计算，应包括斜撑等零件质量。

5）金属网面增加型钢边框时，应另计边框材料消耗，其余不变。

（5）交通设施拆除

交通设施拆除按相应项目的计量单位计算。

3.2 实训注意事项

3.2.1 清单工程量计算注意事项

（1）道路各层厚度均以压实后的厚度为准。

（2）道路基层设计截面为梯形时，应按其截面平均宽度计算面积，并在项目特征中对截面参数加以描述。

（3）道路基层和面层均按不同结构分布分层设立清单项目。

（4）如采用碎石、粉煤灰、砂等作为路基处理的填方材料时，应按附录A 土石方工程“回填方”项目编码列项。

（5）路基处理各类桩清单中如遇空桩，为避免工程变更引起计价纠纷，空桩与实桩分别编码列项；桩长应包括桩尖，空桩长度=孔深-桩长，孔深为自然地面至设计桩底的深度。

（6）水泥混凝土路面中传力杆和拉杆的制作、安装应按附录J 钢筋工程中相关项目编码列项。

（7）清单编号“040204002 人行道块料铺设”和“040204003 现浇混凝土人行道板及进口坡”工程量计算规则调整为“按设计图示尺寸以面积计算，不扣除面积在1.5m^2以内各种井所占面积，但应扣除侧石、树池所占面积”。

3.2.2 定额工程量计算注意事项

1. 道路面层

（1）路面钢筋子目单列，如设计路面有钢筋时，另套钢筋制作、安装相应子目。

路面钢筋分构造筋、钢筋网和有套筒传力杆设置。胀缝中的带套筒的传力杆，套用传力杆（有套筒）定额，若使用无套筒传力杆时，扣除定额中半硬质塑料管$\phi 32$消耗量，其余不变。拉杆、边缘（角隅）加固筋、钢筋网均套用构造钢筋定额。

（2）道路工程沥青混凝土、水泥混凝土及其他类型路面工程量以设计长度乘以设计宽度加上圆弧等加宽部分以“m^2”计算，均不扣除 1.5m^2 以内各类井所占面积，带平石的面层应扣除平石面积。若遇到路口时，应加上路口的转角面积。

交叉口转角面积计算公式如下：

① 路正交时路口 1 个转角（图 3-1）面积计算：$F=0.2146R^2$

② 路斜交时路口 1 个转角（图 3-2）面积计算：$F=R^2(\text{tg}\alpha/2-0.00873\alpha)$

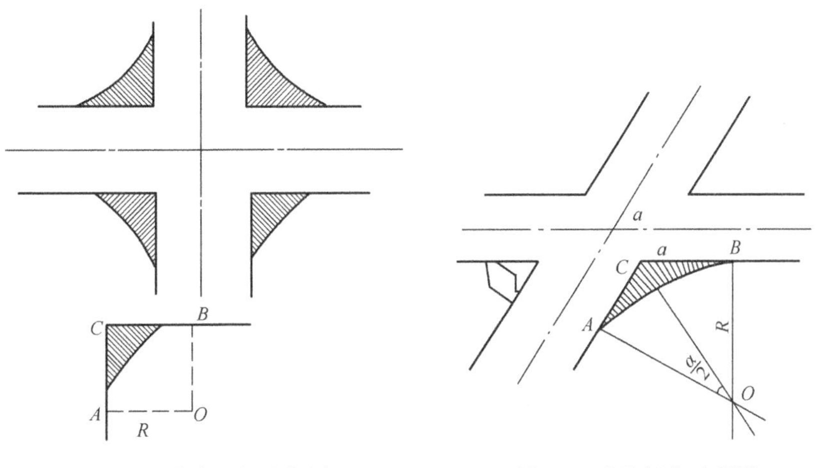

图 3-1 道路正交示意图　　图 3-2 道路斜交示意图

（3）水泥混凝土路面定额厚度为 15cm 起步，若铺设厚度未达到 15cm，执行混凝土基础垫层定额套用。

（4）混凝土路面养生仅保留塑料膜养生子目，若现场使用其他养生方式，不予换算。

2. 人行道及其他

（1）混凝土及石质路缘石安砌子目已包含混凝土靠背（宽 150mm，高 200mm 的三角形）施工，删除原版定额（2007 版）中的水泥砂浆坐浆。设计不同时，混凝土靠背用量可以换算，其余不变。

（2）混凝土预制块侧（平、缘）石安砌按断面面积 360cm^2 以内、以外设置定额子目，套用定额时，按实际断面面积套用。

（3）现浇混凝土出入口、人行道、侧（平、缘）石子目，已包含混凝土模板内容，不再重复计算模板费用。

（4）树池砌筑中，设置混凝土块、石质条石子目，若有树池盖板安装，套用园林绿化定额。

3. 交通设施

（1）标杆制作是按常规的钢管和钢板的比例计算消耗量的，若实际与定额不同可以换算其中的用量。

（2）标志牌制作分三角形、圆形和方形三种，适用于铝合金材料的标志牌；合成树脂类等半成品材料标志牌可按市场购买价计算材料费并套相应安装子目。

（3）标志牌安装区分每块标牌的面积大小套用定额，净高小于 4.5m 的标牌安装应扣除定额中高架车台班。

（4）贴膜包含反光膜的底膜和面膜，不含图案和文字设计费。实际需要在电脑上进行文字、图案设计的，需再套文字、图案制作定额。常规的一些图案是不需要再设计的，则不能再套文字、图案制作子目。

（5）隔离护栏制作按焊接编制，包括刷一遍防锈漆工料。除注明外，均包括现场内（工厂内）的材料运输、号料、加工、组装及成品堆放等全部工序。

隔离栅立柱包括钢管、型钢和钢筋混凝土三种，型钢立柱指除钢管外各类钢制现场制作支柱，成品钢立柱不论何种形状均套用钢管立柱（图 3.3～图 3-5）。

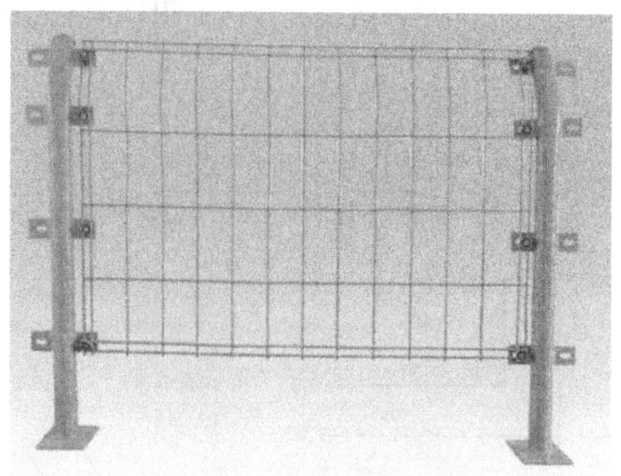

图 3-3 钢管立柱

图 3-4 型钢立柱

图 3-5 混凝土立柱

3.3 实 训 案 例

【例 3-1】 单选：某道路设计缩缝，锯缝长度 1000m，缝宽 0.5cm，缝深 5cm，则缩缝灌缝的定额工程量应是(　　)。

A. $5m^2$　　B. $50m^2$　　C. $0.25m^3$　　D. $0.25cm^2$

【解】 选 B。工程量计算规则中，"伸缩缝按设计伸缩缝长度×伸缩缝深度以 m^2 计算，锯缝机锯缝按长度以 m 计算。"则缩缝灌缝的面积为：$1000m \times 0.05m = 50m^2$。

【例 3-2】 单选：混凝土预制侧平石安砌定额工作内容不包括(　　)。

A. 养护　　B. 模板制作　　C. 放样　　D. 砂浆勾缝

【解】 选 B。混凝土预制侧平石安砌定额的工作内容为："放样、开槽、运料、调配砂浆、后座混凝土浇捣、安砌、勾缝、养护、清理"，不包含模板制作。

【例 3-3】 单选：某道路的路缘石尺寸为 75cm×38cm×12cm，套用定额时应套用以下(　　)定额。

A. 断面面积 $360cm^2$ 以下　　B. 断面面积 $360cm^2$ 以上

C. 都不对　　D. 不确定

【解】 选 B。路缘石断面尺寸为 $38cm \times 12cm = 456cm^2 > 360cm^2$。

【例 3-4】 单选：计算道路基层定额工程量时，不扣除(　　)m^2 以内各种井位所占的面积。

A. 1　　B. 1.5　　C. 1.8　　D. 2

【解】选 B。工程量计算规则中，"道路基层计算不扣除 1.5m² 以内各种井位所占的面积"。

【例 3-5】某道路长 500m，采用水泥混凝土路面（f_{cm}=4.5MPa），厚度 20cm，路面采用刻纹防滑。道路横断面、路面板块划分及各种缝的构造如图 3-6～图 3-11 所示，道路每隔 100m 设置一条胀缝（包括起终点两端），胀缝邻近的三条缩缝设置传力杆，其余缩缝为假缝型。采用玛瑺脂填缝，请根据工程背景编制水泥路面工程量清单。

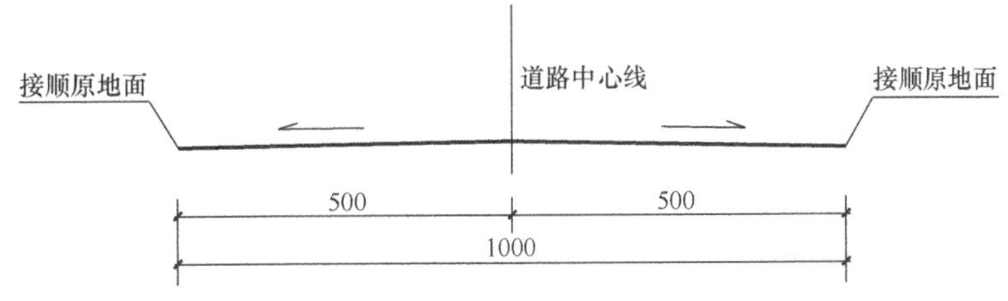

图 3-6 道路横断面大样图（单位：cm）

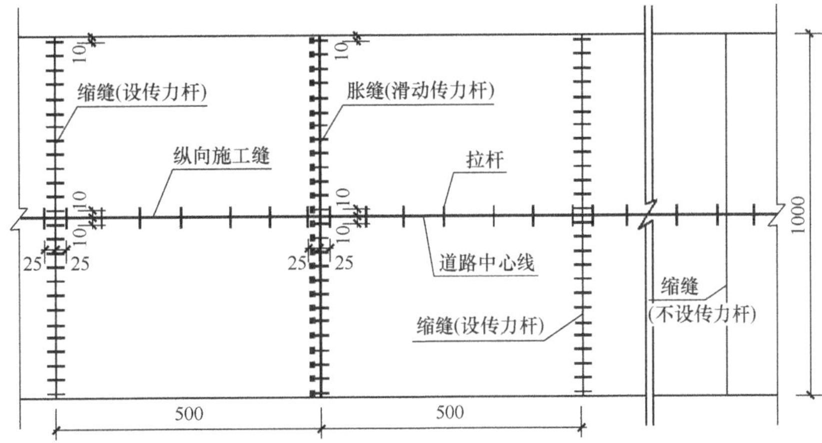

图 3-7 道路路面板块划分设计图（单位：cm）

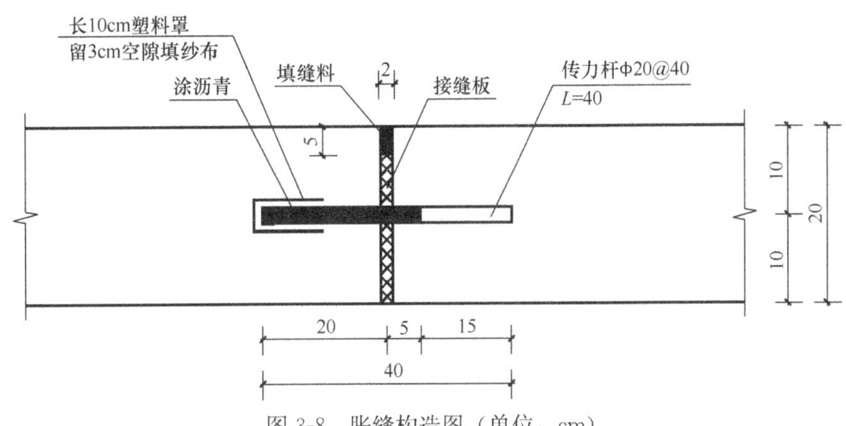

图 3-8 胀缝构造图（单位：cm）

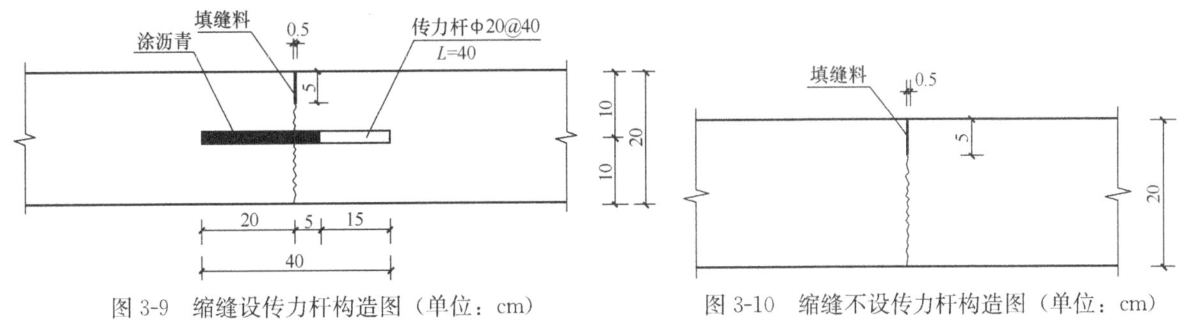

图 3-9 缩缝设传力杆构造图（单位：cm）

图 3-10 缩缝不设传力杆构造图（单位：cm）

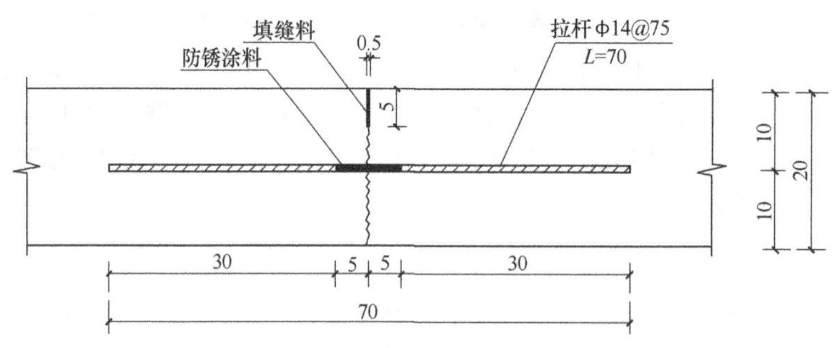

图 3-11 纵缝构造图（单位：cm）

【解】

1. 清单列项

（1）关于水泥混凝土路面

根据《建设工程工程量计算规范-GB 50854～50862—2013-广西壮族自治区实施细则（修订本）》，水泥混凝土路面属于“表 B. 3 道路面层”部分，项目编码为 040203007，水泥混凝土路面，工程内容包括“模板制作、安装、拆除，混凝土拌合、运输、浇筑，拉毛，压痕或刻防滑槽，伸缝，缩缝，锯缝、嵌缝，路面养护”等，模板及各种缝的构造在水泥混凝土路面的工作内容以内，故不单独列项。

（2）关于路面钢筋

根据表 B. 3 的注解，“水泥混凝土路面中传力杆和拉杆的制作、安装应按附录 J　钢筋工程中相关项目编码列项”。故本工程中钢筋项目单列。

查阅广西现行市政定额：第二册道路工程→第二章道路面层→六 水泥混凝土路面→钢筋制作、安装。钢筋部分共有三个定额，分别为“构造筋”、“钢筋网”、“传力杆（有套筒）”。

在路面钢筋中，胀缝中传力杆带套筒，按“传力杆（有套筒）”计价，根据定额注释“若施工中使用无套筒传力杆时，扣除定额中半硬质塑料管Φ 32 消耗量，其他不变”，缩缝中传力杆不带套筒，故在“传力杆（有套筒）”定额上扣除塑料管Φ 32 进行换算，纵缝拉杆及角隅钢筋、边缘加强筋、检查井、雨水口加强筋等均按“构造筋”计价，路面钢筋网则按“钢筋网”计价，故本工程中分别列三个关于“现浇构件钢筋”的清单项目。

2. 计算清单工程量

（1）水泥混凝土路面工程量＝500×10＝5000m²

（2）钢筋工程量

根据图可计算出胀缝（或缩缝）传力杆及纵缝拉杆每 5m 的工程数量见表 3-1。

每 5m 钢筋工程数量表　　　**表 3-1**

名称	米重 (kg/m)	单根长 (m)	根数	总长 (m)	总重 (kg)
胀缝（或缩缝）传力杆Φ 20	2.468	0.4	(500－10×2) /40＋1＝13	5.2	12.84
纵缝拉杆Φ 14	1.21	0.7	(500－25×2) /75＋1＝7	4.9	5.93

计算钢筋总量：

① 胀缝传力杆Φ 20：

胀缝数量＝(500/100＋1)＝6 条

Φ 20 重量＝12.84×2×6/1000＝0.154t

② 缩缝传力杆Φ 20：

缩缝数量＝(500/5＋1－6)＝95 条

其中靠近胀缝的 3 条设置传力杆，故有 15 条缩缝设置传力杆。

$\Phi 20 = 12.84 \times 2 \times 15/1000 = 0.385t$

③ 纵缝拉杆 $\Phi 14 = (500/5) \times 5.93/1000 = 0.593t$

3. 填表

分部分项工程和单价措施项目清单与计价表 **表 3-2**

工程名称：××道路工程

序号	项目编码	项目名称及项目特征描述	计量单位	工程量	金额（元）		
					综合单价	合价	其中：暂估价
1	040203007001	20cm 厚水泥混凝土路面（f_{cm}=4.5MPa） 1. 含模板制作安拆 2. 含锯缝、嵌缝 3. 含养护 4. 含刻纹	m^2	5000.00			
2	040901001001	胀缝传力杆Φ20（不带套筒）	t	0.154			
3	040901001002	缩缝传力杆Φ20（带套筒）	t	0.385			
4	040901001003	纵缝拉杆Φ14	t	0.593			

【例 3-5 引申】 给表 3-2 中的清单项目套定额子目并判断换算，计算定额工程量。

【解】（1）确定定额子目并判断是否需要换算，见表 3-3。

分部分项工程和单价措施项目清单与计价表 **表 3-3**

工程名称：××道路工程

序号	项目编码	项目名称及项目特征描述	计量单位	工程量	金额（元）		
					综合单价	合价	其中：暂估价
1	040203007001	20cm 厚水泥混凝土路面（f_{cm}=4.5MPa） 1. 含模板制作安拆 2. 含锯缝、嵌缝 3. 含养护 4. 含刻纹	m^2	5000.00			
	C2-0122	水泥混凝土路面 厚度 20cm｛碎石 GD31.5 商品混凝土 δ4.5｝	$100m^2$	50.00			
	C2-0127	水泥混凝土路面 模板	$100m^2$ 接触面积	3.0			
	C2-0131	伸缝 沥青木板	$10m^2$	0.3			
	C2-0132	伸缝 沥青玛蹄脂	$10m^2$	0.9			
	C2-0135	缩缝 沥青玛蹄脂	$10m^2$	4.75			
	C2-0137	锯缝机锯缝	100m	9.50			
	C2-0138	塑料膜养生	$100m^2$	50.00	根据定额计算规则，若现场使用其他养生方式，不予换算		
	C2-0139	刻纹机刻水泥混凝土路面	$100m^2$	50.00			
2	040901001001	胀缝传力杆Φ20（不带套筒）	t	0.154			
	C2-0130	传力杆（有套筒）	t	0.154			
3	040901001002	缩缝传力杆Φ20（带套筒）	t	0.385			

续表

序号	项目编码	项目名称及项目特征描述	计量单位	工程量	金额（元）		
					综合单价	合价	其中：暂估价
	C2-0130 换	传力杆（不带套筒）	t	0.385	扣除定额中半硬质塑料管 φ32 消耗量，其他不变		
4	040901001003	纵缝拉杆 φ14	t	0.593			
	C2-0128	构造筋	t	0.593			

（2）计算定额工程量（表 3-4）

定额工程量计算表 **表 3-4**

定额子目	定额名称	单位	工程量	计算式
C2-0122	水泥混凝土路面 厚度 20cm｛碎石 GD31.5 商品混凝土 δ4.5｝	$100m^2$	50.00	同清单量 $5000m^2$
C2-0127	水泥混凝土路面 模板	$100m^2$ 接触面积	3.0	500×0.2×3（条）=$300m^2$
C2-0131	伸缝 沥青木板	$10m^2$	0.3	10(长)×0.05(深)×6(条)=3.0
C2-0132	伸缝 沥青玛瑞脂	$10m^2$	0.9	10(长)×0.15(深)×6(条)=9.0
C2-0135	缩缝 沥青玛瑞脂	$10m^2$	4.75	缩缝数量：500/5+1−6=95 条 10(长)×0.05(深)×95(条)=47.5
C2-0137	锯缝机锯缝	100m	9.50	10(长)×95(条)=950
C2-0138	塑料膜养生	$100m^2$	50.00	同清单量 $5000m^2$
C2-0139	刻纹机刻水泥混凝土路面	$100m^2$	50.00	同清单量 $5000m^2$
C2-0130	传力杆（有套筒）	t	0.154	同清单量 0.154
C2-0130 换	传力杆（不带套筒）	t	0.385	同清单量 0.385
C2-0128	构造筋	t	0.593	同清单量 0.593

4 排水工程实训

4.1 排水工程计算规则

4.1.1 清单工程量计算规则

节选自《建设工程工程量计算规范-GB 50857～50862—2013-广西壮族自治区实施细则（修订本）》。

1. 管道铺设

（1）混凝土管（项目编码：040501001）

（2）钢管（项目编码：040501002）

（3）铸铁管（项目编码：040501003）

（4）塑料管（项目编码：040501004）

（5）直埋式预制保温管（项目编码：040501005）

上述（1）～（5）工程量计算规则：按设计图示中心线长度以延长米计算。不扣除附属构筑物、管件及阀门等所占长度。

（6）砌筑方沟（项目编码：040501016）

（7）混凝土方沟（项目编码：040501017）

上述（6）～（7）工程量计算规则：按设计图示尺寸以延长米计算。

（8）渠道基础（项目编码：桂 040501021）

（9）砌筑渠道（项目编码：桂 040501022）

（10）现浇混凝土渠道（项目编码：桂 040501023）

（11）渠道混凝土构件（项目编码：桂 040501024）

上述（8）～（11）工程量计算规则：按设计图示尺寸以体积计算。

2. 管道附属构筑物

（1）砌筑井（项目编码：040504001）

（2）混凝土井（项目编码：040504002）

（3）塑料检查井（项目编码：040504003）

上述（1）～（3）工程量计算规则：按设计图示数量计算。

（4）砌筑井筒（项目编码：040504004）

（5）预制混凝土井筒（项目编码：040504005）

上述（4）～（5）工程量计算规则：按设计图示尺寸以井筒延长米计算。

（6）砌体出水口（项目编码：040504006）

（7）混凝土出水口（项目编码：040504007）

（8）雨水口（项目编码：040504008）

上述（6）～（8）工程量计算规则：按设计图示数量计算。

4.1.2 定额工程量计算规则

1. 定型混凝土管道基础及排水管道敷设

（1）各种角度的混凝土基础、混凝土管铺设按井至井之间中心线长度扣除检查井长度，以延长米计算工程量。每座检查井扣除长度按表 4-1 计算。

每座检查井扣除长度 **表 4-1**

检查井规格（mm）	扣除长度（m）	检查井类型	扣除长度（m）
ϕ700	0.40	各种矩形井	1.0
ϕ1000	0.7	各种交汇井	1.20
ϕ1250	0.95	各种扇形井	1.0
ϕ1500	1.20	圆形跌水井	1.60
ϕ2000	1.70	矩形跌水井	1.70
ϕ2500	2.2	阶梯式跌水井	按实扣

（2）承插式（胶圈接口）混凝土管、双壁波纹管、玻璃纤维增强塑料夹砂管、高密度聚乙烯（HDPE）缠绕管等排水管铺设已含接口安装工作内容，不得另套接口定额计算。

（3）管道铺设以实际铺设长度以“m”计算。

（4）管道出水口区分形式、材质及管径，以“处”计算。

2. 排水定型井

（1）各种排水定型井按不同井深、井径以“座”计算。

（2）各类排水定型井的井深按井底基础以上至井盖顶计算。

3. 非定型井、管、渠道基础及砌筑

（1）本章所列各项目的工程量均以施工图为准计算，其中：

1）垫层、基础按实体积以“m^3”计算。

2）砌筑按计算体积，以“m^3”计算。

3）抹灰以“m^2”计算。

4）各种井的预制构件以实体积“m^3”计算，安装以“套”或“m^3”计算。

5）各类混凝土盖板的制作按实体积以“m^3”计算，安装应区分单件（块）体积，以“m^3”计算。

（2）检查井筒的砌筑适用于混凝土管道井深不同的调整和渠道井筒的砌筑，区分高度以“座”为单位计算，高度与定额不同时采用每增减子目计算。

（3）渠道（包括存水井）闭水试验工程量，按实际闭水长度的用水量，以“m^3”计算。

4. 管道支墩（架）、模板、井字架

（1）管道支墩按施工图以实体积计算，不扣除钢筋、铁件所占体积。

（2）管道金属支架制作、安装以“100kg”为计量单位，适用于单件重量在100kg以内的管架制作安装；单件重量大于100kg的管架制作安装执行现行安装工程消耗量定额相应子目。

（3）现浇及预制混凝土构件模板按模板与构件的接触面积以“m^2”计算。

（4）井字架区分材质和搭设高度以“座”计算。

4.2 实训注意事项

4.2.1 清单工程量计算注意事项

（1）本章清单项目所涉及土方工程的内容应按计算规范中附录A 土石方工程中相关项目编码列项。

（2）刷油、防腐、保温工程、阴极保护及牺牲阳极应按现行国家标准《通用安装工程工程量计算规范》GB 50856—2013 附录M 刷油、防腐蚀、绝热工程中相关项目编码列项。

（3）管道检验及试验要求应按各专业的施工验收规范及设计要求，对已完管道工程进行的管道吹扫、冲洗消毒、强度试验、严密性试验、闭水试验等内容进行描述。

（4）管道附属构筑物为标准定型附属构筑物时，在项目特征中应标注标准图集编号及页码。

4.2.2 定额工程量计算注意事项

1. 定型混凝土管道基础

（1）定型混凝土管道基础定额已含模板制作、安装、拆除，不再重复计算模板用量。

（2）平接（企口）式全包混凝土管道基础，截面尺寸按定额说明表4-2计算。如实际施工截面尺寸不同，则执行本册非定型管道基础相应定额子目，模板套用本册第八章相关定额子目。

平接（企口）式全包混凝土管道基础截面尺寸表 **表4-2**

序号	项目名称	截面形式	截面尺寸（宽mm×高mm）
1	*DN*300全包混凝土管道基础	正方形	$B\times H$=540×540
2	*DN*400全包混凝土管道基础	正方形	$B\times H$=694×694
3	*DN*500全包混凝土管道基础	正方形	$B\times H$=830×830
4	*DN*600全包混凝土管道基础	正方形	$B\times H$=990×990
5	*DN*800全包混凝土管道基础	正方形	$B\times H$=1280×1280
6	*DN*1000全包混凝土管道基础	正方形	$B\times H$=1600×1600

2. 管道闭水试验

管道闭水试验长度计算，如施工图无具体规定的，按《给水排水管道工程施工及验收规范》GB 50268—2008规定计算：闭水试验管段应按井距分隔，抽样选取，带井试验；管道内径大于700mm时，可按管道井段数量抽样选取1/3进行试验；不开槽施工的内径大于或等于1500mm的钢筋混凝土管道，设计无要求且地下水位高于管道顶部时，可采用内渗法测量渗水量，符合规定的，可不必再进行闭水试验。

3. 排水定型井

（1）各类排水定型井安装定额均已包含井圈安装，井圈混凝土不另行计算。在铺装路面设置的井不需设置井圈的，应扣除定型井中C30混凝土的材料费。一般新建道路车行道范围内的检查井，井圈与道路面层整体浇筑时，应扣除定型井中C30混凝土的材料费。

（2）各类排水定型井的井深按井底基础以上至井盖顶计算。“井深”应区别于“井室深”，“井深”是指井底板面层至井盖顶之间的距离；“井室深”是指井底板面层至井盖板顶之间的距离，如图4-1所示，井深为H_1，井室深为H_2+h。

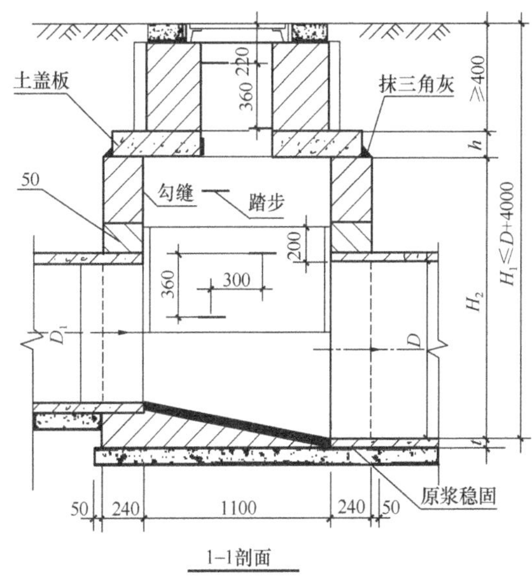

图4-1 排水定型井剖面图

4. 非定型井、管、渠道基础及砌筑

（1）非定型管道基础的混凝土工程量计算应扣除管径在200mm以上（含200mm）的管道所占的体积。

如单根管径<200mm但属多管共敷的情况下，管道截面尺寸之和≥200mm时，非定型管道基础的混凝土工程量计算应扣除实际管径所占的体积，如图4-2所示。

$$混凝土工程量 V=[0.7\times0.5-\pi\times(0.1/2)2\times6]\times L$$

式中 V——混凝土体积；

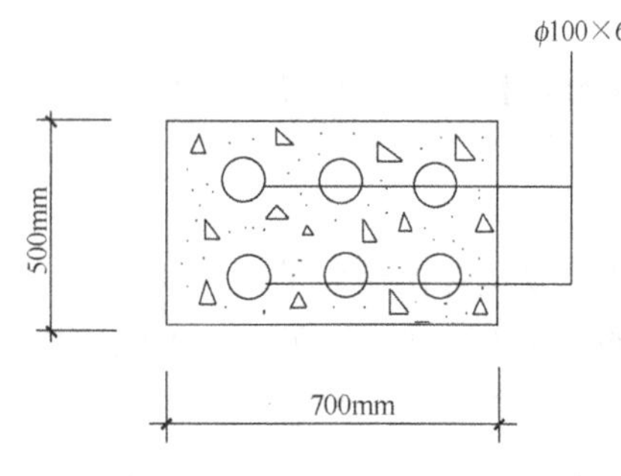

图 4-2 非定型管道基础截面图

L——管道长度。

(2) 现浇非定型渠道混凝土底板，套用非定型管道基础的平基定额。

(3) 渠道抹灰、勾缝执行第一册通用项目相应定额子目。

(4) 检查井筒的砌筑适用于混凝土管道井深不同的调整和渠道井筒的砌筑，高度与定额不同时采用每增减子目计算。

5. 管道支墩（架）、模板、井字架

(1) 模板分别按钢模钢撑、复合木模木撑、木模木撑区分不同材质分别列项，其中钢模模数差部分采用木模。

(2) 预制构件模板中不包括地、胎模费用，需要时可另行套用相应定额子目计算。

(3) 小型构件是指单件体积在 0.04m^3 以内的构件；地沟盖板项目适用于单块体积在 0.3m^3 以内的矩形板。

4.3 实 训 案 例

【例 4-1】 单选：某混凝土排水管全长 30m，其中共有Φ 1000 检查井 5 座，则该混凝土排水管定额工程量为(　　)。

A. 25.5m　　B. 26.5m　　C. 28m　　D. 30m

【解】 选 B。工程量计算规则中，混凝土管铺设按井至井之间中心线长度扣除检查井长度，以延长米计算工程量。每座检查井扣除长度按表 4-1 计算。查表 4-1 得出Φ 1000 检查井扣除长度为 0.7m，则 30－0.7×5＝26.5m。

【例 4-2】 单选：某混凝土排水管管长 22m，该排水管共有(　　)处接口。

A. 9　　B. 10　　C. 11　　D. 12

【解】 选 C。根据定额相关说明规定，混凝土排水管管长按 2m 考虑。22÷2＝11 处接口。

【例 4-3】 单选：管网工程中，各类井均不包括脚手架，当井深超过(　　)时，应按本定额有关项目计取脚手架搭拆费。

A. 1.0m　　B. 1.2m　　C. 1.3m　　D. 1.5m

【解】 选 D。根据定额第二章说明，各类井均不包含脚手架，当井深超过 1.5m，应按相应定额子目计取脚手架搭拆费。

【例 4-4】 单选：井类定额中只计列了井内抹灰的子目，如井外壁需要抹灰，均按井内侧抹灰项目人工乘以系数(　　)，其他不变。

A. 0.8　　B. 1.2　　C. 1.3　　D. 1.5

【解】 选 A。根据定额第二章说明，井类定额中只计列了井内抹灰的子目，如井外壁需要抹灰，均按井内侧抹灰项目人工乘以系数 0.8，其他不变。

【例 4-5】 根据图 4-3 计算Φ 300 混凝土管和Φ 900 钢筋混凝土管铺设的清单及定额工程量。

【解】

(1) 清单工程量：根据清单计算规则，“按设计图示中心线长度以延长米计算。不扣除附属构筑物、管件、阀门等所占长度”，计算如下：

Φ 900 管：55＋50＋55＋60＝220m

Φ 300 管：10m

(2) 定额工程量：根据定额计算规则，“各种角度的混凝土基础、混凝土管铺设按井至井之间中心线长度扣除检查井长度，以延长米计算工程量”。每座检查井扣除长度按表 4-1 计算，查表得：规格为Φ 1000的检查井每座扣除长度为 0.70m。

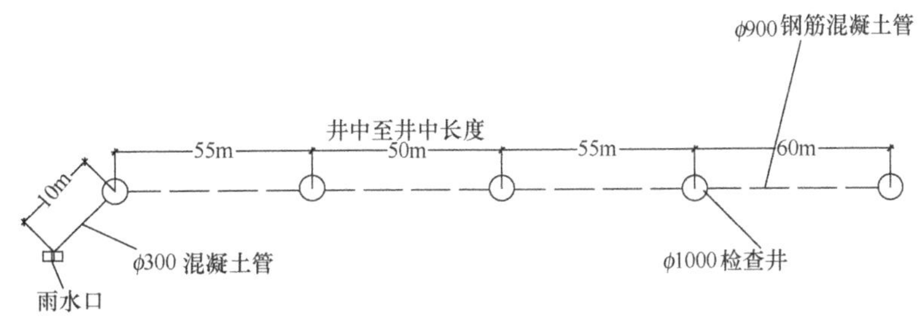

图 4-3 管道平面布置图

计算如下：

Φ 900 管：(55＋50＋55＋60)－0.70×4＝220－2.8＝117.2m

Φ 300 管：10－0.70×0.5＝9.65m

【例 4-6】 某新建雨水工程，起点 K2＋000，终点 K2＋200。间隔 40m 设置 1 个矩形检查井，其雨水管采用 *D*1200 Ⅱ级钢筋混凝土平口圆管，基础参照图集 06MS201-1-19，如图 4-4 所示，接口采用钢丝网水泥砂浆抹带接口，铺设深度 6m 以内。

要求：编制混凝土排水管的工程量清单。

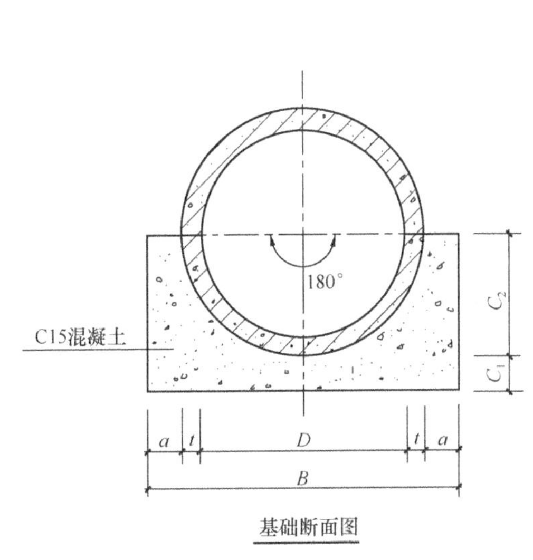

管内径 *D*	管壁厚 *t*	管基尺寸 *a*	*B*	C_1	C_2	基础混凝土量 (m^3/m)
600	60	120	960	120	360	0.257
700	70	140	1120	140	420	0.350
800	80	160	1280	160	480	0.457
900	90	180	1440	180	540	0.579
1000	100	200	1600	200	600	0.715
1100	110	220	1760	220	660	0.865
1200	120	240	1920	240	720	1.029
1350	135	270	2160	270	810	1.302
1500	150	300	2400	300	900	1.608
1650	165	330	2640	330	990	1.945
1800	180	360	2880	360	1080	2.315
2000	200	400	3200	400	1200	2.858
2200	220	440	3520	440	1320	3.458
2400	230	460	3780	460	1430	3.932
2600	235	470	4010	470	1535	4.339
2800	255	510	4330	510	1655	5.072
3000	275	550	4650	550	1775	5.862

图 4-4 混凝土管道断面图（图集 06MS201-1-19）

【解】

（1）清单列项

查询《建设工程工程量计算规范-GB 50854～50862—2013-广西壮族自治区实施细则（修订本）》，混凝土管道铺设属于“E.1 管道铺设”部分。

（2）清单工程量计算

根据清单工程量计算规则，按设计图示中心线长度以延长米计算。不扣除附属构筑物、管件及阀门等所占长度。工程量为 200m。

（3）表格填写（表 4-3）

分部分项工程和单价措施项目清单与计价表 **表 4-3**

工程名称：××

序号	项目编码	项目名称及项目特征描述	计量单位	工程量	金额（元）		
					综合单价	合价	其中：暂估价
1	040501001001	D1200Ⅱ级钢筋混凝土管 1. 垫层、基础材质及厚度：180°C15 混凝土基础 2. 规格：D1200 3. 接口方式：钢丝网水泥砂浆抹带接口 4. 铺设深度：6m 以内 5. 混凝土强度等级：Ⅱ级钢筋混凝土 6. 管道检验及试验要求：闭水试验 7. 详见图集 06MS201-1-19	m	200			

【例 4-7】 某街道新建排水工程中，其雨水进水井采用了双箅雨水进水井，雨水箅子采用复合材料，具体尺寸如图 4-5～图 4-8 所示。

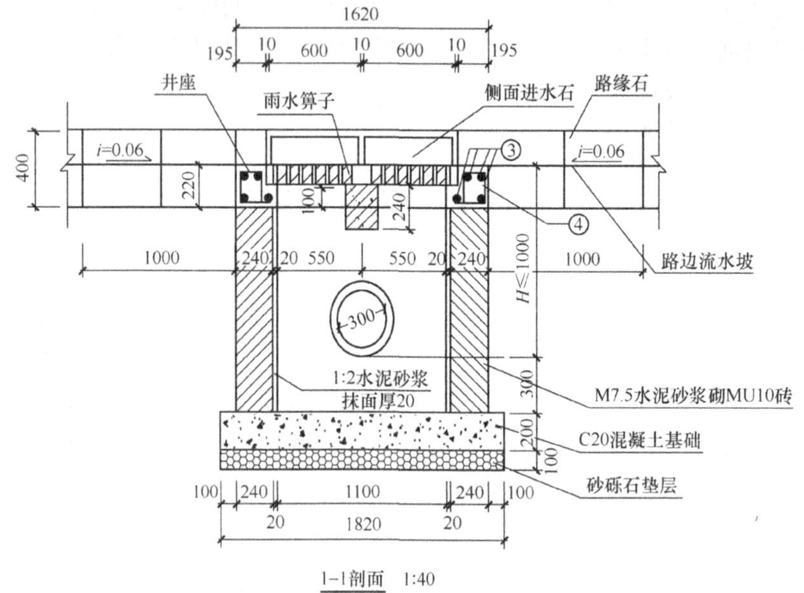

图 4-5 1-1 剖面图

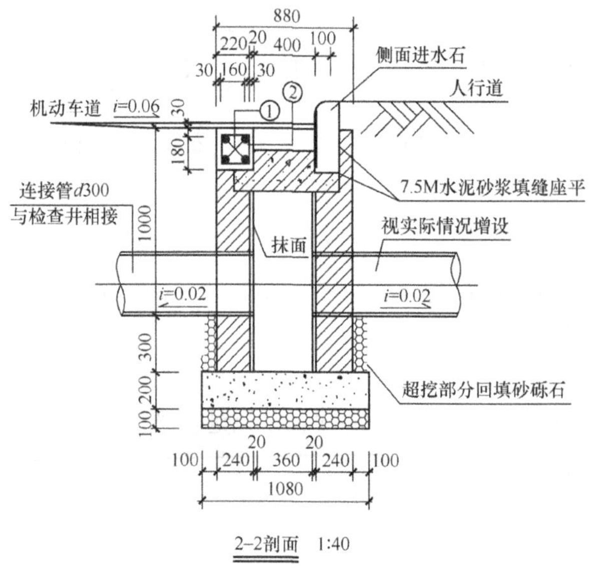

图 4-6 2-2 剖面图

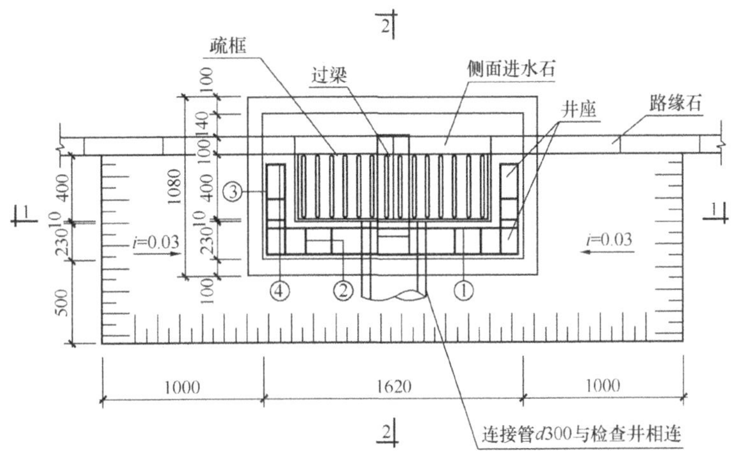

平面图 1:40

图 4-7 平面图

工程数量表

编号	工程项目	单位	数量 H=1000
1	砂砾石垫层	m^3	0.19
2	现浇C20混凝土基础	m^3	0.39
3	M7.5水泥砂浆砌MU10砖	m^3	1.55
4	现浇钢筋混凝土(≥4.5#抗折)井座	m^3	0.12
5	预制C30钢筋混凝土过梁	m^3	0.019
6	预制C30混凝土侧面进水石	m^3	0.06
7	1:2水泥砂浆抹面	m^2	3.96

说明：

1.本图尺寸单位以毫米计。

2.侧面进水石、过梁构造见另图。

3.雨水口边框周围采用井座加固。井座用混凝土抗折强度不小于4.5MPa。

4.雨水箅子尺寸：$B\times L\times H$=400×600×100,采用生产厂家生产的成套产品，设计荷载等级为城-A级。

图 4-8 工程数量表

要求：编制1座雨水口的工程量清单。

【解】

（1）清单列项

查询《建设工程工程量计算规范-GB 50854～50862—2013-广西壮族自治区实施细则（修订本）》，雨水口属于“E.4管道附属构筑物”部分。

（2）清单工程量计算

根据清单工程量计算规则，雨水口按座计量。

（3）表格填写（表4-4）

分部分项工程和单价措施项目清单与计价表 **表 4-4**

工程名称：××

序号	项目编码	项目名称及项目特征描述	计量单位	工程量	金额（元）		
					综合单价	合价	其中：暂估价
1	040504009001	双箅雨水口 1. 雨水箅子及圈口材质、型号、规格：$B\times L\times H$=400×600×100 2. 垫层、基础材质及厚度：砂砾石垫层 100mm，混凝土基础 200mm	座	1			

续表

序号	项目编码	项目名称及项目特征描述	计量单位	工程量	金额（元）		
					综合单价	合价	其中：暂估价
1	040504009001	3. 混凝土强度等级： C20 混凝土 4. 砌筑材料品种、规格： M7.5 水泥砂浆砌 MU10 砖 5. 砂浆强度等级及配合比：1∶2 水泥砂浆	座	1			

【例 4-8】（定型管道）某市政雨水工程，起点 K2＋300，终点 K2＋400，纵断面如图 4-9 所示。主管为 *DN*1200 Ⅱ级钢筋混凝土管，120°混凝土基础（图集 06MS201-1，17 页），如图 4-9、图 4-10 所示，钢丝抹带接口。

要求：给表 4-5 中的清单项目套定额子目并判断换算，计算定额工程量。

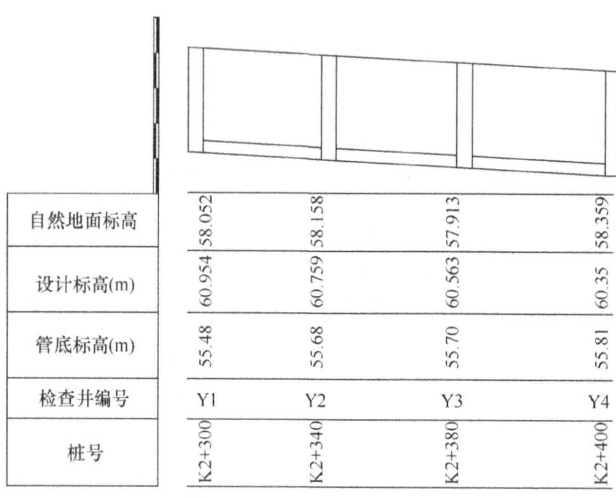

图 4-9　纵断面图

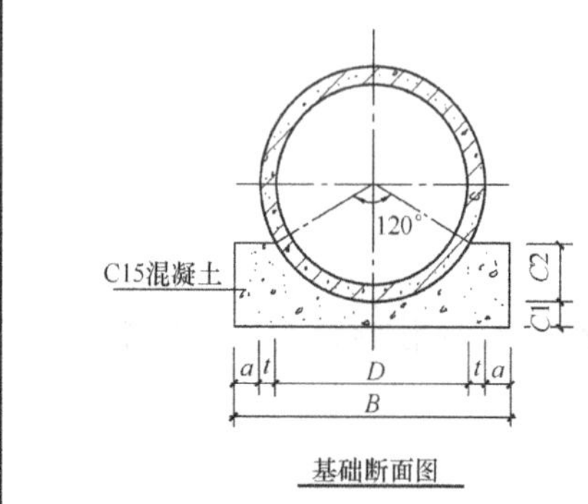

管内径 D	管壁厚 t	管基尺寸 a	B	C1	C2	基础混凝土量 (m^3/m)
600	60	100	920	100	180	0.178
700	70	105	1050	105	210	0.222
800	80	120	1200	120	240	0.290
900	90	135	1350	135	270	0.368
1000	100	150	1500	150	300	0.454
1100	110	165	1650	165	330	0.549
1200	120	180	1800	180	360	0.654
1350	135	203	2026	203	405	0.827
1500	150	225	2250	225	450	1.021
1650	165	248	2476	248	495	1.237
1800	180	270	2700	270	540	1.471
2000	200	300	3000	300	600	1.816
2200	220	330	3300	330	660	2.197
2400	230	345	3550	345	715	2.507
2600	235	353	3776	353	768	2.783
2800	255	383	4076	383	828	3.251
3000	275	413	4376	413	888	3.755

管级	Ⅱ	Ⅲ
计算覆土高度 H(m)	$3.5<H\leq5.0$	$5.0<H\leq6.5$

说明：

1.本图适用于开槽法施工的钢筋混凝土排水管道，设计计算基础支承角2α=120°。
2.按本图使用的钢筋混凝土排水管规格应符合《混凝土和钢筋混凝土排水管》GB/T 11836-2009标准。
3.C1、C2分开浇筑时，C1部分表面要求做成毛面并冲洗干净。
4.本图可采用刚性接口的平口、企口管材。
5.管道应敷设在承载能力达到管道地基支承强度要求的原状土地基或经处理后回填密实的地基上。
6.遇有地下水时，应采用可靠的降水措施，将地下水降至槽底以下不小于0.5m，做到干槽施工。
7.沟槽回填土密实度要求见本图集总说明5.12条。
8.地面堆积荷载不得大于10kN/m²。
9.当所用管材壁厚与本表不符时，C1值可按1.5t采用并不得小于100,其他管基尺寸及基础混凝土量应做相应修正。

D=600～3000钢筋混凝土管(Ⅱ级管、Ⅲ级管) 120°混凝土基础						图集号	06MS201-1
审核		校对		设计		页	17

图 4-10　混凝土基础断面图（图集 06MS201-1，17 页）

分部分项工程和单价措施项目清单与计价表 **表 4-5**

工程名称：××排水工程

序号	项目编码	项目名称及项目特征描述	计量单位	工程量	金额（元）		
					综合单价	合价	其中：暂估价
1	040501001001	DN1200Ⅱ级钢筋混凝土管道铺设 1. 垫层、基础材质及厚度：120°C15 混凝土基础 2. 规格：D300 3. 接口方式：钢丝网水泥砂浆抹带接口 4. 铺设深度：4m 以内 5. 混凝土强度等级：Ⅱ级钢筋混凝土 6. 管道检验及试验要求：闭水试验 7. 详见图集 06MS201-1-17	m	100			

【解】（1）编制 *DN*1200 钢筋混凝土管道敷设的分部分项工程量清单，并套定额如表 4-6 所示。

分部分项工程和单价措施项目清单与计价表 **表 4-6**

工程名称：××排水工程

序号	项目编码	项目名称及项目特征描述	计量单位	工程量	金额（元）		
					综合单价	合价	其中：暂估价
1	040501001001	DN1200Ⅱ级钢筋混凝土管道铺设 1. 垫层、基础材质及厚度：120°C15 混凝土基础 2. 规格：D300 3. 接口方式：钢丝网水泥砂浆抹带接口 4. 铺设深度：4m 以内 5. 混凝土强度等级：Ⅱ级钢筋混凝土 6. 管道检验及试验要求：闭水试验 7. 详见图集 06MS201-1-17	m	100			
	C5-0007	平接（企口）式管道基础（120°）Φ1200mm以内｛碎石 GD40 C15｝	100m	0.97			
	C5-0066	平接（企口）式混凝土管道铺设 人机配合下管Φ1200mm 以内	100m	0.97			
	C5-0158	钢丝网水泥砂浆接口（120°管基）Φ1200mm以内	10 个口	4.9			
	C5-0259	管道闭水试验Φ1200mm 以内｛水泥砂浆 1∶2｝	100m	1			

（2）计算定额工程量（表 4-7）

定额工程量计算表 **表 4-7**

定额子目	定额名称	单位	工程量	计算式
C5-0007	平接（企口）式管道基础（120°）Φ1200mm 以内｛碎石 GD40 C15｝	100m	0.97	100－3×1.0＝97m
C5-0066	平接（企口）式混凝土管道铺设 人机配合下管Φ1200mm 以内	100m	0.97	100－3×1.0＝97m
C5-0158	钢丝网水泥砂浆接口（120°管基）Φ1200mm 以内	10 个口	4.9	100/2－1＝49
C5-0259	管道闭水试验Φ1200mm 以内｛水泥砂浆 1∶2｝	100m	1	同清单工程量

5 综 合 实 训

5.1 综合实训任务书

5.1.1 综合实训目的

运用已学的市政工程领域的专业知识，编制一份完整的市政工程招标控制价，使学生将所学的理论内容进行实务性操作，强化学生实际动手能力的培养，提高学生独立思考、独立解决问题的能力。

5.1.2 综合实训内容

编制“××县创业大道道路工程”的招标控制价，内容包括道路工程、排水工程。

5.1.3 综合实训要求

通过实训项目设计，达到以下目的：

（1）能读懂施工图，熟悉道路工程、排水工程及相关土方工程的计量与计价编制过程。

（2）灵活运用现行的清单计价计算规则、预算定额和台班机械定额标准、图集等资料编制招标控制价。

（3）掌握各工程范围的划分，并进行各分部、分项工程的工程量计算。

（4）掌握各种费用的计算和计价汇总。

（5）培养综合分析问题和解决问题的能力。

5.2 综合实训方法及进度

5.2.1 实训方法

1. 收集课程实训所需资料：

（1）完整施工图纸一套。

（2）图纸会审记录。

（3）建筑和结构标准图集。

（4）预算定额手册。

（5）费用定额及有关文件。

（6）建筑材料价格信息。

（7）有关的工具书。

2. 编制招标控制价的综合说明，计算招标控制价价格，其中包括：

（1）计算整个工程的人工、材料、机械台班需用量。

（2）确定人工、材料、设备、机械台班的市场价格，分别编制人工工日及单价表、材料价格清单表、机械台班及单价表等招标控制价价格表格。

（3）确定工程施工中的措施费用和特殊费用，编制工程现场因素、施工技术措施、赶工措施费用表以及其他特殊费用表。

（4）采用固定合同价格的，预测和测算工程施工周期内的人工、材料、设备、机械台班价格波动的风险系数。

（5）编制工程招标控制价价格计算书和标底价格汇总表。审核招标控制价价格。

3. 招标控制价附件，包括各项交底纪要、各种材料及设备的价格来源、现场的地质、水文、地上情况的有关资料、编制标底价格所依据的施工方案和施工组织设计特殊施工方法等。

4. 招标控制价价格编制的有关表格。

5.2.2 实训进度（表 5-1）

实训安排表　　表 5-1

序号	内容	时间（天）
1	熟悉图纸及相关资料、分工	0.5
2	道路工程列项、套定额、算量	2
3	排水工程列项、套定额、算量	1.5
4	审核、导表、打印、装订成册	1
5	小计	5

5.3 综合实训成果

课程实训结束后，提交以下实训成果，并分别装订成册。

(1) 工程答疑表。

(2) 招标控制价报表。

5.3.1 工程答疑表（表 5-2）

施工图纸疑问记录表（范例）　　表 5-2

<table>
<tr><td colspan="2">工程项目</td><td colspan="2"></td></tr>
<tr><td colspan="2">时间</td><td colspan="2"></td></tr>
<tr><td>序号</td><td>图号</td><td>问题</td><td>答复</td></tr>
<tr><td></td><td></td><td></td><td></td></tr>
<tr><td></td><td></td><td></td><td></td></tr>
<tr><td></td><td></td><td></td><td></td></tr>
<tr><td></td><td></td><td></td><td></td></tr>
<tr><td colspan="4">答疑记录审批意见</td></tr>
<tr><td colspan="2">设计部</td><td colspan="2"></td></tr>
<tr><td colspan="2">成本管理部</td><td colspan="2"></td></tr>
<tr><td colspan="2">招投标管理部</td><td colspan="2"></td></tr>
</table>

5.3.2 招标控制价

创业大道道路工程招标控制价

封面（封-2）

扉页（扉-2）

总说明（表-01）

建设项目招标控制价汇总表（表-02）

单项工程招标控制价汇总表（表-03）

单位工程招标控制价汇总表（表-04）

分部分项工程和单价措施项目清单与计价表（表-08）

工程量清单综合单价分析表（表-09）

总价措施项目清单与计价表（表-11）

其他项目清单与计价汇总表（表-12）

暂列金额明细表（表-12-1）

计日工表（表-12-4）

规费、税金项目清单与计价表（表-15）

承包人提供主要材料和工程设备一览表（表-22）

注：具体表格形式参见 2013 年《建设工程工程量清单计价规范-GB 50500—2013-(广西壮族自治区实施细则)》中所提供的相应表格。

综合实训图纸

创业大道道路工程

施工图设计

(K0＋000～K1＋498.95，

K1＋509.949～K1＋581.826)

(全长 1570.827m，路宽 40m)

● 道路工程

● 排水工程

(含道路工程、排水工程设计说明及图纸)

道　路　工　程

道路工程设计说明

1. 项目概况

1.1　工程范围

创业大道道路工程呈东西走向，道路西起点 K0＋000，终点 K1＋581.826，为新建工程，设计实施范围内桩号：K0＋000～K1＋498.95、K1＋509.949～K1＋581.826，实际实施长度为 1570.827m。道路规划红线为 40m，为城市主干路，设计速度为 40km/h，双向 6 车道，横断面为单幅路布置，人行道(5m)＋行车道(15m)＋行车道(15m)＋人行道(5m)＝40m。

1.2　工程规模

本项目为新建城市主干路，道路设计长度 1570.827m，道路红线宽度为 40m，采用水泥混凝土路面结构，路面面层厚度为 26cm。

1.3　主要工程内容

本项目建设内容包括：道路工程（路线、路基、路面工程）、排水工程。

2. 工程现状及地质概况

2.1　道路沿线现状

拟建场地位于××县××镇，场地原为耕地或荒地，地势起伏不大。沿线地面高程西段为 151.59～156.28m，平均地形坡度 1.07％，最大高差 4.69m；东段为 152.35～156.68m，平均地形坡度 1.55％，最大高差 4.33m。

2.2　地质概况

根据现场钻探岩芯描述、室内土工试验及原位测试成果，勘察场地揭露深度范围内岩土层分述如下(表 1)：

（1）淤泥质黏土①层（Q^{el}）

褐黄色、黑褐色，很湿～饱和，软塑状，土质不均匀，切面较光滑，手压印痕明显，干强度低、韧性低，无摇振反应。该层在场地内主要分布于部分地段（桩号：东 K0＋905～K0＋930）及鱼塘底部，顶面埋深 0.000m，高程 153.10m，揭露厚度 0.90m。由于该层土质软弱，土样难以成形，因而未采取到原状土样和进行轻型动力触探试验。

（2）耕植土②层（Q^{el}）

黄褐色、黄浅色，湿～很湿，可塑状，结构松软，土质欠均匀，切面不光滑，手压印痕明显，干强度较高、韧性较低，无摇振反应。该层广泛分布于拟建道路大部分地段，顶面埋深 0.000m，高程 151.26～156.96m，揭露厚度 0.40～0.70m。

（3）黏土③层（Q^{el}）

浅黄色、棕黄色，湿～很湿，可塑状，结构致密，土质均匀，切面较光滑，手压印痕明显，干强度较高、韧性较高，无摇振反应。该层在场地内主要分布于拟建道路大部分地段，顶面埋深 0.00～0.90m，高程 152.20～156.46m，揭露厚度 1.50～4.80m。塑性指数（I_L）17.1～20.0，平均值为

18.9，液限 39.0～44.7，平均值 41.4，液性指数（I_L）0.12～0.47，平均值为 0.34，综合现场勘察鉴定，该层土定名为黏土为宜，压缩系数平均值 a_{1-2}＝0.30MPa^{-1}，属中压缩性土。

（4）粉质黏土④层（Q^{el}）

棕红色、棕黄色，稍湿，硬塑状，局部坚硬，结构致密，局部夹风化碎石，切面较光滑，手压印痕不明显，干强度高、韧性高，无摇振反应。该层在场地内分布在拟建道路东半部（桩号东 K1＋220 以东），顶面埋深 0.00～0.70m，高程 150.06～154.06m，揭露厚度 1.60～3.20m。塑性指数（I_L）10.2～13.1，平均值为 11.9；液限 28.7～36.0，平均值 32.9，液性指数（I_L）－0.03～0.38，平均值为 0.22，综合现场勘察鉴定，该层土定名为粉质黏土为宜，压缩系数平均值 a_{1-2}＝0.22MPa^{-1}，属中压缩性土。

（5）砾岩⑤层（K_2）

浅灰色，中风化，块状，裂隙不发育，岩芯呈块状，局部短柱状，岩芯采取率较高。属较软岩，岩体基本质量等级为Ⅳ级。该层顶面埋深 3.80～5.30m，高程 151.66～153.66m，分布在拟建道路西端（桩号东 K0＋280～K0＋540）。

（6）灰岩⑥层（P_1m）浅灰色、灰白色，中风化，中厚层状，较完整，岩芯呈短柱状，局部柱状，岩芯采取率较高。属较软岩，岩体基本质量等级为Ⅳ级。该层顶面埋深 0.00～4.20m，高程 147.36～152.26m，连续分布在拟建道路大部分地段（桩号东 K0＋540～K0＋730）。

岩土承载力及主要物理力学参数建议值 **表 1**

岩土名称及层号	承载力特征值	天然重度	压缩模量	直接快剪		临时开挖坡度	备注
				凝聚力	内摩擦角		
	f_{ak}	γ	E_S	C_k	φ_k	h/l	—
	kPa	kN/m^3	MPa	kPa	(°)	—	—
素填土①层	100	18.50	5.00	5.00	3.00	1/1.25	—
淤泥质黏土②层	80	18.00	3.00	6.00	5.00	1/1.5	—
黏土③层	160	19.00	7.40	33.00	13.40	1/0.75	—
粉质黏土④层	170	19.00	7.60	32.00	14.10	1/0.75	—
砾岩⑤层	2000	26.00	—	—	—	1/0.5	—
灰岩⑥层	3500	26.00	—	—	—	1/0.5	—

2.3 勘察结论与建议

（1）拟建道路沿线地形起伏不大。场区及附近无活动断裂通过，沿线未发现滑坡、崩塌、泥石流、地裂缝及土洞等不良工程地质作用，场地和地基稳定性好，适宜拟建道路的修建。

（2）场区地震动峰值加速度为 0.05g（相当于地震基本烈度为Ⅵ度区），设计地震分组为第一组，场地土类型为软弱土～坚硬土，场地类别为Ⅱ类，地震动反应谱特征周期为 0.35s，属可进行工程建设的一般地段。

（3）素填土①层土体较松散，承载力较低，不宜作路基持力层，在道路施工清表时应予以清除。淤泥质黏土②层呈软塑状，承载力低下，不宜作路基持力层，在道路施工清表时应予以清除。黏土③层具有一定的承载力和厚度，可作路基持力层。粉质黏土④层物理力学性质较好，分布连续，且厚度较大，承载力较高，可作路基持力层。砾岩⑤层物理力学性质较好，分布连续，且厚度较大，承载力较高，可作路基持力层。灰岩⑥层物理力学性质较好，分布连续，且厚度较大，承载力较高，可作路基持力层。

（4）路基干湿类型分为两类，一类为潮湿（黏土③层），一类为潮湿（粉质黏土④层）。

（5）钻探深度内没有揭露地下水，地下水埋藏较大，对路基及其施工无影响；但要作好施工用水和雨水的疏排工作，并注意堵截疏导附近居民生活废水排放。

(6) 场区的土层不属膨胀岩土，其对混凝土结构和钢筋混凝土结构中的钢筋具微腐蚀性。

(7) 路基回填时应按规范要求进行分层碾压，施工参数应经设计计算确定，施工结束后应按规定进行检测，检测方法及数量应符合规范规定。

(8) 道路沿线地表多处有石芽出露，施工时建议将路基范围内突出的石芽凿去一定深度，并用砂石垫层回垫至路基标高。

3. 采用的施工规范、规程和工程验收标准

3.1 项目采用或参考的规范和规范

《城市道路工程设计规范》CJJ 37—2012

《城市道路路线设计规范》CJJ 193—2012

《城镇道路路面设计规范》CJJ 169—2012

《城市道路路基设计规范》CJJ 194—2013

《城市道路交叉口设计规程》CJJ 152—2010

《工程建设标准强制性条文》(城市建设部分)

《城镇道路工程施工与质量验收规范》CJJ 1—2008

《城市道路照明工程施工及验收规范》CJJ 89—2012

《电气装置安装工程接地装置施工及验收规范》GB 50169—2006

《给水排水管道工程施工及验收规范》GB 50268—2008

《道路交通标志和标线》GB 5768—2009

《园林绿化工程施工及验收规范》CJJ 82—2012

《公路桥涵设计通用规范》JTG D60—2015

《公路工程抗震规范》JIG B02—2013

《中华人民共和国环境保护法》

《污水处理设施环境保护、监督管理办法》

《中华人民共和国水污染防治法》

《声环境质量标准》GB 3096—2008

《环境空气质量标准》GB 3095—2012

《污水综合排放标准》GB 20426—2006

《市政公用工程设计文件编制深度规定》

3.2 主要设计技术标准

(1) 道路等级：城市主干路。

(2) 设计车速：40km/h。

(3) 道路红线宽：40m；一块板断面，机动车双向 6 车道。

(4) 设计标准轴载：BZZ-100。

(5) 道路交通量达到饱和状态时的道路设计年限为：20 年。

(6) 路面设计基准期：水泥混凝土路面为 30 年。

(7) 净空高度：根据道路规范规定，最小净高为 4.5m。

(8) 根据《中国地震动参数区划图》GB 18306—2015，本项目所在地抗震防烈度为 6 度，水平向设计基本地震动加速度峰值为 0.05g，地震动反应谱特征周期为 0.35s，区域稳定性好，本项目道路工程可考虑采用简易设防。

(9) 坐标及高程系：采用 1980 年西安坐标系，1985 年国家高程基准。

(10) 线形标准指标（见表 2）

道路线形技术标准指标表　　表2

项目		单位	指标	本项目指标
道路等级		级	城市主干路	城市主干路
设计速度		km/h	40	40
圆曲线半径	设超高最小半径	m	70	—
	设超高推荐半径	m	150	—
	不设超高最小半径	m	300	500
	不设缓和曲线最小半径	m	500	—
平曲线长度	平曲线最小长度	m	70	94.951
	圆曲线最小长度	m	35	—
	缓和曲线最小长度	m	35	—
坡度	最大超高横坡	%	2.0	—
	推荐最大纵坡	%	6.0	0.448
	最大合成坡度	%	7	—
纵坡坡段最小长度		m	110	374.140
凸形竖曲线半径	一般最小半径	m	600	15000
	极限最小半径	m	400	—
凹形竖曲线半径	一般最小半径	m	700	—
	极限最小半径	m	450	—
竖曲线最小长度		m	35	112.255

4. 设计概要

4.1　平、纵线形设计

4.1.1　道路平面设计

（1）设计原则

根据《城市道路工程设计规范》CJJ 37—2012、业主提供的路线所处区域地形等资料进行道路设计。路线布设符合规划总体走向，同时结合地形、地质、地物、水文等情况，考虑道路平面、纵断面、横断面相互协调，尽量减少拆迁房屋、减少占地，重视与现有道路、正施工道路的衔接设计。

（2）平面设计

在道路平面设计包括道路起终点、中线坐标及道路红线控制宽度、交叉口红线控制范围及视距等规划要素。

本项目道路中线与业主提供的道路红线图的中线基本一致，路线设两处平曲线，最小平曲线半径为500m，根据《城市道路工程设计规范》CJJ 37—2012 表 6.2.2 规定，设计速度为 40km/h 时不设超高的最小半径为 300m，因此满足要求，不设超高加宽和缓和曲线。

起点衔接的跨线桥引桥段的宽度为 50m，为了两段路良好的衔接及加大路口的通行能力，设置 30m 的变窄渐变段，右侧需要拓宽一个车道，由原先 15m 拓宽为 18.5m 的行车道。

本道路沿线依次与两条规划道路平交，均为十字路口，甲路为规划城市主干道，乙路为二级公路，设计控制坐标见表 3。

设计控制坐标表 **表 3**

	X (m)	Y (m)
设计起点坐标 K0+000	2649478.106	510755.322
甲路交叉口坐标 K0+102.105	2649507.307	510853.162
乙路交叉口坐标 K1+504.45	2650053.939	512117.334
设计终点坐标 K1+581.826	2650074.466	512191.938

4.1.2 道路纵断面设计

(1) 纵断面设计原则

1) 纵断面设计应参照规划控制标高并适应临街建筑布置及沿路范围内地面水的排除。

2) 为保证行车安全、舒适、纵坡宜缓顺，起伏不宜频繁。

3) 与现状道路交叉处，严格按照规划标高设计，纵坡不能超过 3%。

(2) 纵断面设计

道路纵断面设计标高为道路中心线标高（见表 4)。

本工程建设场区地势比较平坦，道路全线基本处于耕地或荒地之中，因此，本项目纵断面设计根据现正在设计的创业大道跨线桥的设计标高和与之平交的交叉口的控制标高进行设计的，同时结合片区景观规划、道路两侧用地、排水需要、防洪等综合考虑设计。

纵断面设计控制标高设置情况 **表 4**

序号	桩号	现状地面标高 (m)	设计标高	备注
1	K0+000	152.239	154.22	设计起点
2	K0+102.105	155.739	154.677	与澄江路平交
3	K1+504.45	150.33	152.5	与环城路平交
4	K1+581.826	150.075	152.268	设计终点

全线共设 1 个变坡点，最大纵坡 0.448%，最小纵坡 0.3；最大坡长 1207.686m，最小坡长 374.140m；凸形竖曲线最小半径为 15000m。

4.2 横断面设计

本项目采用单幅路型式：人行道(5m)+行车道(15m)+行车道(15m)+人行道(5m)=40m。

车行道采用直线型路拱，为有利于道路路面的排水，路拱横坡采用双向 2%，人行道采用单向横坡为 2%。

4.3 路基、路面工程设计

4.3.1 路基设计及边沟、边坡特殊设计

(1) 路基设计

1) 一般路基设计原则

路基设计根据《城市道路工程设计规范》CJJ 37—2012、《城市道路路基设计规范》CJJ 194—2013 及《城镇道路工程施工与质量验收规范》CJJ 1—2008 的有关规定进行。一般路基设计原则是认真做好外业调查研究，因地制宜、就地取材的原则，采取科学、必要的排水、防护手段，经济、有效的路基病害防治措施，防止各种不利的自然因素对路基的危害，以确保路基具有足够的强度、稳定性和耐久性。

路基设计要符合城市总体规划要求，与城市发展、沿线地区的开发相协调，符合环境保护要求，加强道路绿化，改善沿线景观。

城市道路路基的填方高度，应符合城市规划控制标高，并适应以后临街建筑物标高方面的要求、满足防洪（内涝）要求，及沿线控制范围内地表水的及时排除。

2) 路基施工设计

借土场在场地周边 1km 处、弃土场在 5km 处，取土或弃土结束后应种植草皮以保护生态避免水土流失。

路基填土必须先将原地面表的耕土、菜根、草根、稻根、树根、垃圾土、腐殖土、淤泥等清除干净，另选用符合要求的土石回填夯实。填土内不得含有杂草、树根或农作物残根等杂物，若有此类杂质，填土前应予以清除。填土时，应用同类土填在同一地段，若用不同种类的土应分类、分段填筑，尽可能保持整段一致，不可任意夹杂，以免土基不均匀沉陷或产生水囊现象。

填方地段的表层不得有积水，并应保持适当干燥，填筑应逐段分层进行碾压，先填低洼地段，后填一般地段，先填路中再逐渐填至路边，保持平面上有一定的路拱和纵坡，使雨水能及时排出，保证土基不积水。

挖方的挖土应由边到中、由低向高、分层循序渐进，不得挖成坑塘，对垃圾土等不良土质，应挖除处理并经建设与设计方验基合格后，方可进行下一工序。挖土过程中应保持一定的纵、横坡度和平整度，以利于排水。

雨季填土应当天填筑当天碾压，以免填土含水量过大。如遇下雨应停止填土，以免形成橡皮土，施工期间发现橡皮土，可采取挖出晒干，敲碎后再铺或者将其挖尽，另换干土、砾石砂或其他水稳定性好的材料铺平压实。

最后修成的路基纵坡、横坡、边坡必须符合设计要求，表层必须平整，不得有明显的凹凸不平现象。

3）路床填料最大粒径应小于 100mm，路堤填料的最大粒径应小于 150mm。采用细粒土填筑路基时，填料最小强度应符合《城市道路路基设计规范》CJJ 194—2013 表 4.6.4 的主干路规定见表 5。

路基填料最小强度要求 **表 5**

项目分类	路床顶面以下深度（m）	填料最小强度（CBR）			填料最大粒径（cm）
		快速路、主干路	次干路	支路	
填方路基	0～0.3	8	6	5	10
	0.3～0.8	5	4	3	10
	0.8～1.5	4	3	3	15
	>1.5	3	2	2	15
零填及挖方路基	0～0.3	8	6	5	10
	0.3～0.8	5	4	3	10

4）土质路基压实根据《城市道路路基设计规范》CJJ 194—2013 表 4.7.2 的主干路规定采用见表 6。

土质路基压实度（重型击实） **表 6**

填挖类型	路床顶面以下深度（cm）	最小压实度（%）（重型击实）			
		快速路	主干路	次干路	支路
填方	0～80	96	95	94	92
	80～150	94	93	92	91
	>150	93	92	91	90
挖方	0～30	96	95	94	92
	30～80	94	93	—	—

人行道压实度≥93%，主干路土基回弹模量 E_0≥30MPa。

在高填方路段，为了达到设计的压实度，路基采用重型压路机压实后再用冲压式压路机在路基顶面补压。

（2）边坡特殊设计

根据线路踏勘，场地原为耕地或荒地，地势起伏不大，现况边坡稳定，无滑移迹象。考虑到本项目为城市道路，沿线两侧地块开发时间未定，边坡宜做好防护，且填挖高不大，推荐采用挂三维网植草防护。

填方路基边坡：填方边坡坡高不超过8m按1∶1.5，超过8m的采用台阶放坡型式。由于本项目填方段坡高最高不超过3m，边坡采用1∶1.5，采用挂三维网植草防护。

地面横坡缓于1∶5时，在清除地表草皮、腐殖土，碾压整平后，可直接在原地面上填筑路堤，地面横坡在1∶2.5～1∶5之间时，原地面应先挖台阶，台阶宽度不应小于2m。当基岩面上的覆盖层较薄时，宜先清除覆盖层再挖台阶，当覆盖层较厚且稳定时，可予以保留。

填方路基应优先采用级配较好的砾类土、砂类土等粗粒土作为填料，填料最大粒径不大于150mm。

挖方路基边坡：边坡防护采用台阶放坡，0m<h≤6m时，边坡坡率采用1∶1，挖方段坡高最高不超过3m，采用挂三维网植草防护。

（3）路基排水

受大气降水的影响较大，对道路施工的影响是重大的，地表水的存在将直接影响道路挖填及支护工程的施工。道路施工时，应采取相应的排水措施，防止路基积水，导致持力层承载力降低。

（4）路基施工注意事项

沿路线分布的岩土层为：淤泥质黏土①层、耕植土②层、黏土③层、粉质黏土④层、砾岩⑤层和灰岩⑥层。

淤泥质黏土①层、耕植土②层，土质软弱且土层较薄，不宜直接作为道路地基持力层，予以清除，对于厚度较大处采用换填或强夯进行处理，如作为路基持力层时，应对路堑、路床的0.80m范围内的土进行超挖，换填符合要求的透水性填料，或采取土质改良措施，且将该层土分层碾压回填至整平标高，并经检验达到设计要求后，可作为拟建道路的路基。黏土③层、粉质黏土④层、砾岩⑤层和灰岩⑥层均可满足道路承载力要求，以此作为路基持力层。对于在填挖交界地段采用振动碾压或强夯等措施进行增强处理，以消减路基填挖间的差异变形。

挖除不良地质后，需用压路机（夯）压实下面的路基土才能开始回填。

4.3.2 路面结构设计

（1）设计标准

设计标准轴载：BZZ-100。

路面设计基准期：30年。

设计年限内的交通量年平均增长率：5%。

（2）水泥混凝土路面结构组合形式

行车道路面结构见表7。

水泥混凝土路面 **表7**

结构层	机动车道各层厚度（cm）
水泥混凝土面层（弯拉强度5.0MPa）	26
ES-2型稀浆封层+乳化沥青透层	1
5%水泥稳定碎石基层	15
4%水泥稳定碎石基层	15
级配碎石底基层	20
土基压实	回弹模量≥30MPa
总厚度	77

（3）交工验收弯沉值（见表 8）

行车道交工验收弯沉值 **表 8**

各结构层检测层位	不利季节弯沉值（1/100mm）	非不利季节弯沉值（1/100mm）
第 1 层 5%水泥稳定碎石层顶面	45.1	41.4
第 2 层 4%水泥稳定碎石层顶面	88	80.6
第 3 层级配碎石层顶面	231.6	205.3
路基顶面	310.5	258.8

（4）路面抗滑标准

水泥混凝土路面表面构造深度要求见表 9。

水泥混凝土面层的表面构造深度（mm）要求 **表 9**

道路等级	快速路、主干路	次干路、支路
一般路段	0.70～1.10	0.50～0.90
特殊路段	0.80～1.20	0.60～1.00

注：1. 对于快速路和主干路特殊路段系指立交、平交或变速车道等处，对于次干路、支路特殊路段系指急弯、陡坡、交叉口或集镇附近。

2. 年降雨量 600mm 以下的地区，表列数值可适当降低。

3. 非机动车道、人行道及步行街可参照执行。

路面施工时，在强度达到 40%后，用刻槽机刻槽，构造深度 $D \geqslant 0.7$mm。平整度抗滑标准：混凝土路面的平整度以采用平整度仪检测为准，$\sigma \leqslant 1.2$mm，IRI 不大于 2.0m/km。当采用 3m 直尺量测时，3m 直尺与路面表面之间的最大间隙不应大于 3mm。

（5）路面排水

路面雨水主要通过道路横坡排往路边的雨水口统一收集汇入雨水管道中。

（6）人行道路面结构

本项目人行道结构层及厚度见表 10。

人行道结构层 **表 10**

名称	厚度（cm）	备注
彩色透水性人行道砖	6	
1∶5 水泥砂浆找平层	5	
级配碎石	15	
土基压实		压实度≥93%
总厚度	26	

铺设工艺①路基的开挖：路床开挖，清理土方，并达到设计标高；检查纵坡、横坡及边线，是否符合设计要求；修整路基，找平碾压密实，压实系数达 93%以上，并注意地下埋设的管线。②基层的铺设：铺设 200mm 厚 5%水泥稳定碎石，施工前在路基上洒水湿润，但不得有积水，施工时应连续作业，控制材料最佳含水量在 5%左右，压实度 95%以上。要求坚实平整，结构均匀，表面无松散颗粒，纵坡、横坡均符合要求，保温养护 7 天以上。③找平层的铺设：用 1∶3 的水泥砂浆，30mm 厚，清理杂物，并洒水湿润，随刷随铺设水泥砂浆拌合料，水泥砂浆应铺平振实，坡向、坡度正确。找平层与混凝土基层要求结合牢固，不得有空鼓。④面层铺设：面层为路面砖，在铺设时，应根据设计图案铺设路面砖，铺设时应轻轻平放，用橡胶锤锤打稳定，但不得损伤砖的边角。⑤接缝砂的要求：接缝用砂的质量应符合规范要求。盲道砖应在人行道路中间设置，必须避开树池、检查井、杆线等障碍物，设置宽度为 50cm。铺砌方法与普通路面砖相同，铺筑时应注意行进盲道砌块与提示盲道砌块不得混用。路口处盲道应铺设为无障碍形式。

（7）技术措施

路面施工应严格按照现行《城市道路工程设计规范》CJJ 37—2012、《城镇道路路面设计规范》CJJ 169—2012、《城市道路路基设计规范》CJJ 194—2013 和《城镇道路工程施工与质量验收规范》CJJ 1—2008 等的规定进行施工。

1）对路基的要求

路基是道路的重要组成部分，提高路基的强度及稳定性，是保证路面稳定的前提条件。因此，在进行路面施工前应对路基进行检查，路基的密实、均匀、稳定、标高及平整度应符合要求，路基压实度应符合《城市道路路基设计规范》CJJ 194—2013 的规定。

2）对级配碎石底基层的要求

用作底基层的级配碎石，应有良好的级配，《城镇道路工程施工与质量验收规范》CJJ 1—2008 的规定，级配碎石所用石料的集料压碎值不大于 40%。

3）对水泥稳定碎石基层的要求

水泥稳定碎石的级配应满足《城镇道路工程施工与质量验收规范》CJJ 1—2008 表 7.5.2 的级配的规定，当作基层时，粒料最大粒径不宜超过 37.5mm。碎石、砾石、煤矸石等的压碎值：对城市快速路、主干路基层与底基层不得大于 30%；对其他道路基层不得大于 30%，对底基层不得大于 35%；施工时配料要准确，拌合要均匀，没有粗细颗粒离析现象，在最佳含水量时碾压。

其余未尽事宜，参照《城镇道路工程施工与质量验收规范》CJJ 1—2008 中的有关规定执行。

4）对封层及透层的要求

透层采用渗透性好液体沥青、乳化沥青。透层沥青施工时的渗透深度和用量宜通过试洒确定，并符合《城镇道路工程施工与质量验收规范》CJJ 1—2008 表 8.4.1 的要求。透层油宜采用沥青洒布车或手动洒布机喷洒，洒布设备喷嘴应与透层沥青匹配，喷洒应呈雾状，洒布管高度应使同一地点接受 2～3 个喷油嘴喷洒的沥青；封层施工时封层油宜采用改性沥青或乳化沥青。其余未尽事宜，参照《城镇道路工程施工与质量验收规范》CJJ 1—2008 中的有关规定执行。

5）对水泥混凝土面层的要求

① 粗集料应采用质地坚硬、耐久、洁净的碎石、砾石、破碎砾石，并应符合《城镇道路工程施工与质量验收规范》CJJ 1—2008 表 10.1.2-1 的规定。城市快速路、主干路、次干路及有抗（盐）冻要求的次干路、支路混凝土路面使用的粗集料级别应不低于Ⅰ级。Ⅰ级集料吸水率不应大于 1.0%，Ⅱ级集料吸水率不应大于 2.0%。粗集料宜采用人工级配。其级配范围宜符合表 10.1.2-2 的规定，粗集料的最大公称粒径，碎砾石不得大于 26.5mm，碎石不得大于 31.5mm，砾石不宜大于 19.0mm。细集料宜采用质地坚硬、细度模数在 2.5 以上、符合级配规定的洁净粗砂、中砂。砂的技术要求应符合表 10.1.3 的规定。重交通以上等级道路、城市快速路、主干路应采用 42.5 级以上的道路硅酸盐水泥或硅酸盐水泥、普通硅酸盐水泥；中轻交通等级的道路可采用矿渣水泥，其强度等级宜不低于 32.5 级，28d 弯拉强度不小于 6.5MPa，并应符合《城镇道路工程施工与质量验收规范》CJJ 1—2008 表 10.1.1-1 的要求。

② 做好施工准备工作，宜储备正常施工一个月以上的砂石料。严禁不同规格的砂石料混杂堆放，严禁料堆积水和受泥土污染。还应配备一定数量的篷布或薄膜等防雨器具，以防突发性降雨对新铺筑的路面造成破坏。

③ 施工前，应按设计规定划分混凝土板块，板块划分应从路口开始，必须避免出现锐角。曲线段分块，应使横向分块线与该点法线方向一致。直线段分块线应与面层胀、缩缝结合，分块距离宜均匀。分块线距检查井盖的边缘，宜大于 1m。

④ 混凝土面层的配合比应满足弯拉强度、工作性、耐久性三项技术要求。按 28d 抗弯拉设计强度 4.5MPa 进行施工配合比试验，以确定最终的施工配合比：不同摊铺方式混凝土最佳工作性范围及最大用水量应符合表 10.2.2-4 的规定：混凝土最大水胶比和最小单位水泥用量宜符合表 10.2.2-6 的规定。但水胶比不得大于 0.48，最大单位水泥用量不宜大于 400kg/m³。施工中所采用的外加剂应满足《城镇

道路工程施工与质量验收规范》CJJ 1—2008 中的要求。施工配合比一经批准确定后，未经批准不得随意更改。

⑤ 施工现场的气温高于 30℃、搅拌物温度在 30～35℃、空气相对湿度小于 80%时，搅拌物中宜掺缓凝剂、保塑剂或缓凝减水剂等。

⑥ 面层用混凝土宜通过比对，优选具备资质、混凝土质量稳定的集中搅拌站供应。混凝土的搅拌时间应按配合比要求与施工对其工作性要求经试拌、确定最佳搅拌时间。每盘最长总搅拌时间宜为 80～120s。施工中应根据运距、混凝土搅拌能力、摊铺能力确定运输车辆的数量与配置。不同摊铺工艺的混凝土搅拌物从搅拌机出料到运输、铺筑完毕的允许最长时间应符合《城镇道路工程施工与质量验收规范》CJJ 1—2008 表 10.5.5 的规定。

⑦ 水泥混凝土路面的施工，可采用幅宽 2～6m 的滑模摊铺机或三辊轴机组。采用三辊轴机组铺筑混凝土面层时，辊轴直径应与摊铺层厚度匹配，且必须同时配备一台安装插入式振捣器组的排式振捣机，振捣器的直径宜为 50～100mm，间距不得大于其有效作用半径的 1.5 倍，且不得大于 50cm。当面层铺装厚度小于 15cm 时，可采用振捣梁。其振捣频率宜为 50～100Hz，振捣加速度宜为 4～5g（g 为重力加速度）。当一次摊铺双车道面层时，应配备纵缝拉杆插入机，并配有插入深度控制和拉杆间距调整装置。卸料应均匀，布料应与摊铺速度相适应。设有纵缝、缩缝拉杆的混凝土面层，应在面层施工中及时安设拉杆。三辊轴整平机分段整平的作业单元长度宜为 20～30m，振捣机振实与三辊轴整平工序之间的时间间隔不宜超过 15min。在一个作业单元长度内，应采用前进振动、后退静滚方式作业，最佳滚压遍数应经过试铺确定。混凝土面层应拉毛、压痕或刻痕，其平均纹理深度应为 1～2mm。

⑧ 胀缝接缝板应选用能适应混凝土面板收缩、施工时不变形、弹性复原率高、耐久性良好的材料。胀缝间距应符合设计规定，缝宽宜为 20mm。在与结构物衔接处、道路交叉和填挖土方变化处，应设胀缝。胀缝上部的预留填缝空隙，宜用提缝板留置。提缝板应直顺，与胀缝板密合、垂直于面层。

⑨ 缩缝应垂直板面，宽度宜为 4～6mm。切缝深度：设传力杆时，不得小于面层厚三分之一，且不得小于 70mm；不设传力杆时不得小于面层厚四分之一，且不得小于 60mm。机切缝时，宜在水泥混凝土强度达到设计强度 25%～30%时进行。

⑩ 水泥混凝土面层成活后，应及时养护。可选用保湿法和塑料薄膜覆盖等方法养护。气温较高时，养护不宜少于 14d；低温时，养护期不宜少于 21d。混凝土板养护期满后应及时填缝，缝内遗留的砂石、灰浆等杂物，应剔除干净。面层混凝土弯拉强度达到设计强度，且填缝完成后，方可开放交通。

其余未尽事宜，按相应规范要求进行精心施工和管理。

4.4 附属工程设计

4.4.1 缘石设计

路缘石宜设置在中间分隔带、两侧分隔带及路侧带两侧，当设置在路侧带两侧时，外露高度为 15cm。预制水泥混凝土路缘石抗压强度不低于 30MPa，弯拉强度不低于 4MPa，吸水率不大于 8%。

平缘石宜设置在人行道与绿化带之间，以及有无障碍要求的路口或人行横道范围内。

4.4.2 无障碍设计

人行道按照规范设置盲道和方便残疾人通行的坡道，盲道宽 50cm，坡道坡度为 1/12。

4.5 雨水排水工程设计

排水工程部分详见“排水工程”部分设计内容。

5. 施工相关事项

5.1 施工前准备工作

1）征地拆迁工作：本项目沿线土地由业主自行解决，在此不做征地拆迁设计。本项目道路用地线以坡脚线外推 2m 设计。

2）现场清理工作：包括对道路用地范围内，按照图纸所示，对所有树木包括树根、灌木丛、杂草、孤石、垃圾、残渣、篱笆、结构物、道路路面和所有人为或非人为的障碍物都应予以清除。清除工作遗留下来的洞穴如果不是挖方处，均应按有关规范要求回填。清除物应按指定地点堆放。

3）复核地下管线和地下隐蔽设施的位置和标高，对外露的检查井、雨水口、消防栓、人防通气孔等应予以标明，以免埋设或堵塞。对新进埋设的地下管线，应复验基底沟槽回填质量，如未达到规范要求，应采取补救措施。

4）了解沿线的土质和地下水位情况，分段取样试验，确定最佳含水量和最大干密度。

5）切实做好施工期间的排水措施和防汛措施，保证施工期间排水畅通。

5.2 管线升降、挪移、加固、预埋与其他市政管线的协调配合

管线埋设由专业队伍施工，且在路基施工前完成。管线的侧、顶回填施工，须对称回填、薄层碾压，提高压实度检测频率，确保压实度达到设计要求。管线升降、挪移、加固、预埋与其他市政管线需协调配合，所有管线有条件时全部下埋，管顶标高应在路面结构层以下 30cm。10kW 以上直埋电力电缆管线的覆土深度不小于 1.0m。管顶覆土深度达不到上述要求，采取≥1.5cm 厚 C15 混凝土包裹保护管线，确保路基路面压实度达到要求。土方开挖时，应防止邻近已有道路、管线发生下沉和变形，并与有关单位协商采取保护措施。

5.3 重要或有危险性的现况地下管线，施工时应注意的事项

本工程是新建道路，大部分为填方路基，在工程施工期间应注意以下问题：

（1）管线施工时基槽开挖

××县降雨较多，基槽开挖与管线铺设要及时衔接施工，对自稳定性差或含水地层，会发生易发生坍塌等地质灾害，应采取必要的防护措施。

（2）现状管线

在施工中须文明施工，各种管线按规划断面布置，杜绝野蛮施工、破坏地下管线的行为。

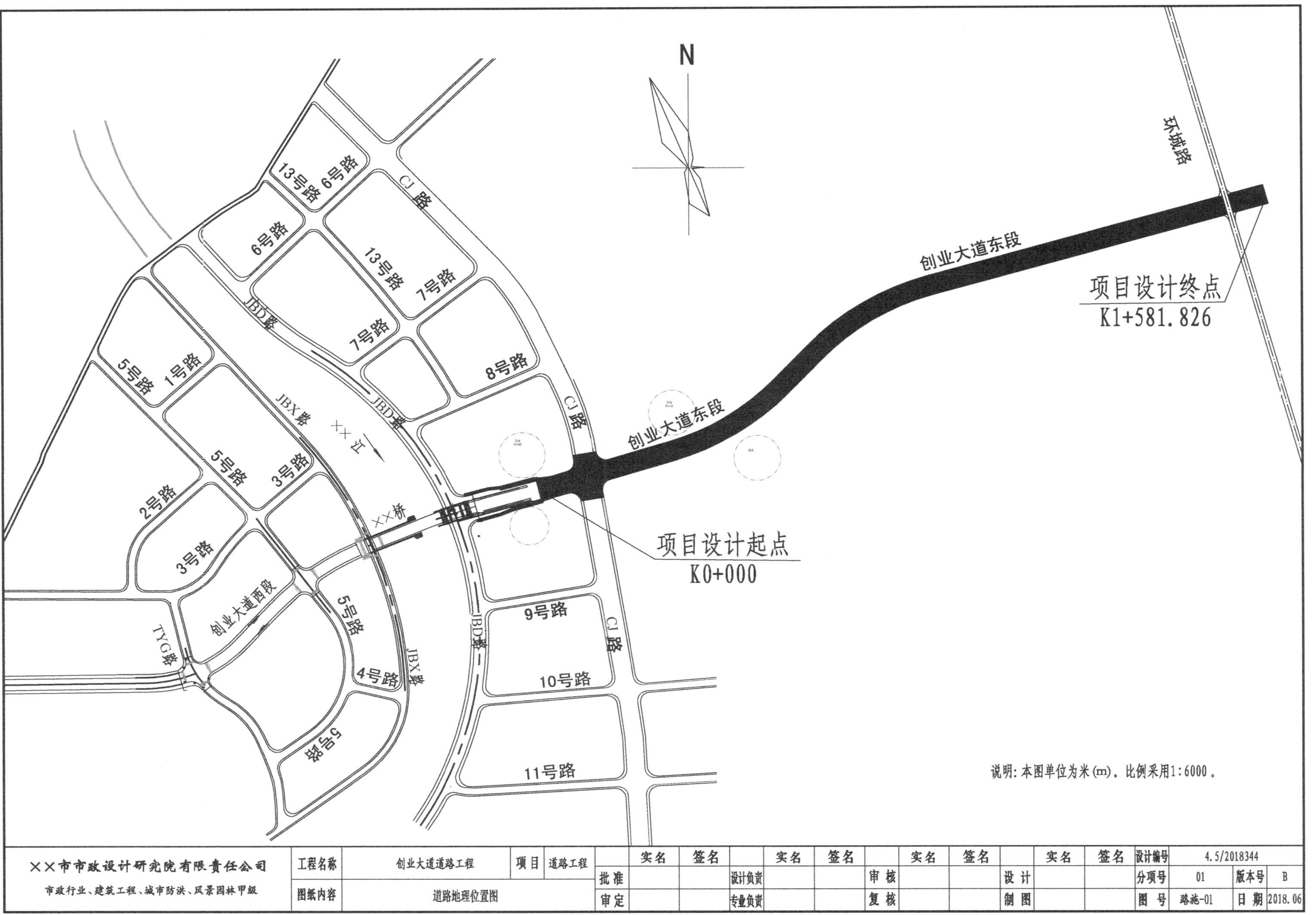

N
环城路
创业大道东段
项目设计终点
K1+581.826
创业大道东段
项目设计起点
K0+000
13号路
6号路
CJ路
6号路
13号路
7号路
JBD路
7号路
8号路
5号路
1号路
JBX路
××江
JBD路
CJ路
5号路
3号路
2号路
××桥
3号路
创业大道西段
5号路
TYG路
JBD路
9号路
CJ路
4号路
JBX路
10号路
5号路
11号路
说明：本图单位为米(m)。比例采用1:6000。
××市市政设计研究院有限责任公司
市政行业、建筑工程、城市防洪、风景园林甲级
工程名称
创业大道道路工程
项目
道路工程
图纸内容
道路地理位置图
实名
签名
批准
审定
设计负责
专业负责
审核
复核
设计
制图
设计编号
4.5/2018344
分项号
01
版本号
B
图号
路施-01
日期
2018.06

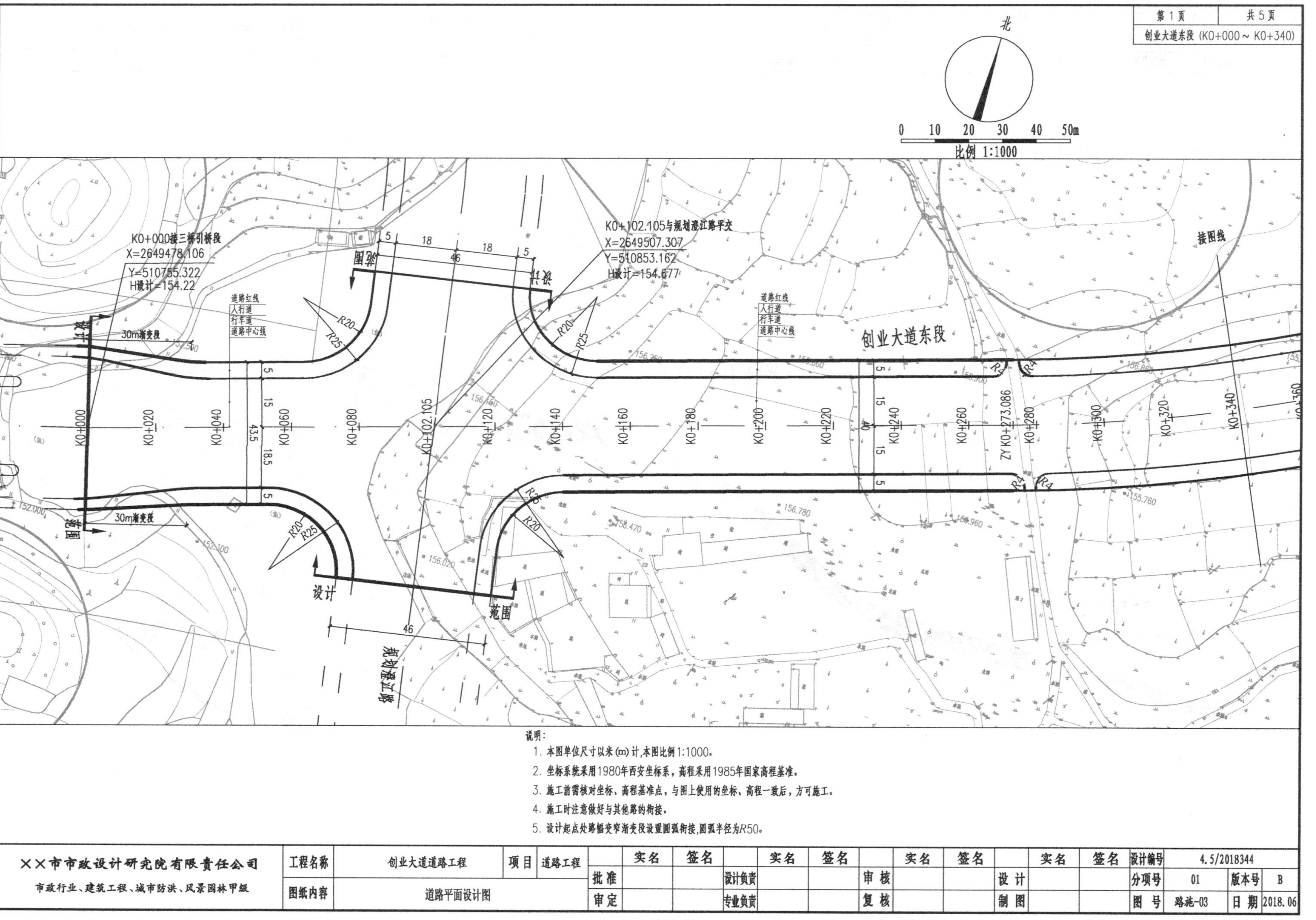

说明：

1. 本图单位尺寸以米(m)计,本图比例1:1000。
2. 坐标系统采用1980年西安坐标系，高程采用1985年国家高程基准。
3. 施工前需核对坐标、高程基准点，与图上使用的坐标、高程一致后，方可施工。
4. 施工时注意做好与其他路的衔接。
5. 设计起点处路幅变窄渐变段设置圆弧衔接,圆弧半径为R50。

××市市政设计研究院有限责任公司 市政行业、建筑工程、城市防洪、风景园林甲级	工程名称	创业大道道路工程	项目	道路工程		实名	签名		实名	签名		实名	签名		实名	签名	设计编号	4.5/2018344		
	图纸内容	道路平面设计图			批准			设计负责			审核			设计			分项号	01	版本号	B
					审定			专业负责			复核			制图			图号	路施-03	日期	2018.06

第2页	共5页
创业大道东段 (K0+340～K0+660)	

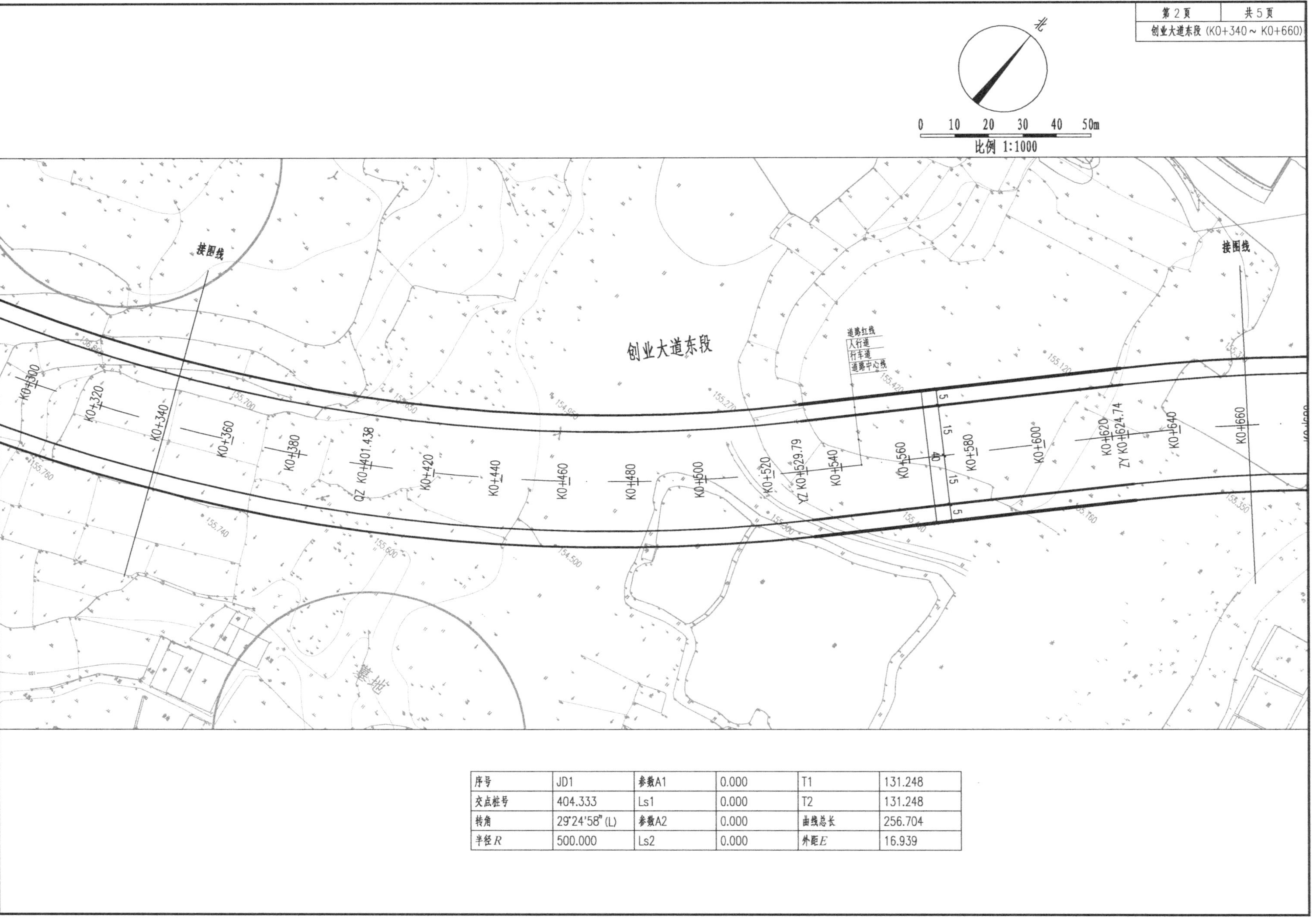

序号	JD1	参数A1	0.000	T1	131.248
交点桩号	404.333	Ls1	0.000	T2	131.248
转角	29°24′58″ (L)	参数A2	0.000	曲线总长	256.704
半径R	500.000	Ls2	0.000	外距E	16.939

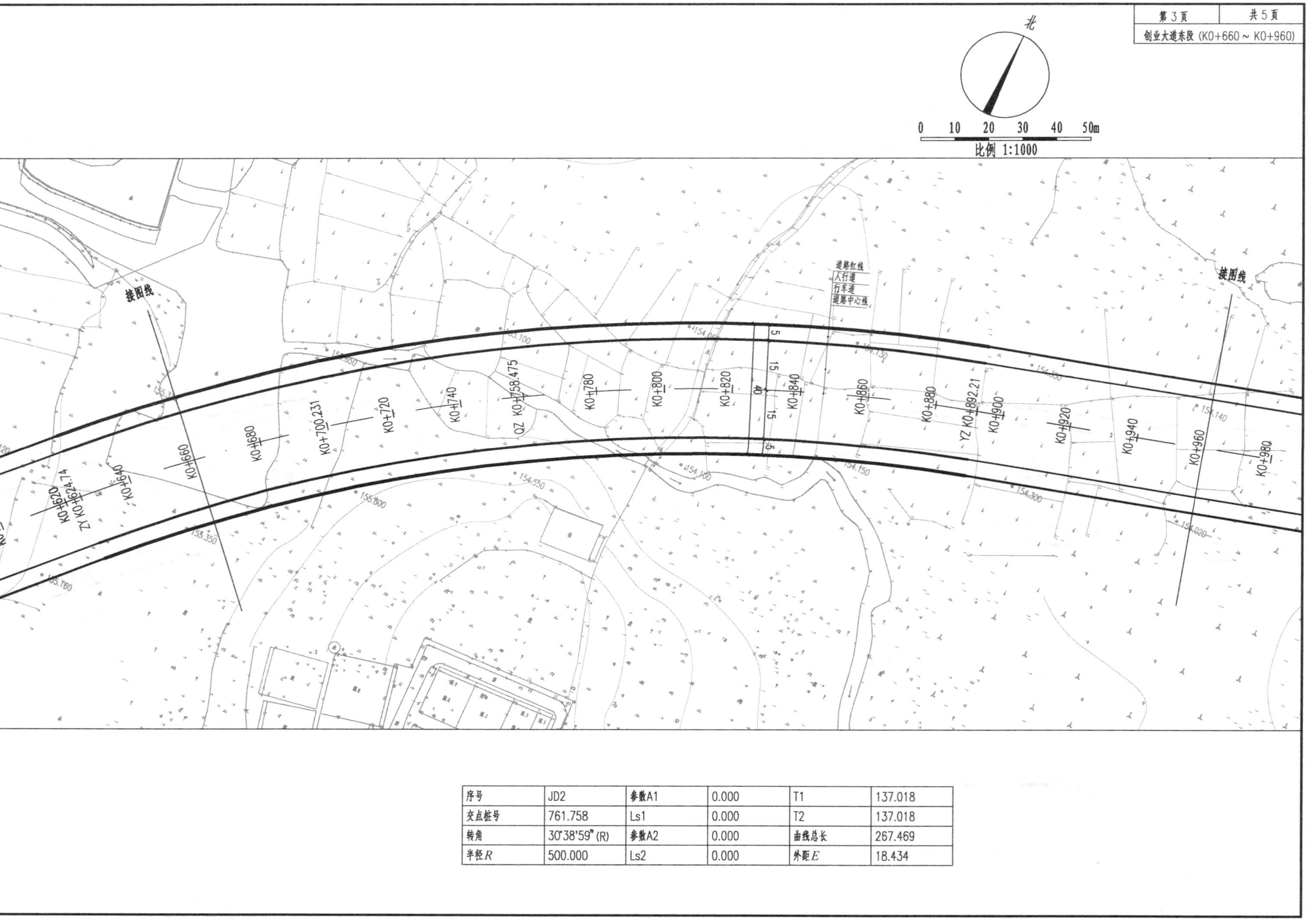

序号	JD2	参数A1	0.000	T1	137.018
交点桩号	761.758	Ls1	0.000	T2	137.018
转角	30°38′59″(R)	参数A2	0.000	曲线总长	267.469
半径R	500.000	Ls2	0.000	外距E	18.434

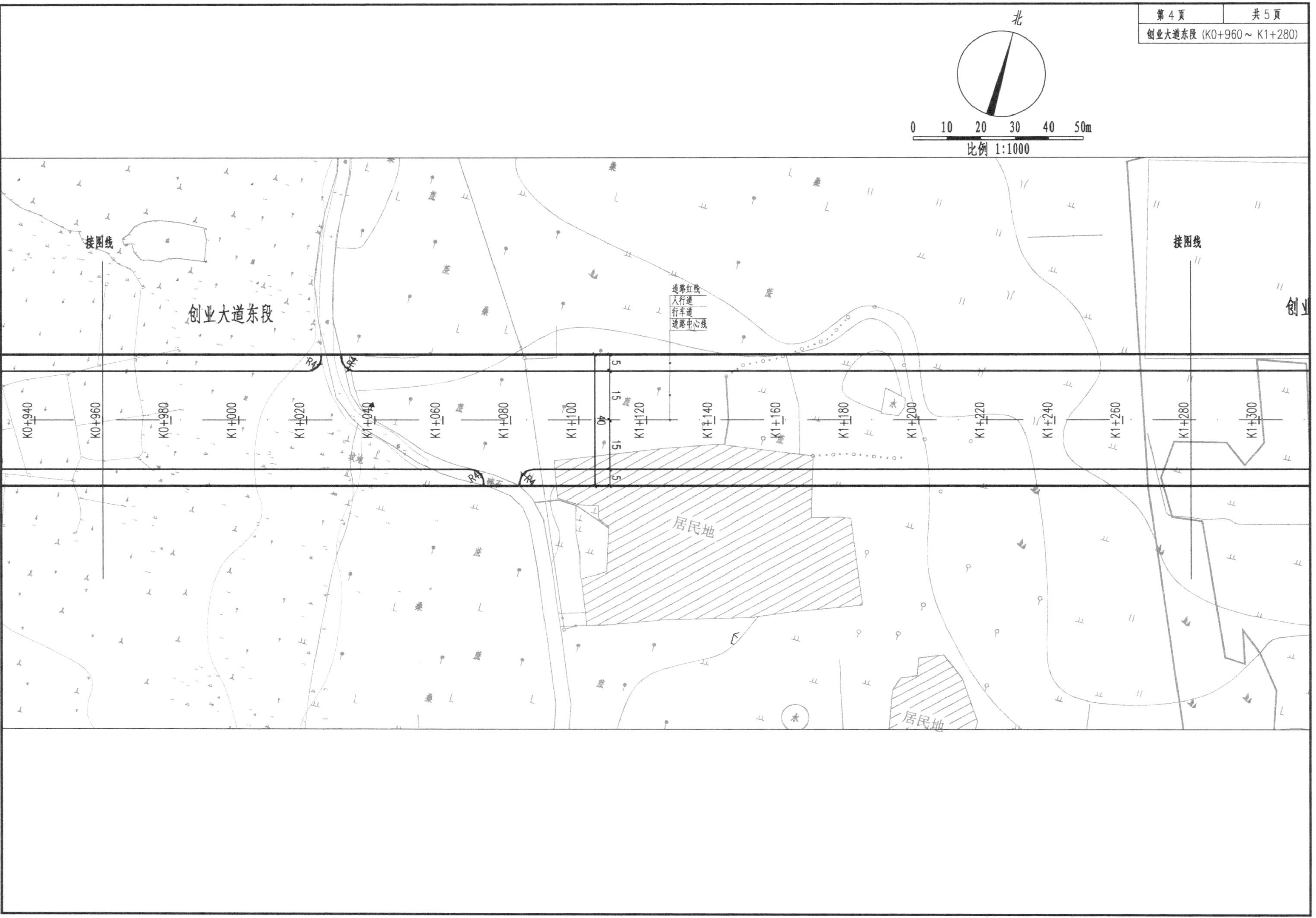

第4页
共5页
创业大道东段（K0+960～K1+280）
北
0 10 20 30 40 50m
比例 1:1000
接图线
接图线
创业大道东段
创业
道路红线
人行道
行车道
道路中心线
5
15
40
15
5
居民地
居民地
K0+940
K0+960
K0+980
K1+000
K1+020
K1+040
K1+060
K1+080
K1+100
K1+120
K1+140
K1+160
K1+180
K1+200
K1+220
K1+240
K1+260
K1+280
K1+300

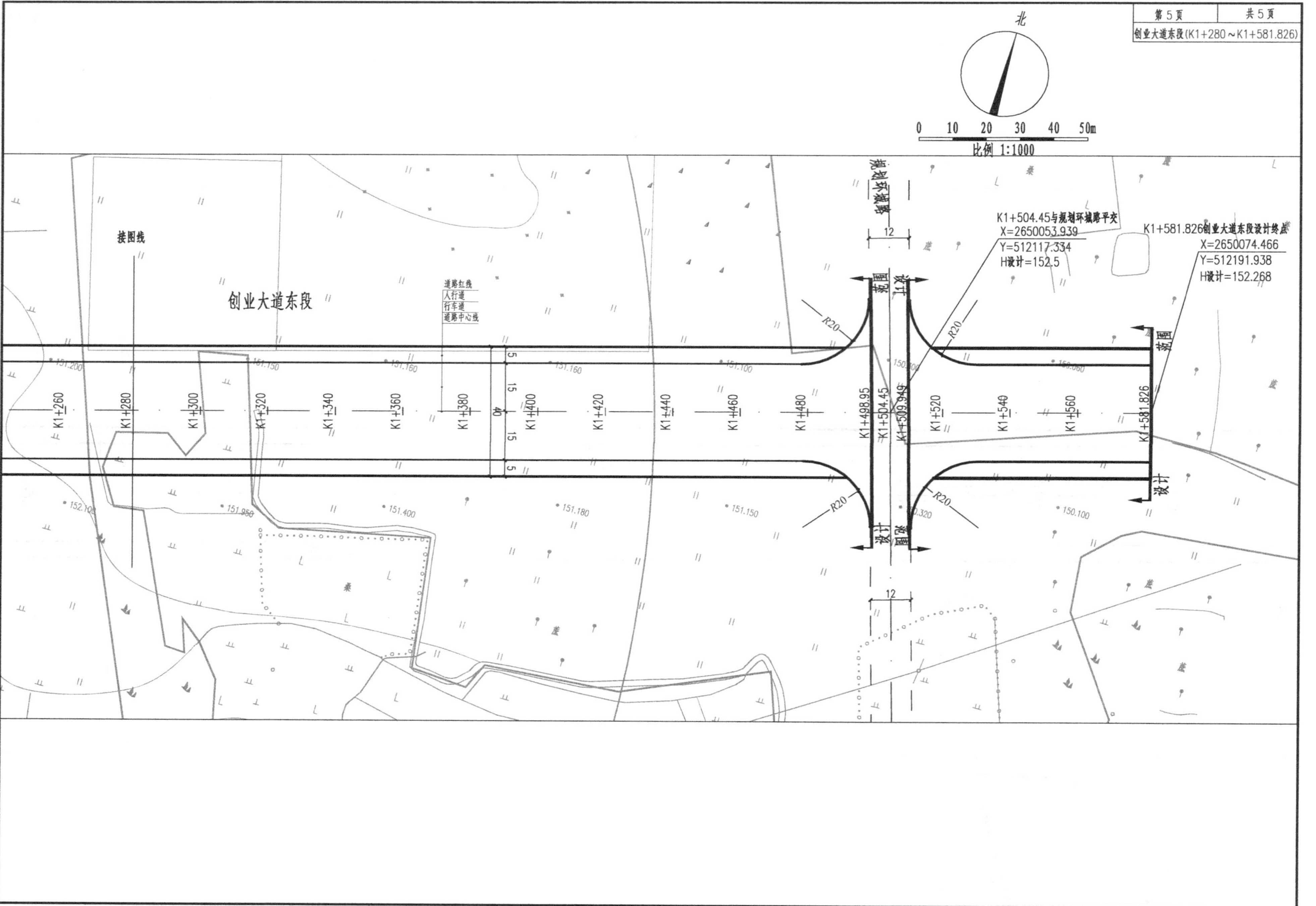

第5页
共5页
创业大道东段(K1+280～K1+581.826)
北
0 10 20 30 40 50m
比例 1:1000
规划环城路
K1+504.45与规划环城路平交
X=2650053.939
Y=512117.334
H设计=152.5
K1+581.826创业大道东段设计终点
X=2650074.466
Y=512191.938
H设计=152.268
接图线
创业大道东段
道路红线
人行道
行车道
道路中心线
K1+260
K1+280
K1+300
K1+320
K1+340
K1+360
K1+380
K1+400
K1+420
K1+440
K1+460
K1+480
K1+498.95
K1+504.45
K1+509.949
K1+520
K1+540
K1+560
K1+581.826
R20
设计
范围
12
5
15
40
15
5

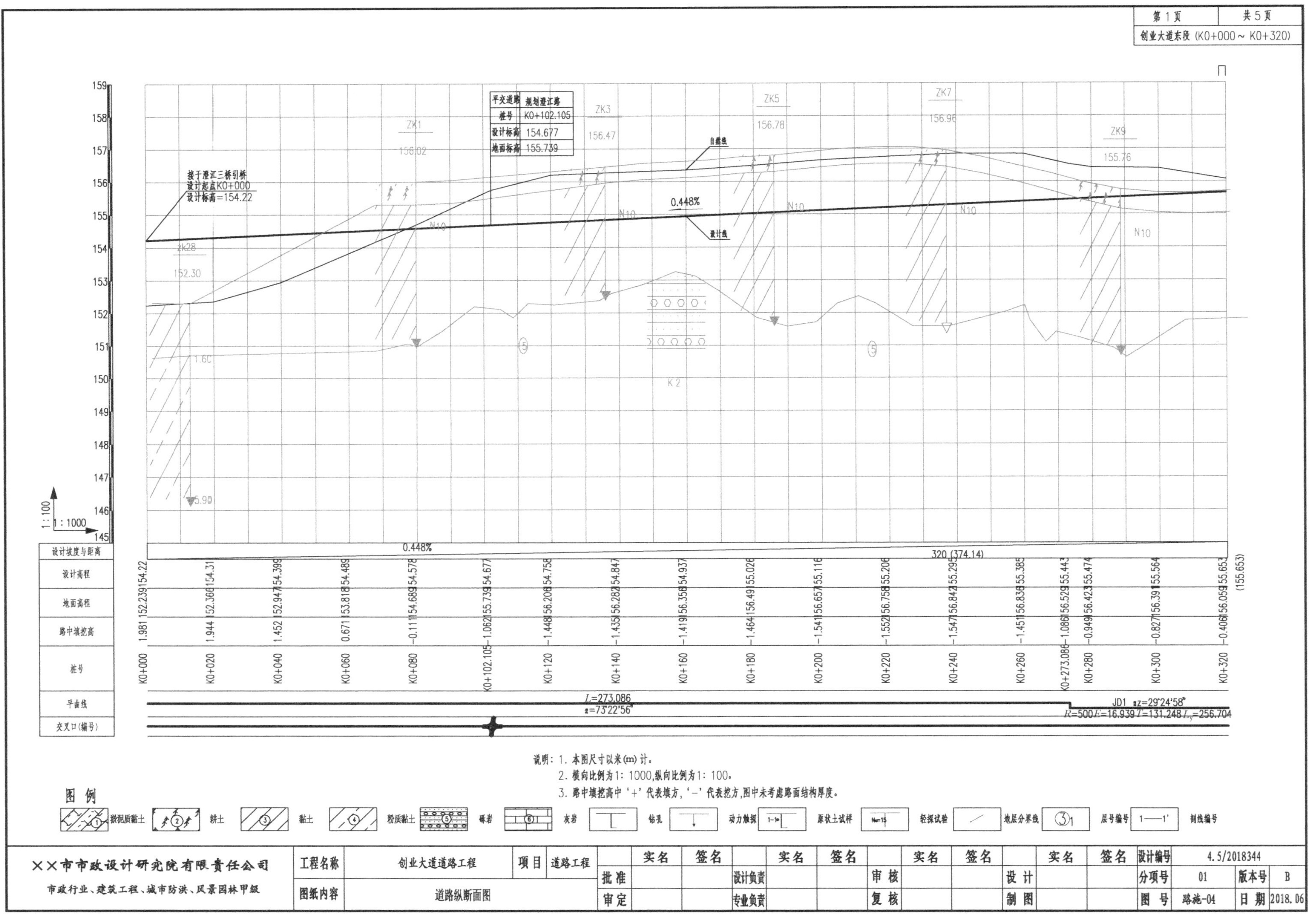
第 1 页
共 5 页
创业大道东段 (K0+000～K0+320)
平交道路 规划澄江路
桩号 K0+102.105
设计标高 154.677
地面标高 155.739
接于澄江三桥引桥
设计起点K0+000
设计标高=154.22
自然线
设计线
0.448%
ZK1 156.02
ZK3 156.47
ZK5 156.78
ZK7 156.96
ZK9 155.76
zk28 152.30
N10
K2
1 : 100
1 : 1000
设计坡度与距离
设计高程
地面高程
路中填挖高
桩号
平曲线
交叉口(编号)
0.448%
320 (374.14)
(155.653)
K0+000 1.981 152.239 154.22
K0+020 1.944 152.366 154.31
K0+040 1.452 152.947 54.399
K0+060 0.671 153.818 54.489
K0+080 −0.111 54.689 54.578
K0+102.105 −1.062 55.739 54.677
K0+120 −1.448 56.206 54.758
K0+140 −1.435 56.282 54.847
K0+160 −1.419 56.356 54.937
K0+180 −1.464 156.491 55.026
K0+200 −1.541 56.657 55.116
K0+220 −1.552 56.758 55.206
K0+240 −1.547 56.842 55.295
K0+260 −1.451 56.836 55.385
K0+273.086 −1.086 56.529 55.443
K0+280 −0.949 56.423 55.474
K0+300 −0.827 56.391 55.564
K0+320 −0.406 56.059 55.653
L=273.086
α=73°22'56"
JD1 αz=29°24'58"
R=500 Ls=16.939 T=131.248 Ly=256.704
说明：1. 本图尺寸以米(m)计。
2. 横向比例为1：1000,纵向比例为1：100。
3. 路中填挖高中‘+’代表填方，‘−’代表挖方，图中未考虑路面结构厚度。
图例
淤泥质黏土
耕土
黏土
粉质黏土
砾岩
灰岩
钻孔
动力触探
原状土试样
轻探试验
地层分界线
层号编号
剖线编号
××市市政设计研究院有限责任公司
市政行业、建筑工程、城市防洪、风景园林甲级
工程名称 创业大道道路工程
项目 道路工程
图纸内容 道路纵断面图
实名 签名
批准
审定
设计负责
专业负责
审核
复核
设计
制图
设计编号 4.5/2018344
分项号 01
版本号 B
图号 路施-04
日期 2018.06

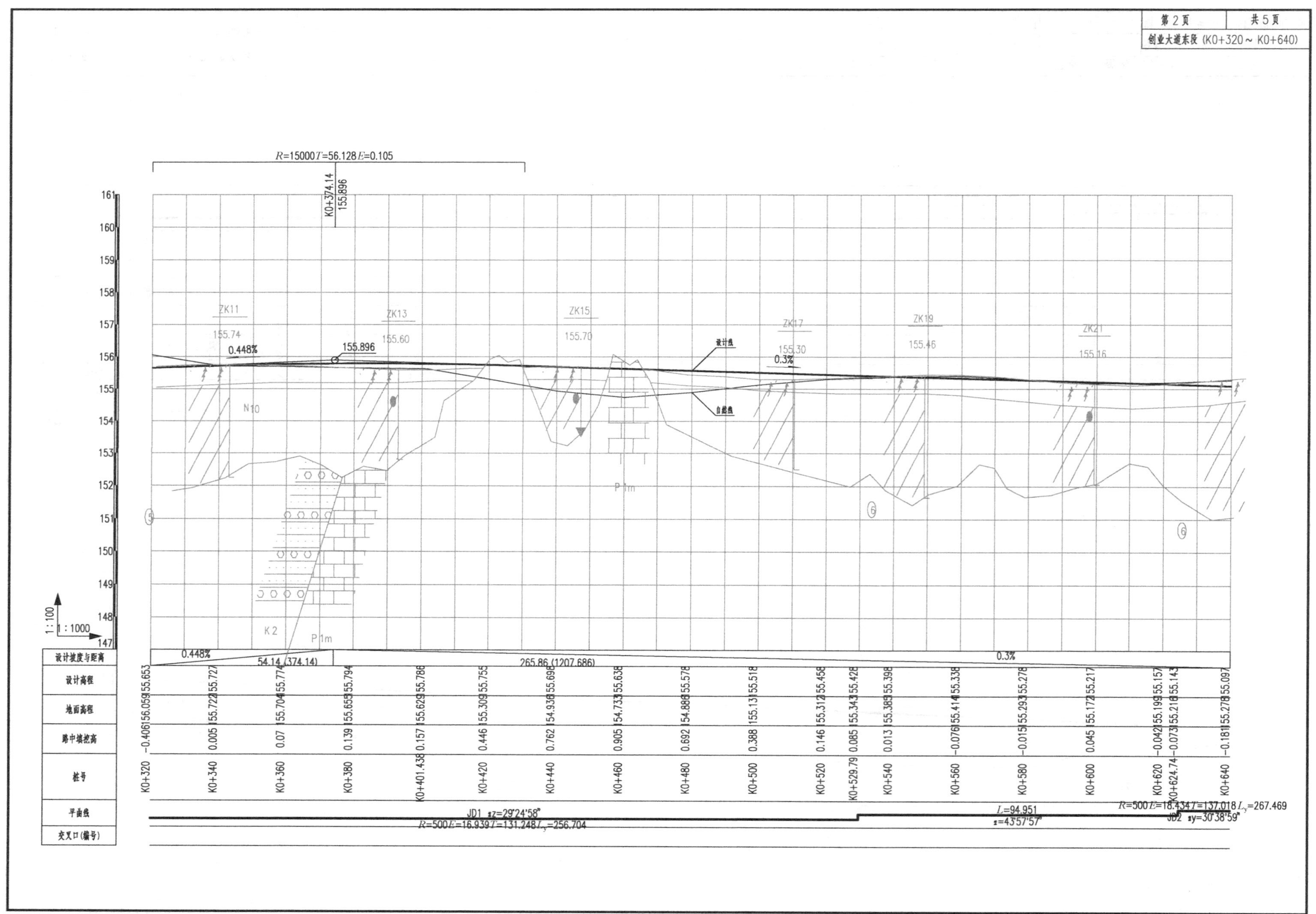

第2页
共5页
创业大道东段（K0+320～K0+640）
R=15000 T=56.128 E=0.105
K0+374.14
155.896
ZK11
155.74
ZK13
155.60
ZK15
155.70
ZK17
155.30
ZK19
155.46
ZK21
155.16
0.448%
0.3%
设计线
自然线
N10
K2
P1m
1:100
1:1000
设计坡度与距离
0.448%
54.14 (374.14)
265.86 (1207.686)
0.3%
设计高程
地面高程
路中填挖高
桩号
平曲线
交叉口(编号)
K0+320 −0.406 156.059 155.653
K0+340 0.005 155.722 155.727
K0+360 0.07 155.704 155.774
K0+380 0.139 155.655 155.794
K0+401.438 0.157 155.629 155.786
K0+420 0.446 155.309 155.755
K0+440 0.762 154.936 155.698
K0+460 0.905 154.733 155.638
K0+480 0.692 154.886 155.578
K0+500 0.388 155.131 155.518
K0+520 0.146 155.312 155.458
K0+529.79 0.085 155.343 155.428
K0+540 0.013 155.385 155.398
K0+560 −0.076 155.414 155.338
K0+580 −0.015 155.293 155.278
K0+600 0.045 155.172 155.217
K0+620 −0.042 155.199 155.157
K0+624.74 −0.073 155.216 155.143
K0+640 −0.181 155.278 155.097
JD1 αz=29°24′58″
R=500 E=16.939 T=131.248 Ly=256.704
L=94.951
α=43°57′57″
R=500 E=18.434 T=137.018 Ly=267.469
JD2 αy=30°38′59″

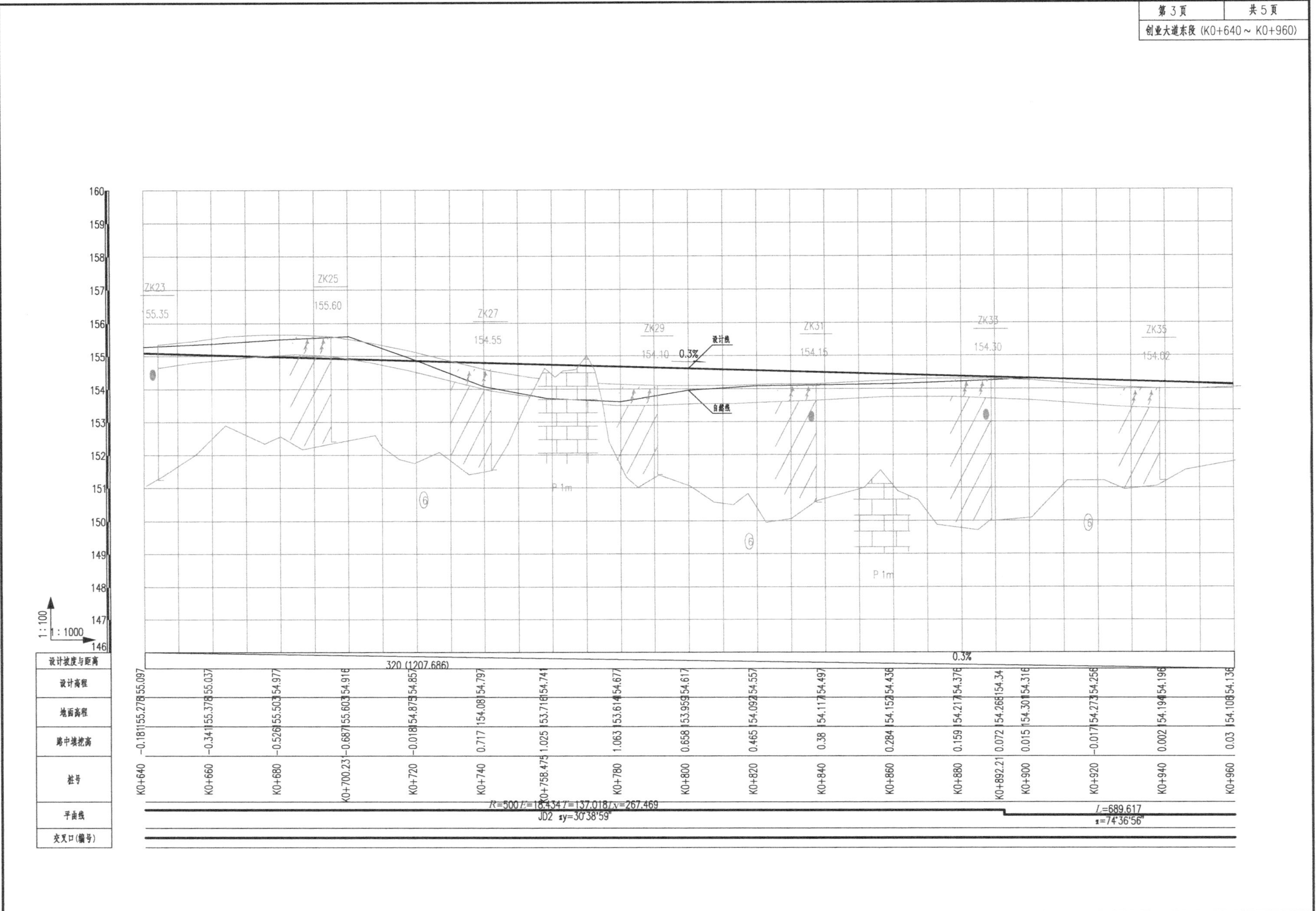
第3页 共5页
创业大道东段（K0+640～K0+960）
ZK23 155.35
ZK25 155.60
ZK27 154.55
ZK29 154.10
ZK31 154.15
ZK33 154.30
ZK35 154.02
设计线
自然线
0.3%
P 1m
1:100
1:1000
设计坡度与距离
设计高程
地面高程
路中填挖高
桩号
平曲线
交叉口(编号)
320 (1207.686)
K0+640 −0.181 155.278 155.097
K0+660 −0.341 155.378 155.037
K0+680 −0.526 155.503 154.977
K0+700.23 −0.687 155.603 154.916
K0+720 −0.018 154.875 154.857
K0+740 0.717 154.081 154.797
K0+758.475 1.025 153.716 154.741
K0+780 1.063 153.614 154.677
K0+800 0.658 153.959 154.617
K0+820 0.465 154.092 154.557
K0+840 0.38 154.117 154.497
K0+860 0.284 154.152 154.436
K0+880 0.159 154.217 154.376
K0+892.21 0.072 154.268 154.34
K0+900 0.015 154.301 154.316
K0+920 −0.017 154.273 154.256
K0+940 0.002 154.194 154.196
K0+960 0.03 154.108 154.136
R=500 E=18.434 T=137.018 Ly=267.469
JD2 αy=30°38′59″
L=689.617
α=74°36′56″

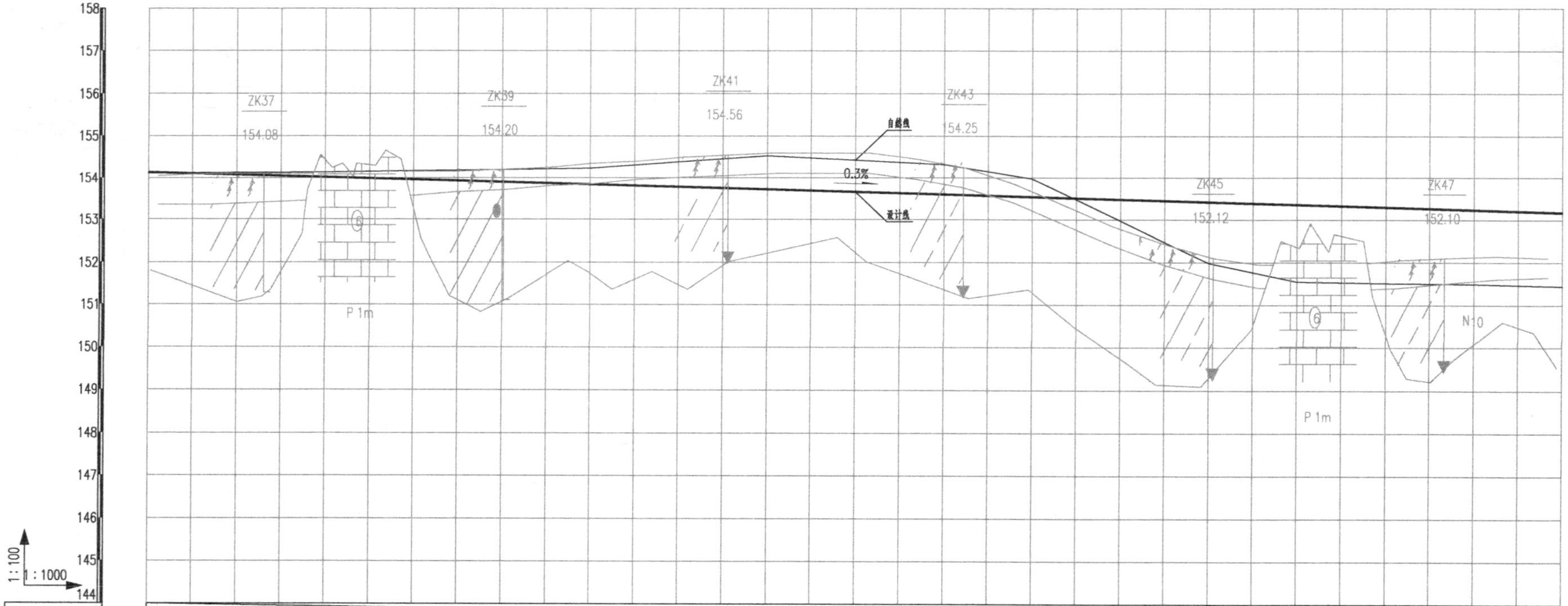

创业大道东段 (K0+960 ~ K1+280)

设计坡度与距离	320 (1207.686)								
设计高程	154.136	154.076	154.016	153.956	153.896	153.836	153.776	153.715	153.655
地面高程	154.106	154.125	154.134	154.172	154.194	154.232	154.387	154.529	154.431
路中填挖高	0.03	−0.049	−0.118	−0.216	−0.298	−0.396	−0.611	−0.814	−0.775
桩号	K0+960	K0+980	K1+000	K1+020	K1+040	K1+060	K1+080	K1+100	K1+120

设计坡度与距离	0.3%							
设计高程	153.595	153.535	153.475	153.415	153.355	153.295	153.235	153.175
地面高程	154.313	153.975	152.981	151.984	151.543	151.509	151.491	151.442
路中填挖高	−0.718	−0.44	0.495	1.431	1.812	1.786	1.744	1.733
桩号	K1+140	K1+160	K1+180	K1+200	K1+220	K1+240	K1+260	K1+280

平曲线: L=689.617, α=74°36′56″

交叉口(编号)

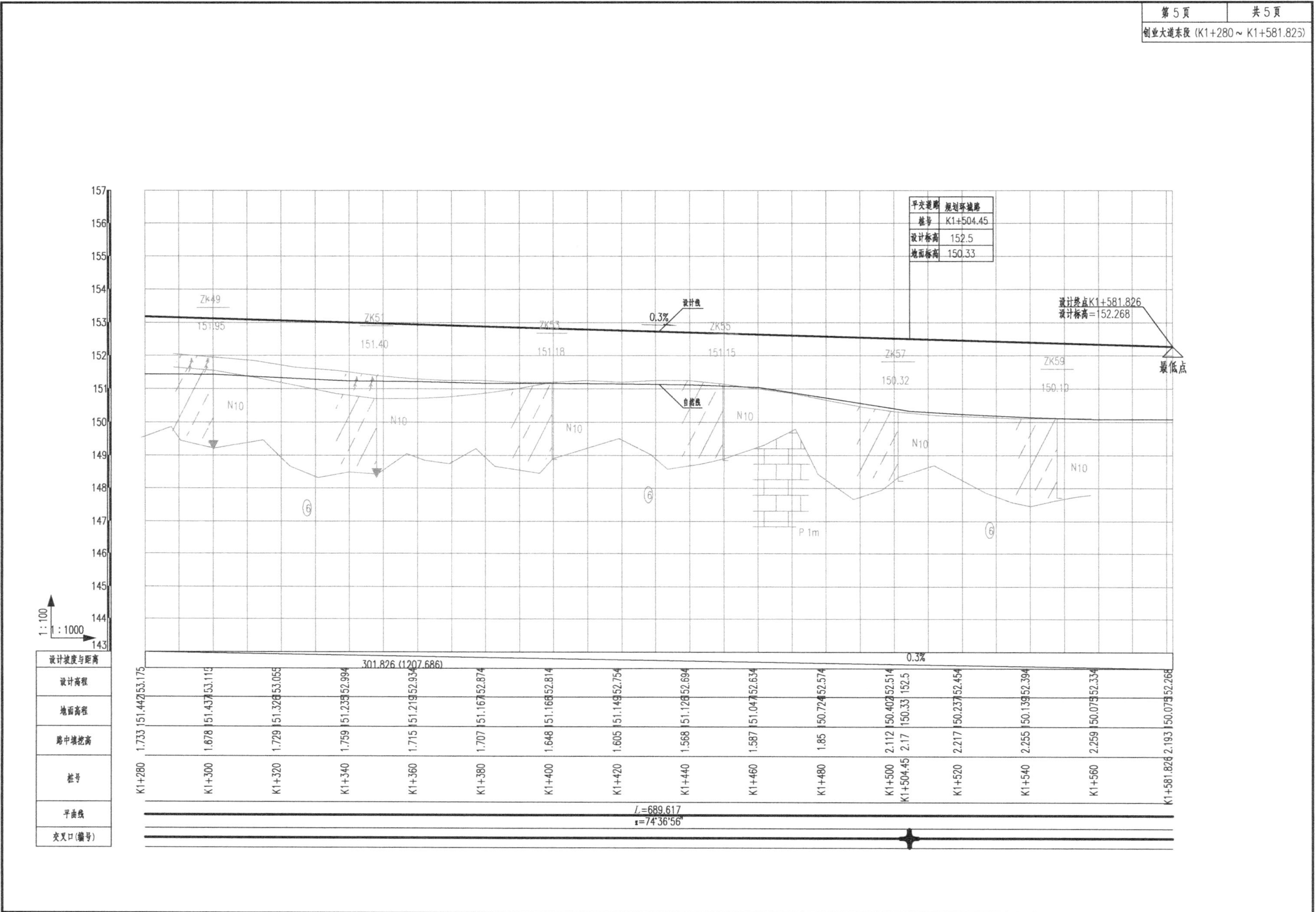

第5页 共5页
创业大道东段 (K1+280 ~ K1+581.825)
平交道路 规划环城路
桩号 K1+504.45
设计标高 152.5
地面标高 150.33
设计终点K1+581.826
设计标高=152.268
最低点
设计线
自然线
0.3%
ZK49 151.95
ZK51 151.40
ZK53 151.18
ZK55 151.15
ZK57 150.32
ZK59 150.10
N10
⑥
P 1m
1:100
1:1000
设计坡度与距离
301.826 (1207.686)
设计高程
地面高程
路中填挖高
桩号
K1+280 1.733 151.442 153.175
K1+300 1.678 151.437 153.115
K1+320 1.729 151.326 153.055
K1+340 1.759 151.235 152.994
K1+360 1.715 151.219 152.934
K1+380 1.707 151.167 152.874
K1+400 1.648 151.166 152.814
K1+420 1.605 151.149 152.754
K1+440 1.568 151.126 152.694
K1+460 1.587 151.047 152.634
K1+480 1.85 150.724 152.574
K1+500 2.112 150.402 152.514
K1+504.45 2.17 150.33 152.5
K1+520 2.217 150.237 152.454
K1+540 2.255 150.139 152.394
K1+560 2.259 150.075 152.334
K1+581.826 2.193 150.075 152.268
平曲线
L=689.617
α=74°36′56″
交叉口(编号)

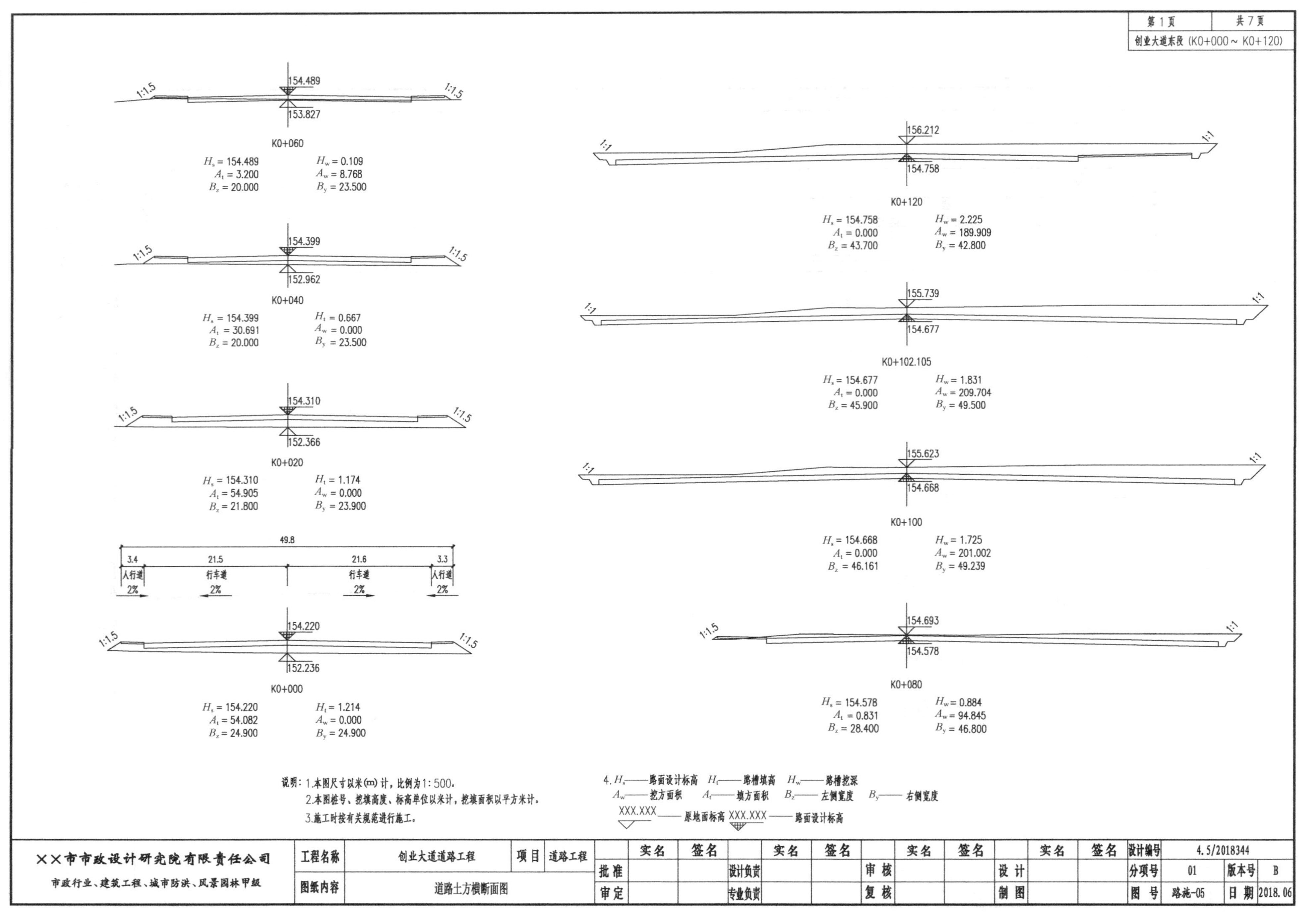
第 1 页
共 7 页
创业大道东段 (K0+000 ~ K0+120)
1:1.5
154.489
153.827
K0+060
H_s = 154.489　H_w = 0.109
A_t = 3.200　A_w = 8.768
B_z = 20.000　B_y = 23.500
154.399
152.962
K0+040
H_s = 154.399　H_t = 0.667
A_t = 30.691　A_w = 0.000
B_z = 20.000　B_y = 23.500
154.310
152.366
K0+020
H_s = 154.310　H_t = 1.174
A_t = 54.905　A_w = 0.000
B_z = 21.800　B_y = 23.900
49.8
3.4　21.5　21.6　3.3
人行道　行车道　行车道　人行道
2%　2%　2%　2%
154.220
152.236
K0+000
H_s = 154.220　H_t = 1.214
A_t = 54.082　A_w = 0.000
B_z = 24.900　B_y = 24.900
1:1
156.212
154.758
K0+120
H_s = 154.758　H_w = 2.225
A_t = 0.000　A_w = 189.909
B_z = 43.700　B_y = 42.800
155.739
154.677
K0+102.105
H_s = 154.677　H_w = 1.831
A_t = 0.000　A_w = 209.704
B_z = 45.900　B_y = 49.500
155.623
154.668
K0+100
H_s = 154.668　H_w = 1.725
A_t = 0.000　A_w = 201.002
B_z = 46.161　B_y = 49.239
154.693
154.578
K0+080
H_s = 154.578　H_w = 0.884
A_t = 0.831　A_w = 94.845
B_z = 28.400　B_y = 46.800
说明：1.本图尺寸以米(m)计，比例为1：500。
2.本图桩号、挖填高度、标高单位以米计，挖填面积以平方米计。
3.施工时按有关规范进行施工。
4. H_s——路面设计标高　H_t——路槽填高　H_w——路槽挖深
A_w——挖方面积　A_t——填方面积　B_z——左侧宽度　B_y——右侧宽度
XXX.XXX——原地面标高　XXX.XXX——路面设计标高
××市市政设计研究院有限责任公司
市政行业、建筑工程、城市防洪、风景园林甲级
工程名称　创业大道道路工程　项目　道路工程
图纸内容　道路土方横断面图
实名　签名　实名　签名　实名　签名　实名　签名
批准　设计负责　审核　设计
审定　专业负责　复核　制图
设计编号　4.5/2018344
分项号　01　版本号　B
图号　路施-05　日期　2018.06

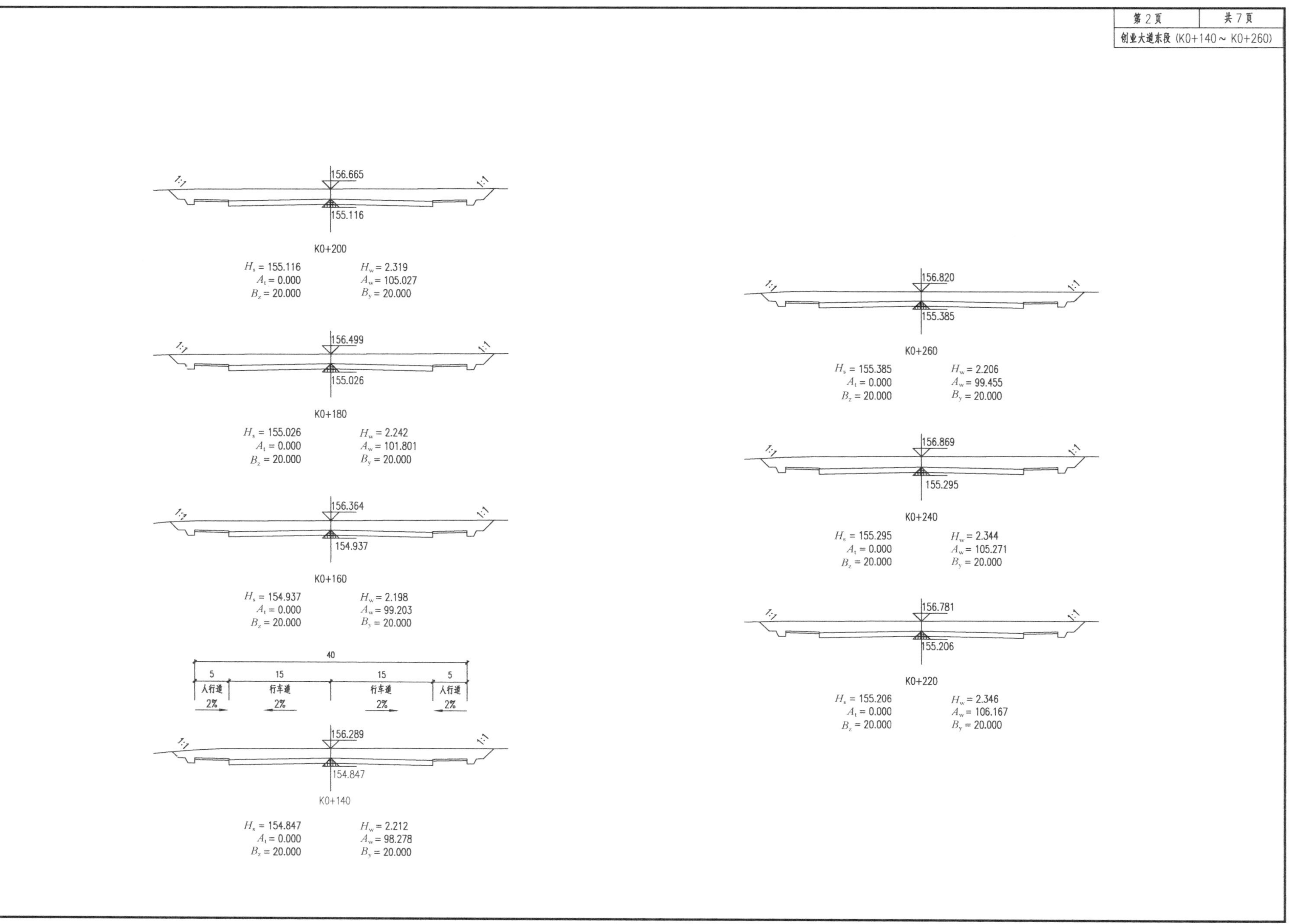

第 2 页
共 7 页
创业大道东段 (K0+140 ~ K0+260)
156.665
155.116
1:1
1:1
K0+200
H_s = 155.116
A_t = 0.000
B_z = 20.000
H_w = 2.319
A_w = 105.027
B_y = 20.000
156.499
155.026
1:1
1:1
K0+180
H_s = 155.026
A_t = 0.000
B_z = 20.000
H_w = 2.242
A_w = 101.801
B_y = 20.000
156.364
154.937
1:1
1:1
K0+160
H_s = 154.937
A_t = 0.000
B_z = 20.000
H_w = 2.198
A_w = 99.203
B_y = 20.000
40
5
15
15
5
人行道
行车道
行车道
人行道
2%
2%
2%
2%
156.289
154.847
1:1
1:1
K0+140
H_s = 154.847
A_t = 0.000
B_z = 20.000
H_w = 2.212
A_w = 98.278
B_y = 20.000
156.820
155.385
1:1
1:1
K0+260
H_s = 155.385
A_t = 0.000
B_z = 20.000
H_w = 2.206
A_w = 99.455
B_y = 20.000
156.869
155.295
1:1
1:1
K0+240
H_s = 155.295
A_t = 0.000
B_z = 20.000
H_w = 2.344
A_w = 105.271
B_y = 20.000
156.781
155.206
1:1
1:1
K0+220
H_s = 155.206
A_t = 0.000
B_z = 20.000
H_w = 2.346
A_w = 106.167
B_y = 20.000

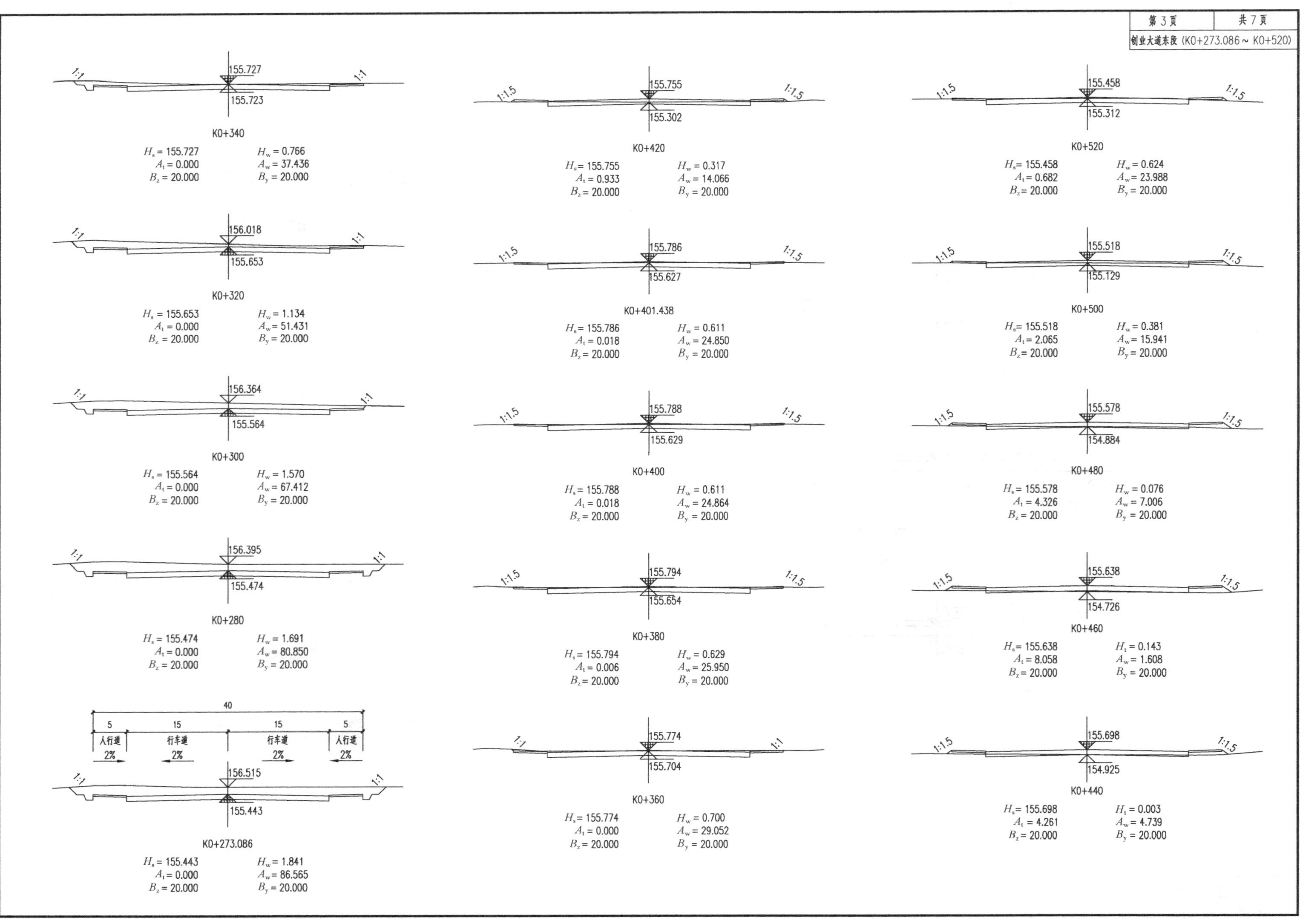

第 3 页 共 7 页
创业大道东段（K0+273.086～K0+520）
K0+340
155.727
155.723
1:1
H_s = 155.727 H_w = 0.766
A_t = 0.000 A_w = 37.436
B_z = 20.000 B_y = 20.000
K0+320
156.018
155.653
H_s = 155.653 H_w = 1.134
A_t = 0.000 A_w = 51.431
B_z = 20.000 B_y = 20.000
K0+300
156.364
155.564
H_s = 155.564 H_w = 1.570
A_t = 0.000 A_w = 67.412
B_z = 20.000 B_y = 20.000
K0+280
156.395
155.474
H_s = 155.474 H_w = 1.691
A_t = 0.000 A_w = 80.850
B_z = 20.000 B_y = 20.000
40
5 15 15 5
人行道 行车道 行车道 人行道
2% 2% 2% 2%
K0+273.086
156.515
155.443
H_s = 155.443 H_w = 1.841
A_t = 0.000 A_w = 86.565
B_z = 20.000 B_y = 20.000
K0+420
155.755
155.302
1:1.5
H_s = 155.755 H_w = 0.317
A_t = 0.933 A_w = 14.066
B_z = 20.000 B_y = 20.000
K0+401.438
155.786
155.627
H_s = 155.786 H_w = 0.611
A_t = 0.018 A_w = 24.850
B_z = 20.000 B_y = 20.000
K0+400
155.788
155.629
H_s = 155.788 H_w = 0.611
A_t = 0.018 A_w = 24.864
B_z = 20.000 B_y = 20.000
K0+380
155.794
155.654
H_s = 155.794 H_w = 0.629
A_t = 0.006 A_w = 25.950
B_z = 20.000 B_y = 20.000
K0+360
155.774
155.704
H_s = 155.774 H_w = 0.700
A_t = 0.000 A_w = 29.052
B_z = 20.000 B_y = 20.000
K0+520
155.458
155.312
H_s = 155.458 H_w = 0.624
A_t = 0.682 A_w = 23.988
B_z = 20.000 B_y = 20.000
K0+500
155.518
155.129
H_s = 155.518 H_w = 0.381
A_t = 2.065 A_w = 15.941
B_z = 20.000 B_y = 20.000
K0+480
155.578
154.884
H_s = 155.578 H_w = 0.076
A_t = 4.326 A_w = 7.006
B_z = 20.000 B_y = 20.000
K0+460
155.638
154.726
H_s = 155.638 H_t = 0.143
A_t = 8.058 A_w = 1.608
B_z = 20.000 B_y = 20.000
K0+440
155.698
154.925
H_s = 155.698 H_t = 0.003
A_t = 4.261 A_w = 4.739
B_z = 20.000 B_y = 20.000

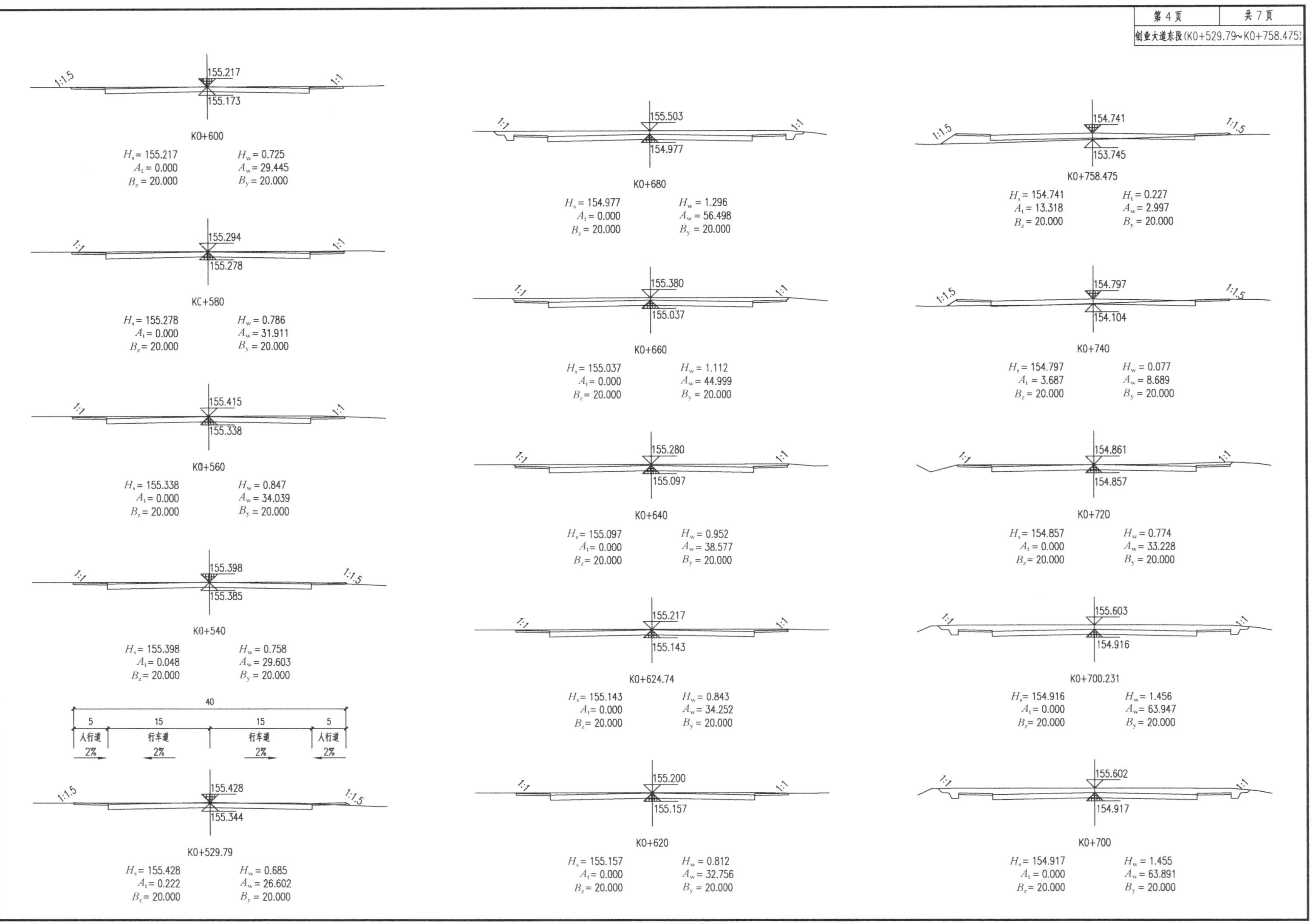

第 4 页
共 7 页
创业大道东段(K0+529.79~K0+758.475)
1:1.5
155.217
1:1
155.173
K0+600
H_s = 155.217 A_t = 0.000 B_z = 20.000
H_w = 0.725 A_w = 29.445 B_y = 20.000
1:1
155.294
1:1
155.278
KC+580
H_s = 155.278 A_t = 0.000 B_z = 20.000
H_w = 0.786 A_w = 31.911 B_y = 20.000
1:1
155.415
1:1
155.338
K0+560
H_s = 155.338 A_t = 0.000 B_z = 20.000
H_w = 0.847 A_w = 34.039 B_y = 20.000
1:1
155.398
1:1.5
155.385
K0+540
H_s = 155.398 A_t = 0.048 B_z = 20.000
H_w = 0.758 A_w = 29.603 B_y = 20.000
40
5
15
15
5
人行道
行车道
行车道
人行道
2%
2%
2%
2%
1:1.5
155.428
1:1.5
155.344
K0+529.79
H_s = 155.428 A_t = 0.222 B_z = 20.000
H_w = 0.685 A_w = 26.602 B_y = 20.000
1:1
155.503
1:1
154.977
K0+680
H_s = 154.977 A_t = 0.000 B_z = 20.000
H_w = 1.296 A_w = 56.498 B_y = 20.000
1:1
155.380
1:1
155.037
K0+660
H_s = 155.037 A_t = 0.000 B_z = 20.000
H_w = 1.112 A_w = 44.999 B_y = 20.000
1:1
155.280
1:1
155.097
K0+640
H_s = 155.097 A_t = 0.000 B_z = 20.000
H_w = 0.952 A_w = 38.577 B_y = 20.000
1:1
155.217
1:1
155.143
K0+624.74
H_s = 155.143 A_t = 0.000 B_z = 20.000
H_w = 0.843 A_w = 34.252 B_y = 20.000
1:1
155.200
1:1
155.157
K0+620
H_s = 155.157 A_t = 0.000 B_z = 20.000
H_w = 0.812 A_w = 32.756 B_y = 20.000
1:1.5
154.741
1:1.5
153.745
K0+758.475
H_s = 154.741 A_t = 13.318 B_z = 20.000
H_t = 0.227 A_w = 2.997 B_y = 20.000
1:1.5
154.797
1:1.5
154.104
K0+740
H_s = 154.797 A_t = 3.687 B_z = 20.000
H_w = 0.077 A_w = 8.689 B_y = 20.000
1:1
154.861
1:1
154.857
K0+720
H_s = 154.857 A_t = 0.000 B_z = 20.000
H_w = 0.774 A_w = 33.228 B_y = 20.000
1:1
155.603
1:1
154.916
K0+700.231
H_s = 154.916 A_t = 0.000 B_z = 20.000
H_w = 1.456 A_w = 63.947 B_y = 20.000
1:1
155.602
1:1
154.917
K0+700
H_s = 154.917 A_t = 0.000 B_z = 20.000
H_w = 1.455 A_w = 63.891 B_y = 20.000

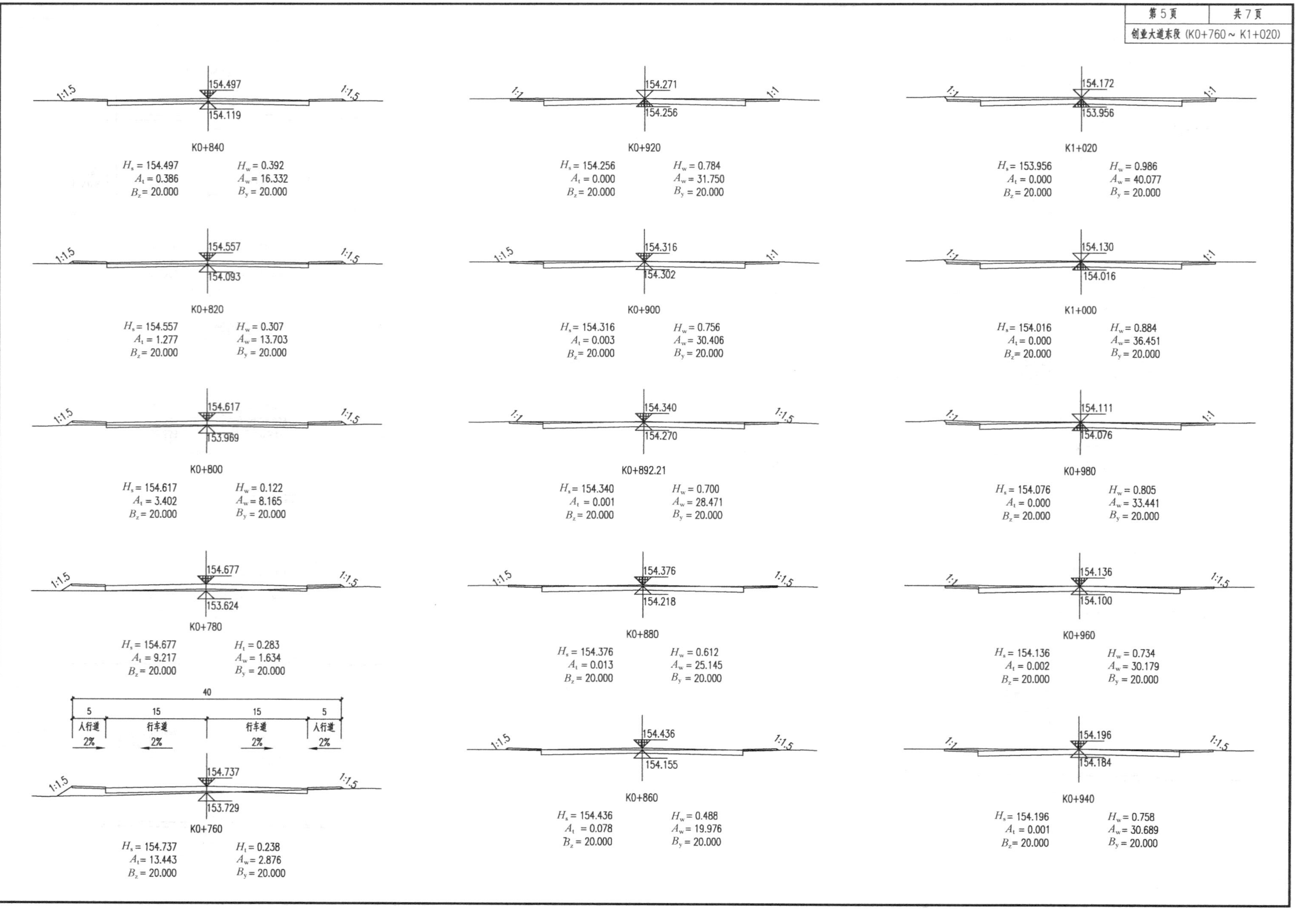

第 5 页
共 7 页
创业大道东段（K0+760～K1+020）
154.497
154.119
1:1.5
1:1.5
K0+840
$H_s=154.497$
$A_t=0.386$
$B_z=20.000$
$H_w=0.392$
$A_w=16.332$
$B_y=20.000$
154.271
154.256
1:1
1:1
K0+920
$H_s=154.256$
$A_t=0.000$
$B_z=20.000$
$H_w=0.784$
$A_w=31.750$
$B_y=20.000$
154.172
153.956
1:1
1:1
K1+020
$H_s=153.956$
$A_t=0.000$
$B_z=20.000$
$H_w=0.986$
$A_w=40.077$
$B_y=20.000$
154.557
154.093
1:1.5
1:1.5
K0+820
$H_s=154.557$
$A_t=1.277$
$B_z=20.000$
$H_w=0.307$
$A_w=13.703$
$B_y=20.000$
154.316
154.302
1:1.5
1:1
K0+900
$H_s=154.316$
$A_t=0.003$
$B_z=20.000$
$H_w=0.756$
$A_w=30.406$
$B_y=20.000$
154.130
154.016
1:1
1:1
K1+000
$H_s=154.016$
$A_t=0.000$
$B_z=20.000$
$H_w=0.884$
$A_w=36.451$
$B_y=20.000$
154.617
153.969
1:1.5
1:1.5
K0+800
$H_s=154.617$
$A_t=3.402$
$B_z=20.000$
$H_w=0.122$
$A_w=8.165$
$B_y=20.000$
154.340
154.270
1:1
1:1.5
K0+892.21
$H_s=154.340$
$A_t=0.001$
$B_z=20.000$
$H_w=0.700$
$A_w=28.471$
$B_y=20.000$
154.111
154.076
1:1
1:1
K0+980
$H_s=154.076$
$A_t=0.000$
$B_z=20.000$
$H_w=0.805$
$A_w=33.441$
$B_y=20.000$
154.677
153.624
1:1.5
1:1.5
K0+780
$H_s=154.677$
$A_t=9.217$
$B_z=20.000$
$H_t=0.283$
$A_w=1.634$
$B_y=20.000$
154.376
154.218
1:1.5
1:1.5
K0+880
$H_s=154.376$
$A_t=0.013$
$B_z=20.000$
$H_w=0.612$
$A_w=25.145$
$B_y=20.000$
154.136
154.100
1:1
1:1.5
K0+960
$H_s=154.136$
$A_t=0.002$
$B_z=20.000$
$H_w=0.734$
$A_w=30.179$
$B_y=20.000$
40
5
人行道
2%
15
行车道
2%
15
行车道
2%
5
人行道
2%
154.737
153.729
1:1.5
1:1.5
K0+760
$H_s=154.737$
$A_t=13.443$
$B_z=20.000$
$H_t=0.238$
$A_w=2.876$
$B_y=20.000$
154.436
154.155
1:1.5
1:1.5
K0+860
$H_s=154.436$
$A_t=0.078$
$B_z=20.000$
$H_w=0.488$
$A_w=19.976$
$B_y=20.000$
154.196
154.184
1:1
1:1.5
K0+940
$H_s=154.196$
$A_t=0.001$
$B_z=20.000$
$H_w=0.758$
$A_w=30.689$
$B_y=20.000$

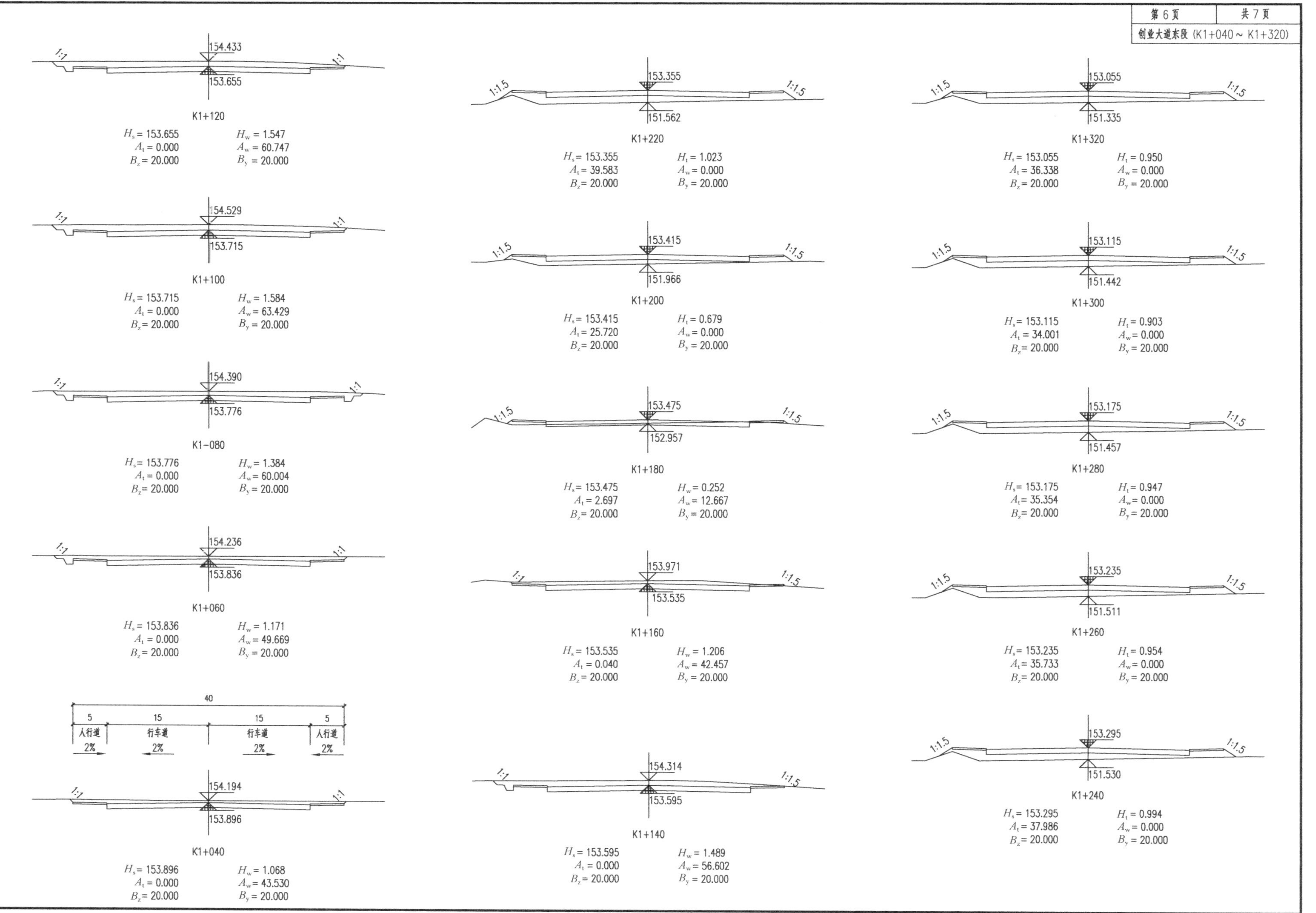

第 6 页
共 7 页
创业大道东段（K1+040～K1+320）
1:1
154.433
153.655
1:1
K1+120
H_s = 153.655
A_t = 0.000
B_z = 20.000
H_w = 1.547
A_w = 60.747
B_y = 20.000
1:1
154.529
153.715
1:1
K1+100
H_s = 153.715
A_t = 0.000
B_z = 20.000
H_w = 1.584
A_w = 63.429
B_y = 20.000
1:1
154.390
153.776
1:1
K1−080
H_s = 153.776
A_t = 0.000
B_z = 20.000
H_w = 1.384
A_w = 60.004
B_y = 20.000
1:1
154.236
153.836
1:1
K1+060
H_s = 153.836
A_t = 0.000
B_z = 20.000
H_w = 1.171
A_w = 49.669
B_y = 20.000
40
5
人行道
2%
15
行车道
2%
15
行车道
2%
5
人行道
2%
1:1
154.194
153.896
1:1
K1+040
H_s = 153.896
A_t = 0.000
B_z = 20.000
H_w = 1.068
A_w = 43.530
B_y = 20.000
1:1.5
153.355
151.562
1:1.5
K1+220
H_s = 153.355
A_t = 39.583
B_z = 20.000
H_t = 1.023
A_w = 0.000
B_y = 20.000
1:1.5
153.415
151.966
1:1.5
K1+200
H_s = 153.415
A_t = 25.720
B_z = 20.000
H_t = 0.679
A_w = 0.000
B_y = 20.000
1:1.5
153.475
152.957
1:1.5
K1+180
H_s = 153.475
A_t = 2.697
B_z = 20.000
H_w = 0.252
A_w = 12.667
B_y = 20.000
1:1
153.971
153.535
1:1.5
K1+160
H_s = 153.535
A_t = 0.040
B_z = 20.000
H_w = 1.206
A_w = 42.457
B_y = 20.000
1:1
154.314
153.595
1:1.5
K1+140
H_s = 153.595
A_t = 0.000
B_z = 20.000
H_w = 1.489
A_w = 56.602
B_y = 20.000
1:1.5
153.055
151.335
1:1.5
K1+320
H_s = 153.055
A_t = 36.338
B_z = 20.000
H_t = 0.950
A_w = 0.000
B_y = 20.000
1:1.5
153.115
151.442
1:1.5
K1+300
H_s = 153.115
A_t = 34.001
B_z = 20.000
H_t = 0.903
A_w = 0.000
B_y = 20.000
1:1.5
153.175
151.457
1:1.5
K1+280
H_s = 153.175
A_t = 35.354
B_z = 20.000
H_t = 0.947
A_w = 0.000
B_y = 20.000
1:1.5
153.235
151.511
1:1.5
K1+260
H_s = 153.235
A_t = 35.733
B_z = 20.000
H_t = 0.954
A_w = 0.000
B_y = 20.000
1:1.5
153.295
151.530
1:1.5
K1+240
H_s = 153.295
A_t = 37.986
B_z = 20.000
H_t = 0.994
A_w = 0.000
B_y = 20.000

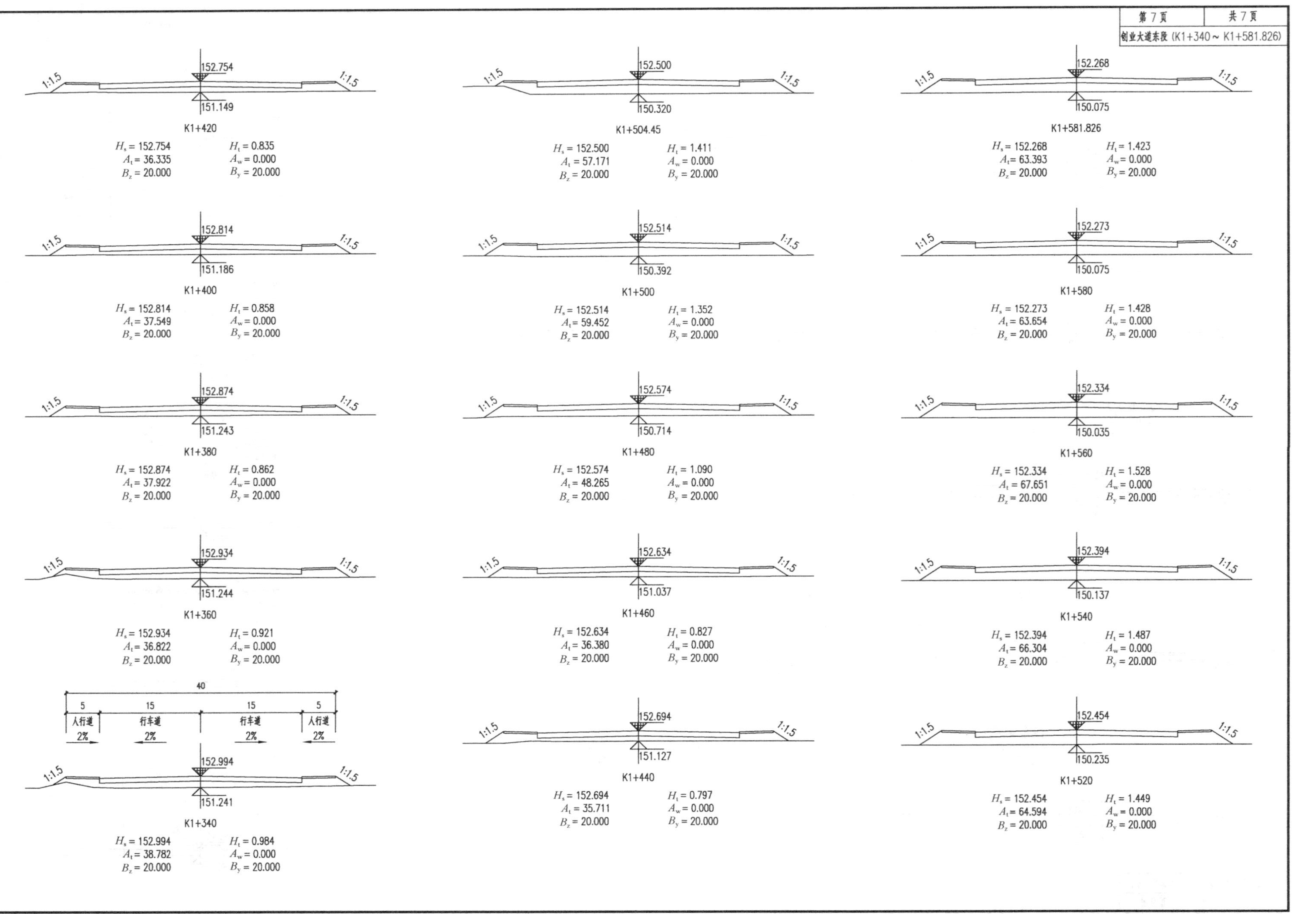

第 7 页
共 7 页
创业大道东段 (K1+340～K1+581.826)
152.754
151.149
K1+420
H_s = 152.754 H_t = 0.835
A_t = 36.335 A_w = 0.000
B_z = 20.000 B_y = 20.000
152.814
151.186
K1+400
H_s = 152.814 H_t = 0.858
A_t = 37.549 A_w = 0.000
B_z = 20.000 B_y = 20.000
152.874
151.243
K1+380
H_s = 152.874 H_t = 0.862
A_t = 37.922 A_w = 0.000
B_z = 20.000 B_y = 20.000
152.934
151.244
K1+360
H_s = 152.934 H_t = 0.921
A_t = 36.822 A_w = 0.000
B_z = 20.000 B_y = 20.000
40
5 15 15 5
人行道 行车道 行车道 人行道
2% 2% 2% 2%
152.994
151.241
K1+340
H_s = 152.994 H_t = 0.984
A_t = 38.782 A_w = 0.000
B_z = 20.000 B_y = 20.000
152.500
150.320
K1+504.45
H_s = 152.500 H_t = 1.411
A_t = 57.171 A_w = 0.000
B_z = 20.000 B_y = 20.000
152.514
150.392
K1+500
H_s = 152.514 H_t = 1.352
A_t = 59.452 A_w = 0.000
B_z = 20.000 B_y = 20.000
152.574
150.714
K1+480
H_s = 152.574 H_t = 1.090
A_t = 48.265 A_w = 0.000
B_z = 20.000 B_y = 20.000
152.634
151.037
K1+460
H_s = 152.634 H_t = 0.827
A_t = 36.380 A_w = 0.000
B_z = 20.000 B_y = 20.000
152.694
151.127
K1+440
H_s = 152.694 H_t = 0.797
A_t = 35.711 A_w = 0.000
B_z = 20.000 B_y = 20.000
152.268
150.075
K1+581.826
H_s = 152.268 H_t = 1.423
A_t = 63.393 A_w = 0.000
B_z = 20.000 B_y = 20.000
152.273
150.075
K1+580
H_s = 152.273 H_t = 1.428
A_t = 63.654 A_w = 0.000
B_z = 20.000 B_y = 20.000
152.334
150.035
K1+560
H_s = 152.334 H_t = 1.528
A_t = 67.651 A_w = 0.000
B_z = 20.000 B_y = 20.000
152.394
150.137
K1+540
H_s = 152.394 H_t = 1.487
A_t = 66.304 A_w = 0.000
B_z = 20.000 B_y = 20.000
152.454
150.235
K1+520
H_s = 152.454 H_t = 1.449
A_t = 64.594 A_w = 0.000
B_z = 20.000 B_y = 20.000
1:1.5

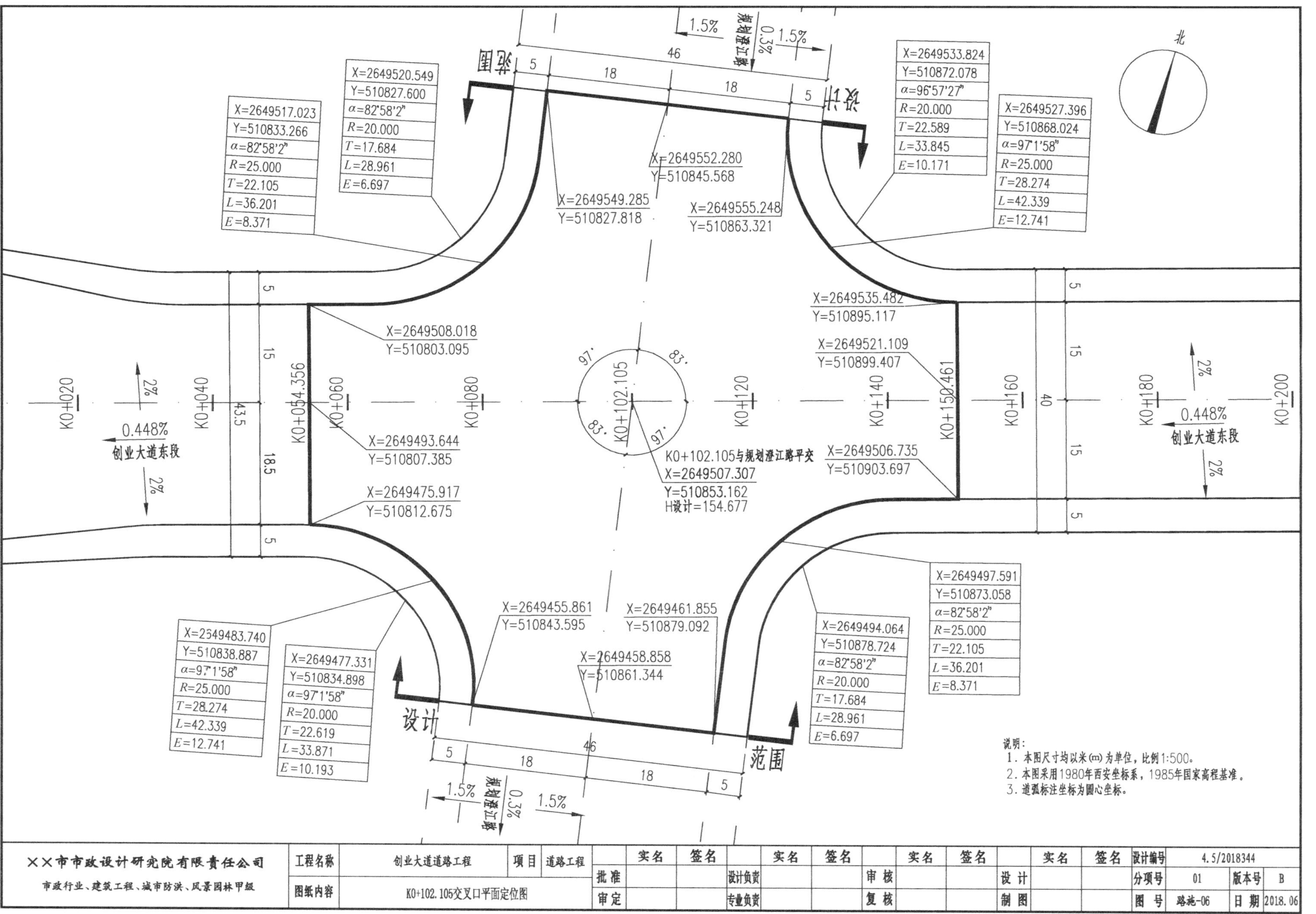
北
X=2649517.023
Y=510833.266
α=82°58'2"
R=25.000
T=22.105
L=36.201
E=8.371
X=2649520.549
Y=510827.600
α=82°58'2"
R=20.000
T=17.684
L=28.961
E=6.697
X=2649533.824
Y=510872.078
α=96°57'27"
R=20.000
T=22.589
L=33.845
E=10.171
X=2649527.396
Y=510868.024
α=97°1'58"
R=25.000
T=28.274
L=42.339
E=12.741
X=2649552.280
Y=510845.568
X=2649549.285
Y=510827.818
X=2649555.248
Y=510863.321
X=2649535.482
Y=510895.117
X=2649521.109
Y=510899.407
X=2649508.018
Y=510803.095
X=2649493.644
Y=510807.385
X=2649475.917
Y=510812.675
X=2649506.735
Y=510903.697
K0+102.105与规划澄江路平交
X=2649507.307
Y=510853.162
H设计=154.677
X=2649455.861
Y=510843.595
X=2649461.855
Y=510879.092
X=2649458.858
Y=510861.344
X=2549483.740
Y=510838.887
α=97°1'58"
R=25.000
T=28.274
L=42.339
E=12.741
X=2649477.331
Y=510834.898
α=97°1'58"
R=20.000
T=22.619
L=33.871
E=10.193
X=2649494.064
Y=510878.724
α=82°58'2"
R=20.000
T=17.684
L=28.961
E=6.697
X=2649497.591
Y=510873.058
α=82°58'2"
R=25.000
T=22.105
L=36.201
E=8.371
K0+020
K0+040
K0+054.356
K0+060
K0+080
K0+102.105
K0+120
K0+140
K0+150.461
K0+160
K0+180
K0+200
0.448%
创业大道东段
2%
43.5
18.5
15
5
40
46
18
97°
83°
1.5%
0.3%
规划澄江路
设计
范围
说明：
1. 本图尺寸均以米(m)为单位，比例1:500。
2. 本图采用1980年西安坐标系，1985年国家高程基准。
3. 道弧标注坐标为圆心坐标。
××市市政设计研究院有限责任公司
市政行业、建筑工程、城市防洪、风景园林甲级
工程名称
创业大道道路工程
项目
道路工程
图纸内容
K0+102.105交叉口平面定位图
批准
审定
实名
签名
设计负责
专业负责
审核
复核
设计
制图
设计编号
4.5/2018344
分项号
01
版本号
B
图号
路施-06
日期
2018.06

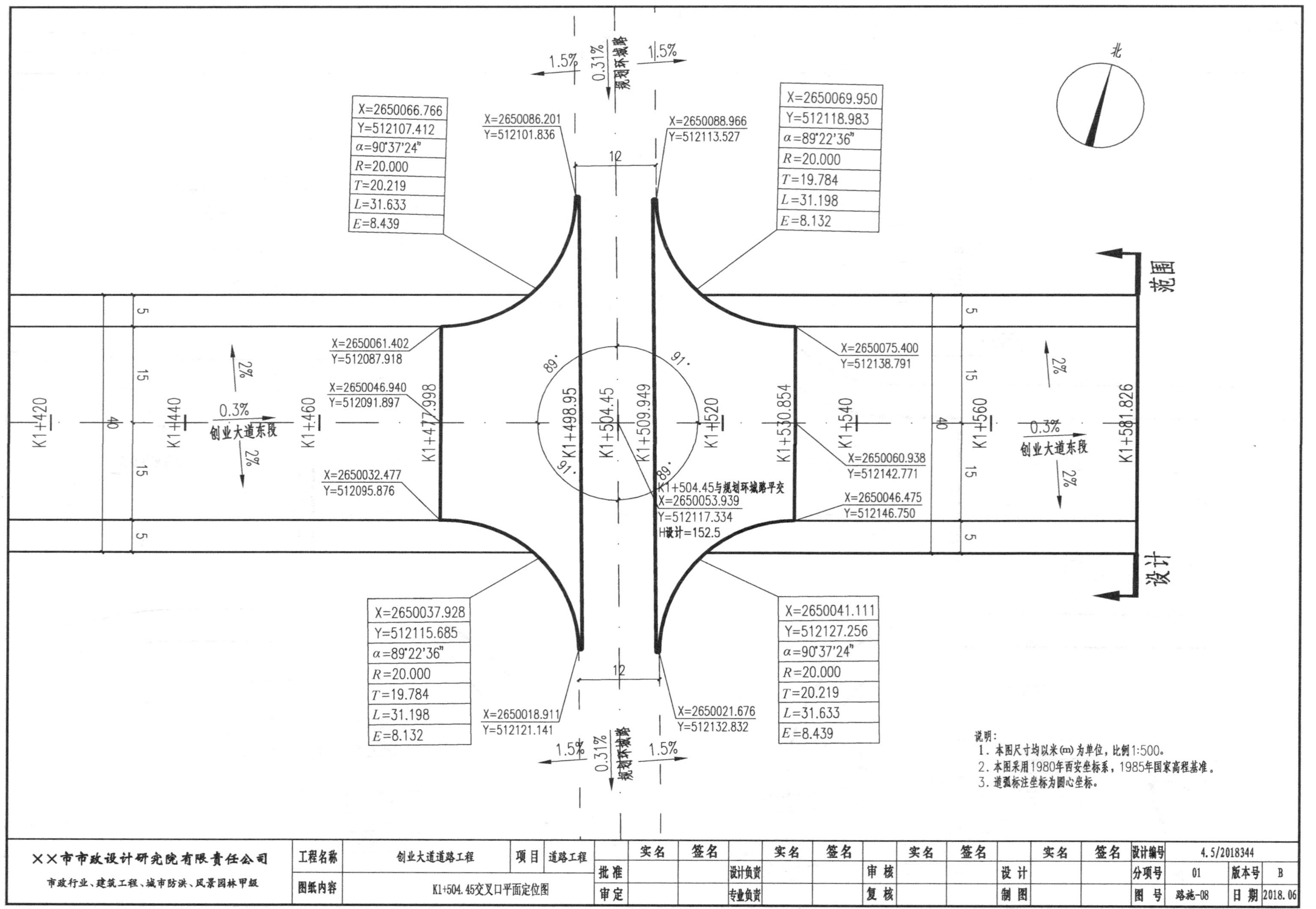
北
范围
设计
规划环城路
1.5%
0.31%
12
创业大道东段
0.3%
2%
5
15
40
K1+420
K1+440
K1+460
K1+477.998
K1+498.95
K1+504.45
K1+509.949
K1+520
K1+530.854
K1+540
K1+560
K1+581.826
89°
91°
X=2650066.766
Y=512107.412
α=90°37'24"
R=20.000
T=20.219
L=31.633
E=8.439
X=2650069.950
Y=512118.983
α=89°22'36"
R=20.000
T=19.784
L=31.198
E=8.132
X=2650037.928
Y=512115.685
α=89°22'36"
R=20.000
T=19.784
L=31.198
E=8.132
X=2650041.111
Y=512127.256
α=90°37'24"
R=20.000
T=20.219
L=31.633
E=8.439
X=2650086.201
Y=512101.836
X=2650088.966
Y=512113.527
X=2650018.911
Y=512121.141
X=2650021.676
Y=512132.832
X=2650061.402
Y=512087.918
X=2650046.940
Y=512091.897
X=2650032.477
Y=512095.876
X=2650075.400
Y=512138.791
X=2650060.938
Y=512142.771
X=2650046.475
Y=512146.750
K1+504.45与规划环城路平交
X=2650053.939
Y=512117.334
H设计=152.5
说明：
1. 本图尺寸均以米(m)为单位，比例1:500。
2. 本图采用1980年西安坐标系，1985年国家高程基准。
3. 道弧标注坐标为圆心坐标。
××市市政设计研究院有限责任公司
市政行业、建筑工程、城市防洪、风景园林甲级
工程名称
创业大道道路工程
项目
道路工程
图纸内容
K1+504.45交叉口平面定位图
实名
签名
批准
审定
设计负责
专业负责
审核
复核
设计
制图
设计编号
4.5/2018344
分项号
01
版本号
B
图号
路施-08
日期
2018.06

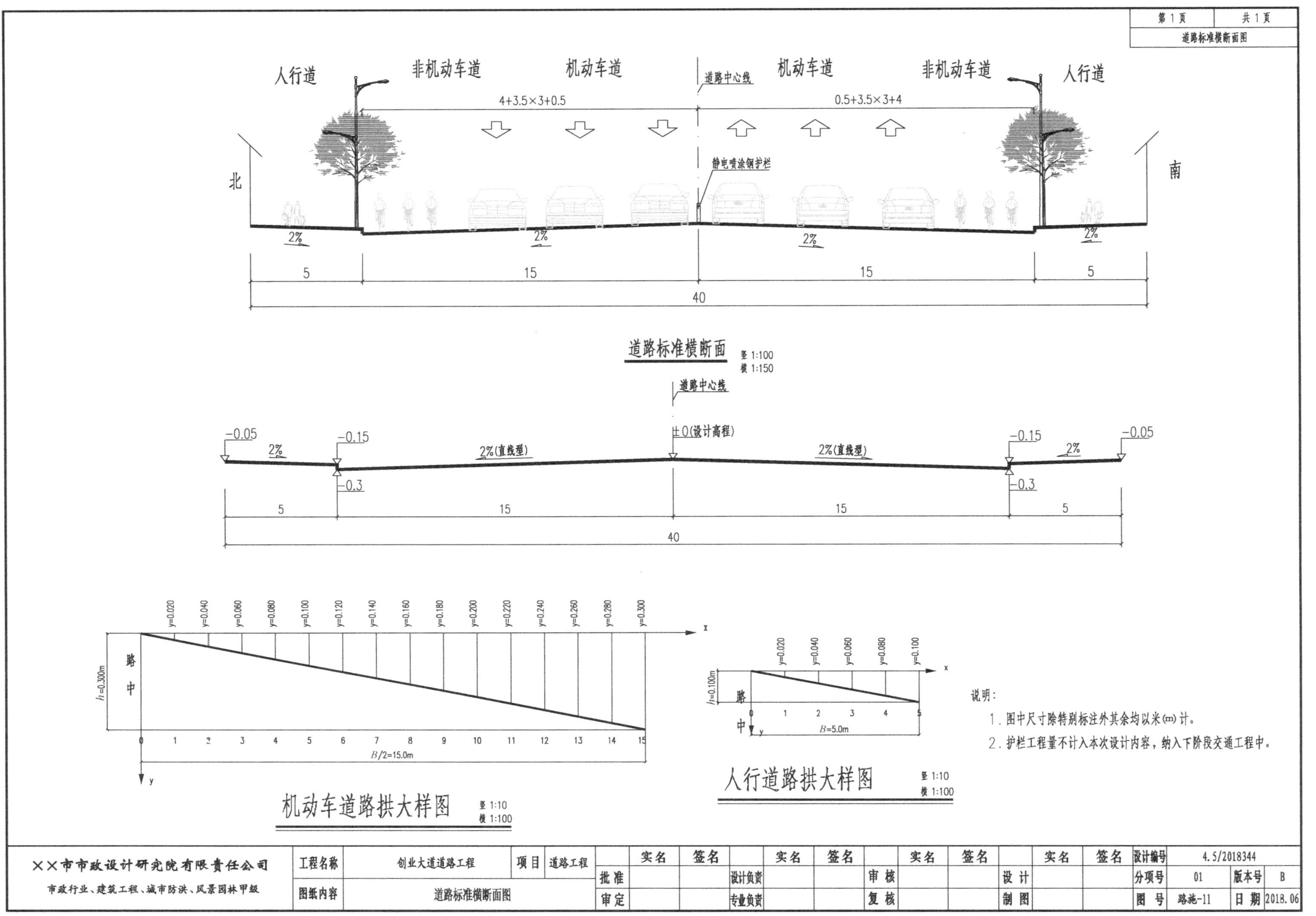

说明：

1. 图中尺寸除特别标注外其余均以米(m)计。
2. 护栏工程量不计入本次设计内容，纳入下阶段交通工程中。

<table>
<tr><td colspan="2">××市市政设计研究院有限责任公司
市政行业、建筑工程、城市防洪、风景园林甲级</td><td>工程名称</td><td>创业大道道路工程</td><td>项目</td><td>道路工程</td><td></td><td>实名</td><td>签名</td><td></td><td>实名</td><td>签名</td><td></td><td>实名</td><td>签名</td><td></td><td>实名</td><td>签名</td><td>设计编号</td><td colspan="3">4.5/2018344</td></tr>
<tr><td colspan="2"></td><td>图纸内容</td><td colspan="3">道路标准横断面图</td><td>批准</td><td></td><td></td><td>设计负责</td><td></td><td></td><td>审核</td><td></td><td></td><td>设计</td><td></td><td></td><td>分项号</td><td>01</td><td>版本号</td><td>B</td></tr>
<tr><td colspan="2"></td><td></td><td colspan="3"></td><td>审定</td><td></td><td></td><td>专业负责</td><td></td><td></td><td>复核</td><td></td><td></td><td>制图</td><td></td><td></td><td>图号</td><td>路施-11</td><td>日期</td><td>2018.06</td></tr>
</table>

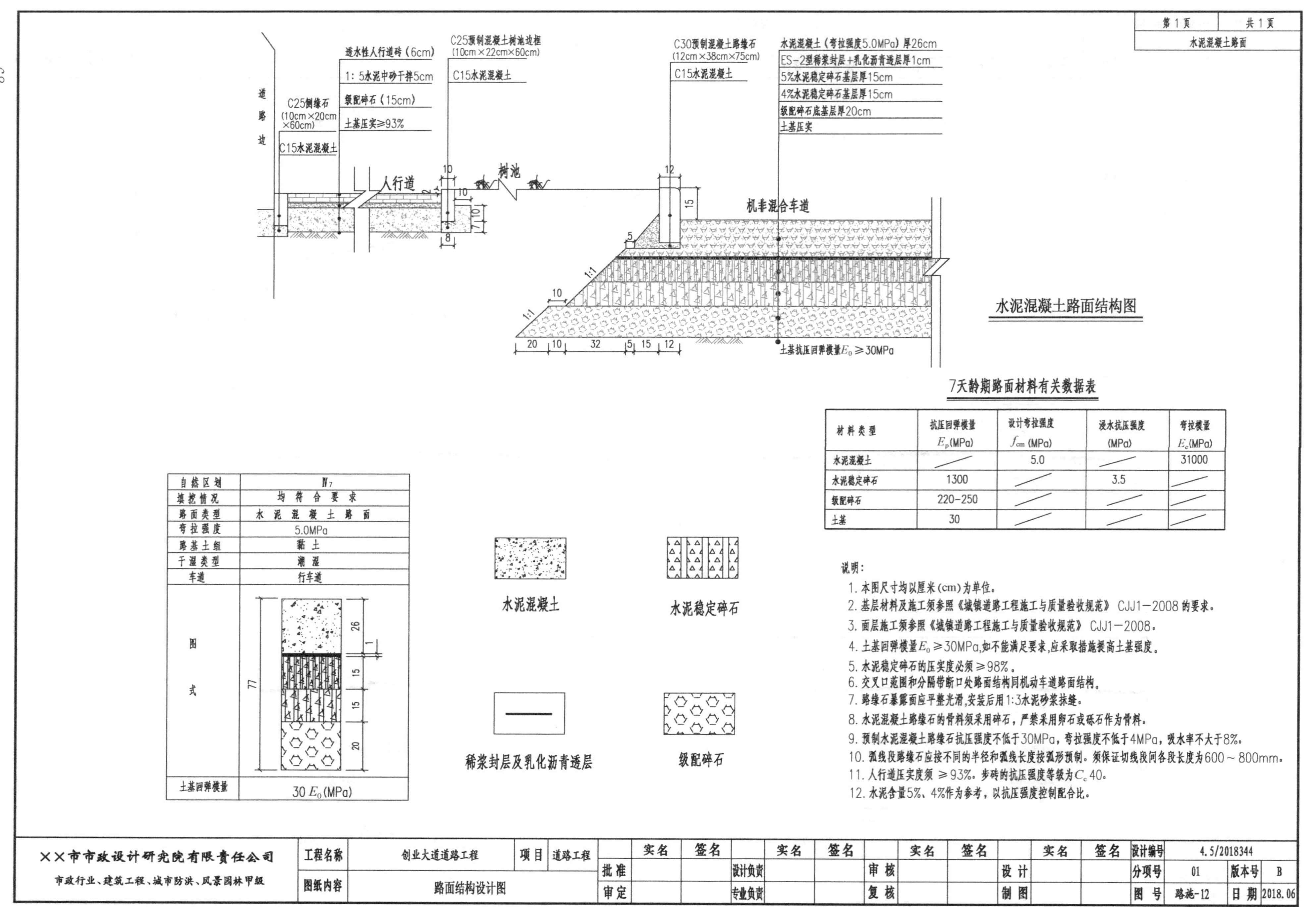

水泥混凝土路面结构图

自然区划	Ⅳ7
填挖情况	均符合要求
路面类型	水泥混凝土路面
弯拉强度	5.0MPa
路基土组	黏土
干湿类型	潮湿
车道	行车道
图式	26 / 1 / 15 / 15 / 20 （总厚77）
土基回弹模量	30 E_0(MPa)

7天龄期路面材料有关数据表

材料类型	抗压回弹模量 E_p(MPa)	设计弯拉强度 f_{cm} (MPa)	浸水抗压强度 (MPa)	弯拉模量 E_c(MPa)
水泥混凝土	/	5.0	/	31000
水泥稳定碎石	1300	/	3.5	/
级配碎石	220-250	/	/	/
土基	30	/	/	/

说明：

1. 本图尺寸均以厘米(cm)为单位。
2. 基层材料及施工须参照《城镇道路工程施工与质量验收规范》CJJ1—2008的要求。
3. 面层施工须参照《城镇道路工程施工与质量验收规范》CJJ1—2008。
4. 土基回弹模量$E_0\geq$30MPa,如不能满足要求,应采取措施提高土基强度。
5. 水泥稳定碎石的压实度必须≥98%。
6. 交叉口范围和分隔带断口处路面结构同机动车道路面结构。
7. 路缘石暴露面应平整光滑,安装后用1:3水泥砂浆抹缝。
8. 水泥混凝土路缘石的骨料须采用碎石，严禁采用卵石或砾石作为骨料。
9. 预制水泥混凝土路缘石抗压强度不低于30MPa，弯拉强度不低于4MPa，吸水率不大于8%。
10. 弧线段路缘石应按不同的半径和弧线长度按弧形预制。须保证切线段间各段长度为600～800mm。
11. 人行道压实度须≥93%。步砖的抗压强度等级为C_c40。
12. 水泥含量5%、4%作为参考，以抗压强度控制配合比。

××市市政设计研究院有限责任公司 市政行业、建筑工程、城市防洪、风景园林甲级	工程名称	创业大道道路工程	项目	道路工程		实名	签名		实名	签名		实名	签名		实名	签名	设计编号	4.5/2018344		
	图纸内容	路面结构设计图			批准			设计负责			审核			设计			分项号	01	版本号	B
					审定			专业负责			复核			制图			图号	路施-12	日期	2018.06

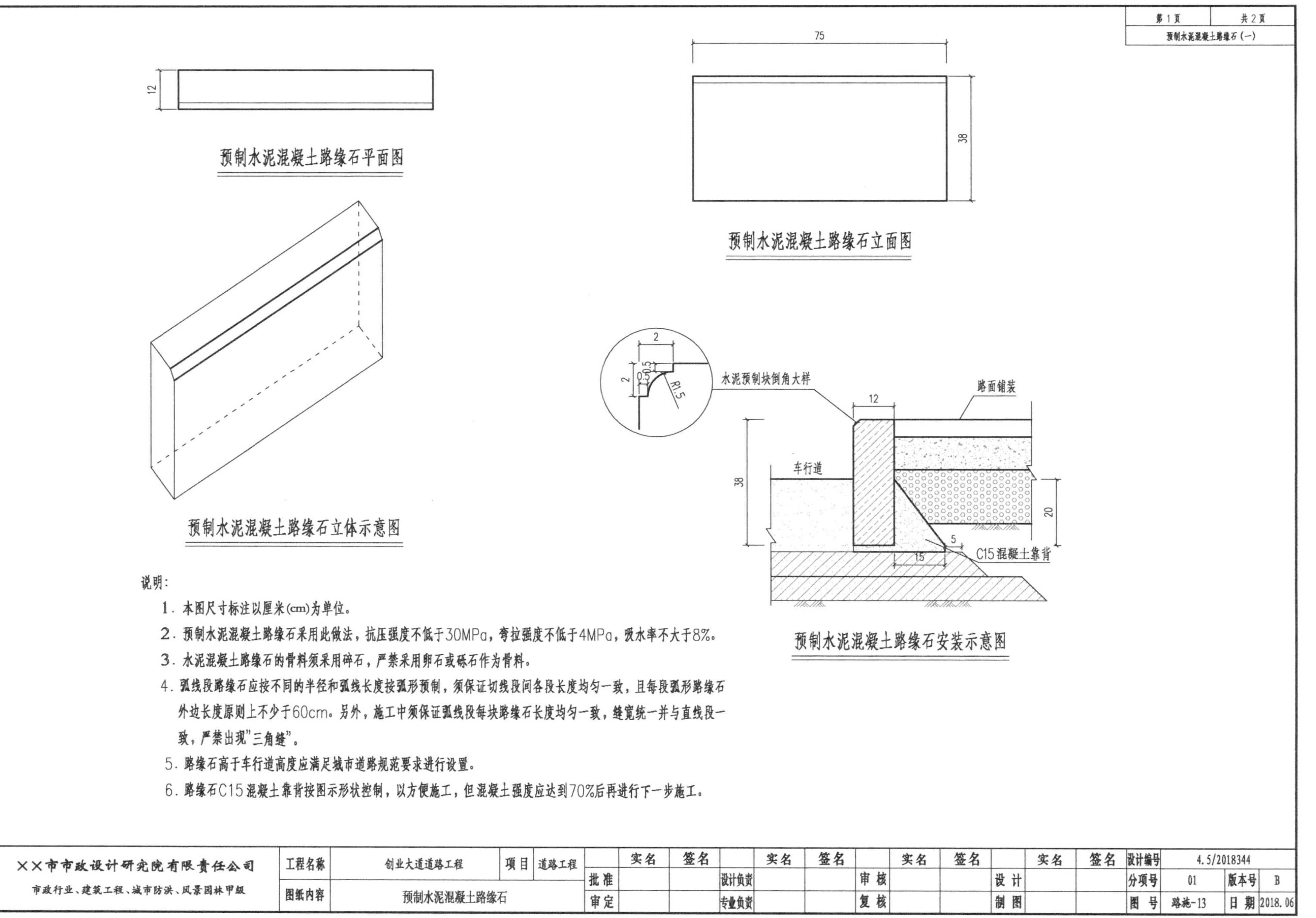

说明：

1. 本图尺寸标注以厘米(cm)为单位。
2. 预制水泥混凝土路缘石采用此做法，抗压强度不低于30MPa，弯拉强度不低于4MPa，吸水率不大于8%。
3. 水泥混凝土路缘石的骨料须采用碎石，严禁采用卵石或砾石作为骨料。
4. 弧线段路缘石应按不同的半径和弧线长度按弧形预制，须保证切线段间各段长度均匀一致，且每段弧形路缘石外边长度原则上不少于60cm。另外，施工中须保证弧线段每块路缘石长度均匀一致，缝宽统一并与直线段一致，严禁出现"三角缝"。
5. 路缘石高于车行道高度应满足城市道路规范要求进行设置。
6. 路缘石C15混凝土靠背按图示形状控制，以方便施工，但混凝土强度应达到70%后再进行下一步施工。

××市市政设计研究院有限责任公司 市政行业、建筑工程、城市防洪、风景园林甲级	工程名称	创业大道道路工程	项目	道路工程		实名	签名		实名	签名		实名	签名		实名	签名	设计编号	4.5/2018344		
					批准			设计负责			审核			设计			分项号	01	版本号	B
	图纸内容	预制水泥混凝土路缘石			审定			专业负责			复核			制图			图号	路施-13	日期	2018.06

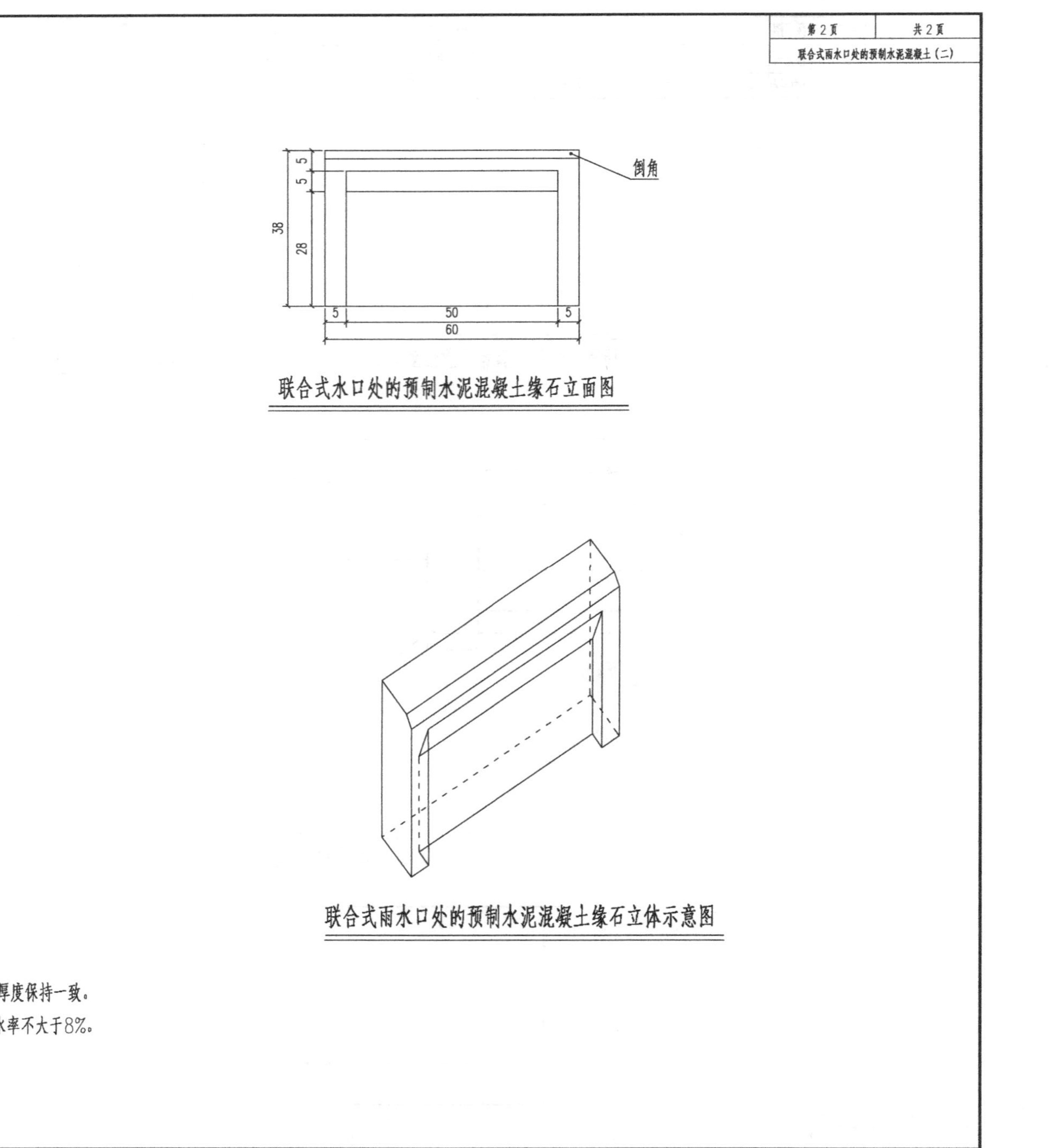

联合式雨水口处的预制水泥混凝土缘石平面图

联合式水口处的预制水泥混凝土缘石立面图

A — A剖面

联合式雨水口处的预制水泥混凝土缘石立体示意图

说明：

1. 本图尺寸标注以厘米(cm)为单位。
2. 联合式雨水口处的预制水泥混凝土缘石采用此做法。
3. 联合式雨水口处的预制水泥混凝土缘石厚度需与路缘石厚度保持一致。
4. 抗压强度不低于30MPa，弯拉强度不低于4MPa，吸水率不大于8%。

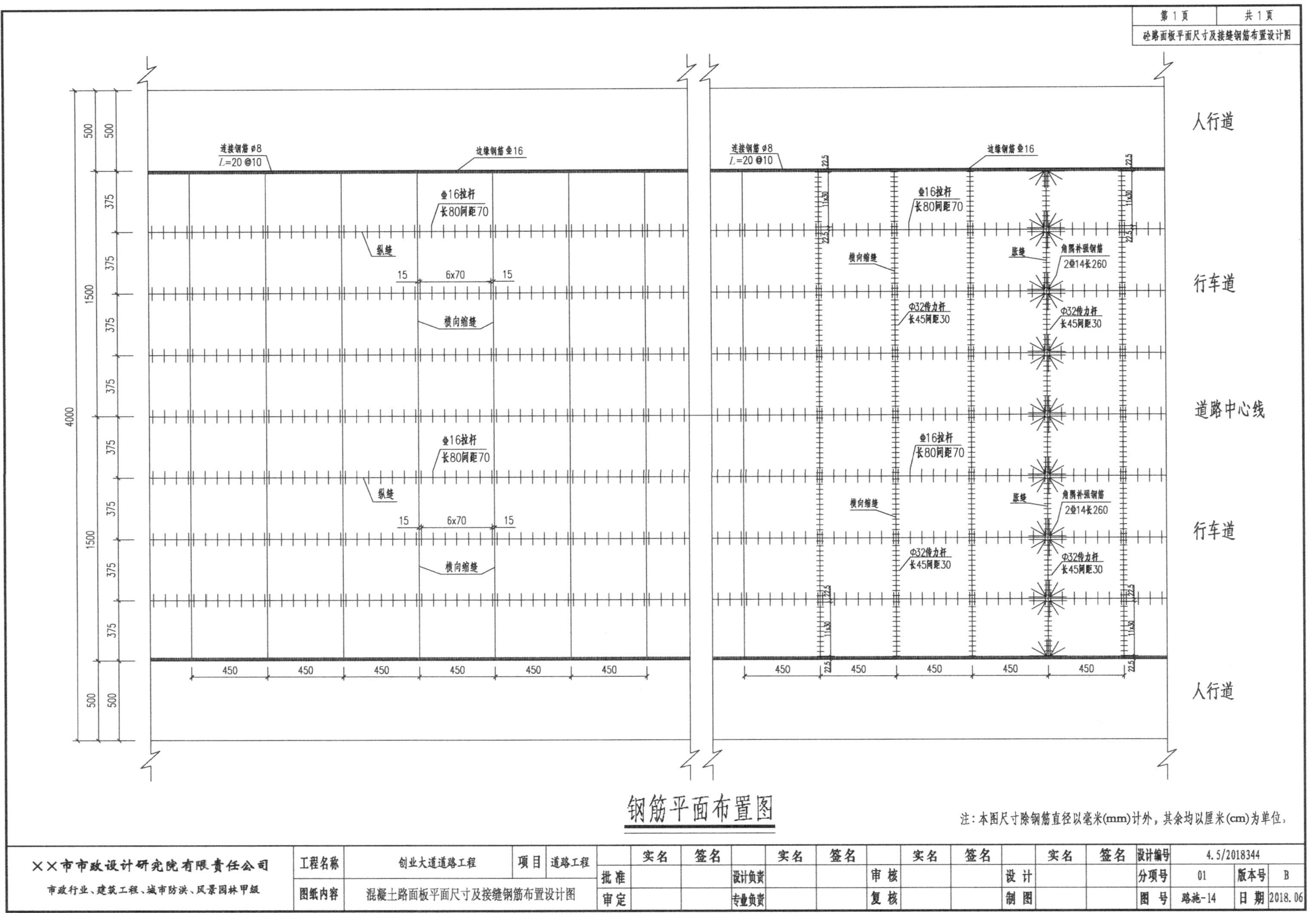
第1页 共1页
砼路面板平面尺寸及接缝钢筋布置设计图
人行道
行车道
道路中心线
行车道
人行道
连接钢筋ø8
L=20@10
连接钢筋⌀16
⌀16拉杆
长80间距70
纵缝
15 6x70 15
横向缩缝
胀缝
角隅补强钢筋
2⌀14长260
Φ32传力杆
长45间距30
11x30
22.5
450
375
500
1500
4000
钢筋平面布置图
注：本图尺寸除钢筋直径以毫米(mm)计外，其余均以厘米(cm)为单位。
××市市政设计研究院有限责任公司
市政行业、建筑工程、城市防洪、风景园林甲级
工程名称 创业大道道路工程
项目 道路工程
图纸内容 混凝土路面板平面尺寸及接缝钢筋布置设计图
实名 签名
批准
审定
设计负责
专业负责
审核
复核
设计
制图
设计编号 4.5/2018344
分项号 01
版本号 B
图号 路施-14
日期 2018.06

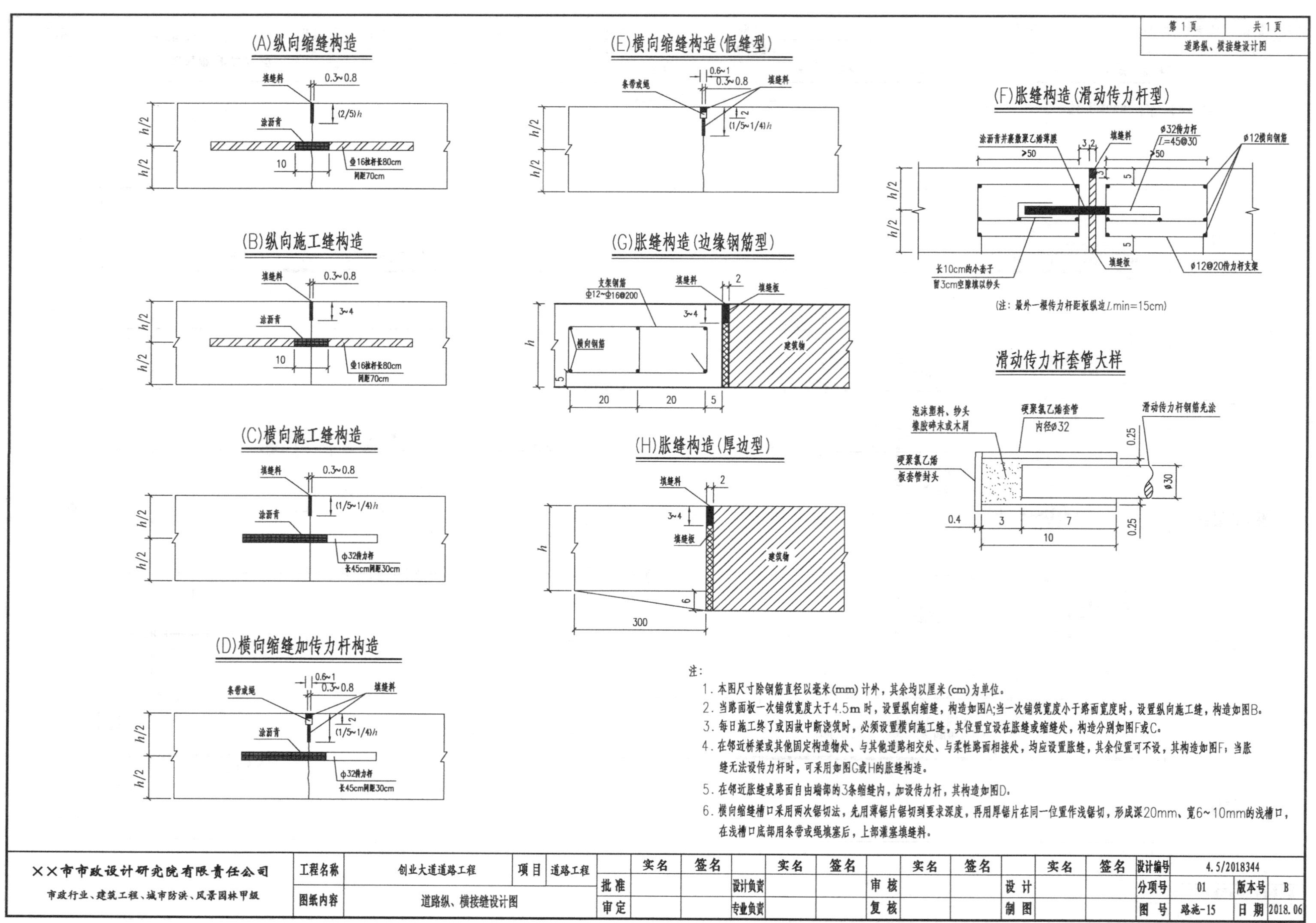

注：

1. 本图尺寸除钢筋直径以毫米(mm)计外，其余均以厘米(cm)为单位。
2. 当路面板一次铺筑宽度大于4.5m时，设置纵向缩缝，构造如图A;当一次铺筑宽度小于路面宽度时，设置纵向施工缝，构造如图B。
3. 每日施工终了或因故中断浇筑时，必须设置横向施工缝，其位置宜设在胀缝或缩缝处，构造分别如图F或C。
4. 在邻近桥梁或其他固定构造物处、与其他道路相交处、与柔性路面相接处，均应设置胀缝，其余位置可不设，其构造如图F；当胀缝无法设传力杆时，可采用如图G或H的胀缝构造。
5. 在邻近胀缝或路面自由端部的3条缩缝内，加设传力杆，其构造如图D。
6. 横向缩缝槽口采用两次锯切法，先用薄锯片锯切到要求深度，再用厚锯片在同一位置作浅锯切，形成深20mm、宽6~10mm的浅槽口，在浅槽口底部用条带或绳填塞后，上部灌塞填缝料。

××市市政设计研究院有限责任公司	工程名称	创业大道道路工程	项目	道路工程		实名	签名		实名	签名		实名	签名		实名	签名	设计编号	4.5/2018344		
市政行业、建筑工程、城市防洪、风景园林甲级	图纸内容	道路纵、横接缝设计图			批准			设计负责			审核			设计			分项号	01	版本号	B
					审定			专业负责			复核			制图			图号	路施-15	日期	2018.06

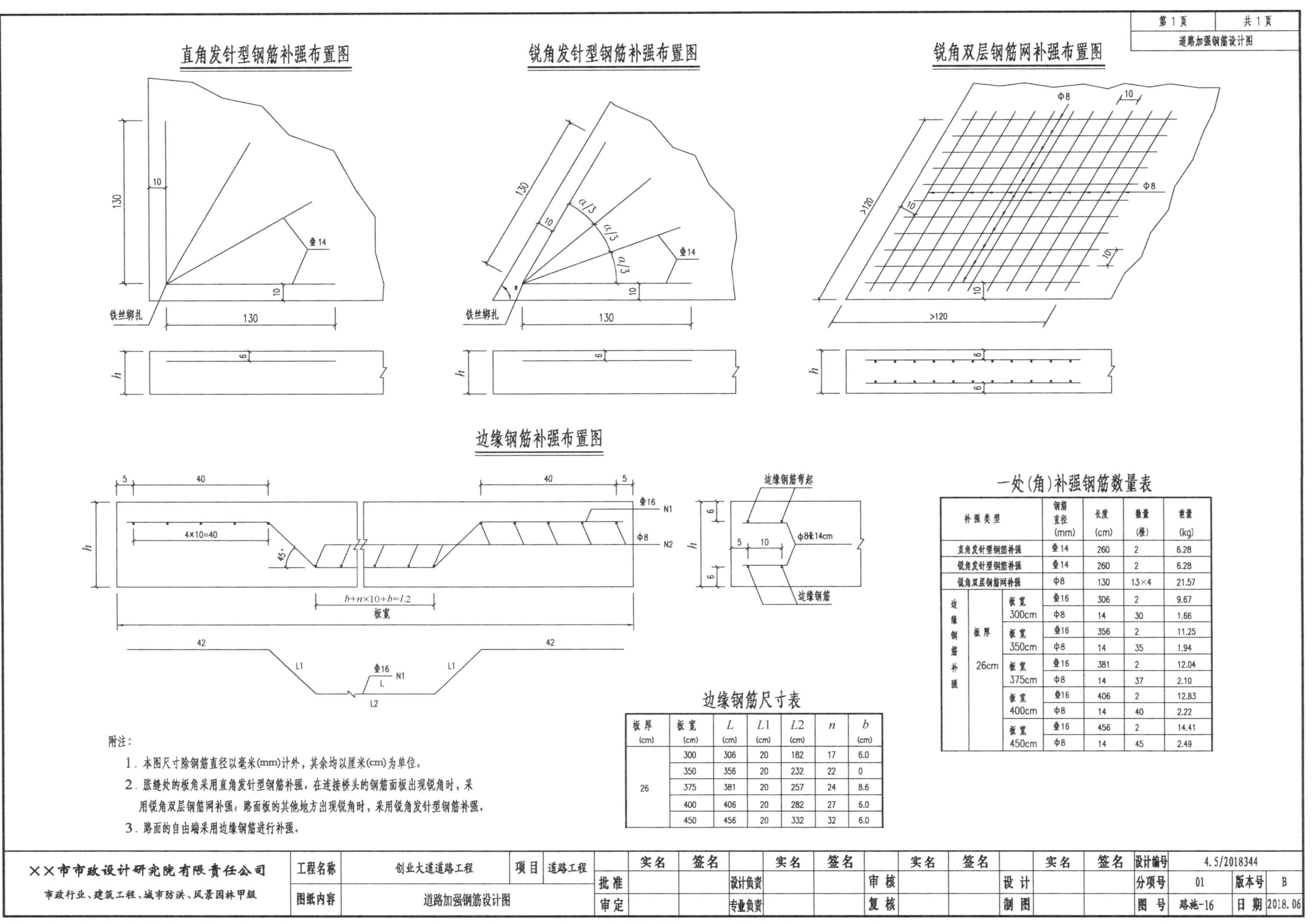

一处(角)补强钢筋数量表

补强类型			钢筋直径 (mm)	长度 (cm)	数量 (根)	重量 (kg)
直角发针型钢筋补强			⌀14	260	2	6.28
锐角发针型钢筋补强			⌀14	260	2	6.28
锐角双层钢筋网补强			Φ8	130	13×4	21.57
边缘钢筋补强	板厚 26cm	板宽 300cm	⌀16	306	2	9.67
			Φ8	14	30	1.66
		板宽 350cm	⌀16	356	2	11.25
			Φ8	14	35	1.94
		板宽 375cm	⌀16	381	2	12.04
			Φ8	14	37	2.10
		板宽 400cm	⌀16	406	2	12.83
			Φ8	14	40	2.22
		板宽 450cm	⌀16	456	2	14.41
			Φ8	14	45	2.49

边缘钢筋尺寸表

板厚 (cm)	板宽 (cm)	L (cm)	$L1$ (cm)	$L2$ (cm)	n	b (cm)
26	300	306	20	182	17	6.0
	350	356	20	232	22	0
	375	381	20	257	24	8.6
	400	406	20	282	27	6.0
	450	456	20	332	32	6.0

附注：

1. 本图尺寸除钢筋直径以毫米(mm)计外，其余均以厘米(cm)为单位。
2. 胀缝处的板角采用直角发针型钢筋补强。在连接桥头的钢筋面板出现锐角时，采用锐角双层钢筋网补强；路面板的其他地方出现锐角时，采用锐角发针型钢筋补强。
3. 路面的自由端采用边缘钢筋进行补强。

××市市政设计研究院有限责任公司 市政行业、建筑工程、城市防洪、风景园林甲级	工程名称	创业大道道路工程	项目	道路工程		实名	签名		实名	签名		实名	签名		实名	签名	设计编号	4.5/2018344		
	图纸内容	道路加强钢筋设计图			批准			设计负责			审核			设计			分项号	01	版本号	B
					审定			专业负责			复核			制图			图号	路施-16	日期	2018.06

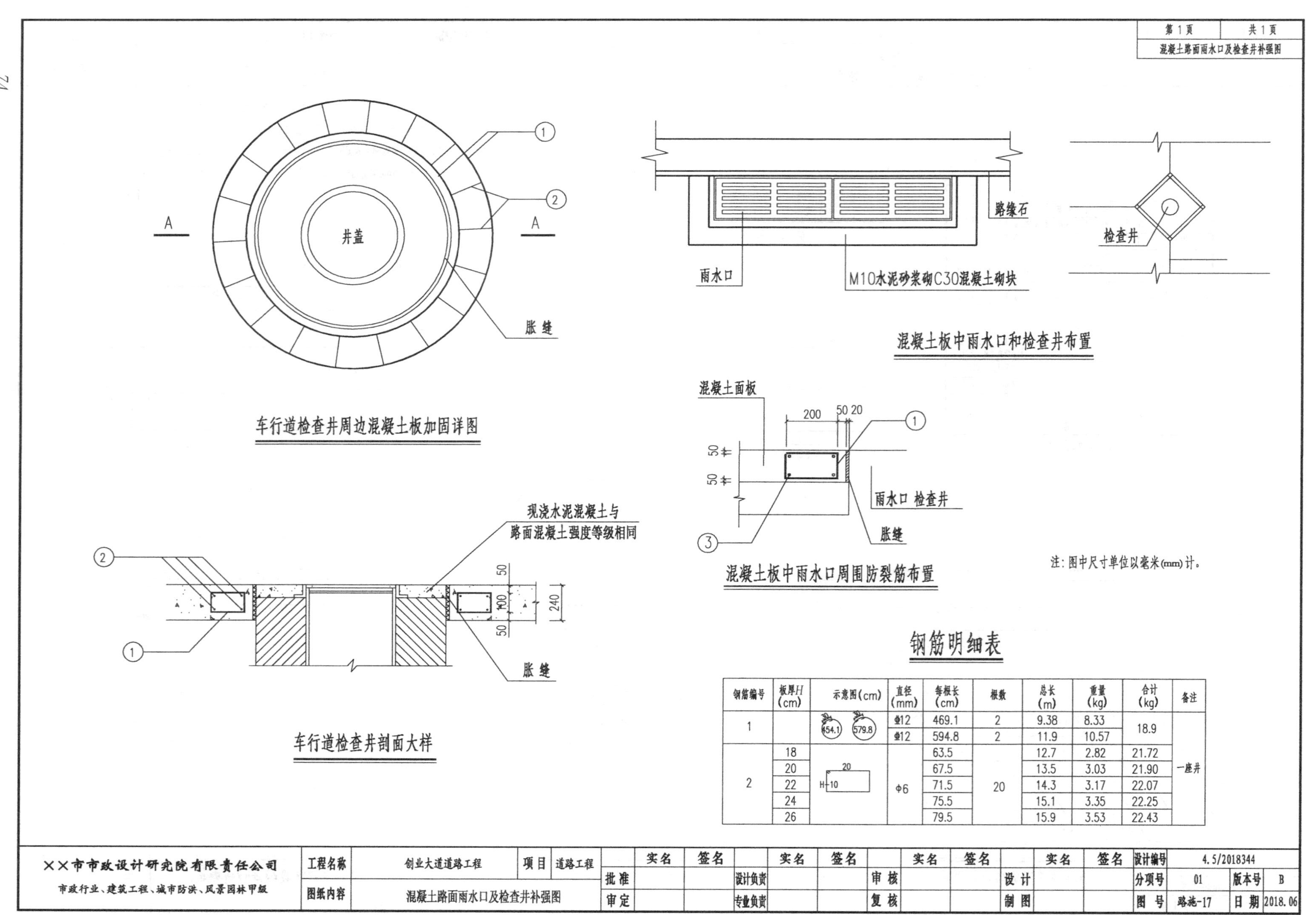

钢筋明细表

钢筋编号	板厚H (cm)	示意图(cm)	直径 (mm)	每根长 (cm)	根数	总长 (m)	重量 (kg)	合计 (kg)	备注
1		454.1 579.8	⌀12	469.1	2	9.38	8.33	18.9	一座井
			⌀12	594.8	2	11.9	10.57		
2	18	20 H-10	Φ6	63.5	20	12.7	2.82	21.72	
	20			67.5		13.5	3.03	21.90	
	22			71.5		14.3	3.17	22.07	
	24			75.5		15.1	3.35	22.25	
	26			79.5		15.9	3.53	22.43	

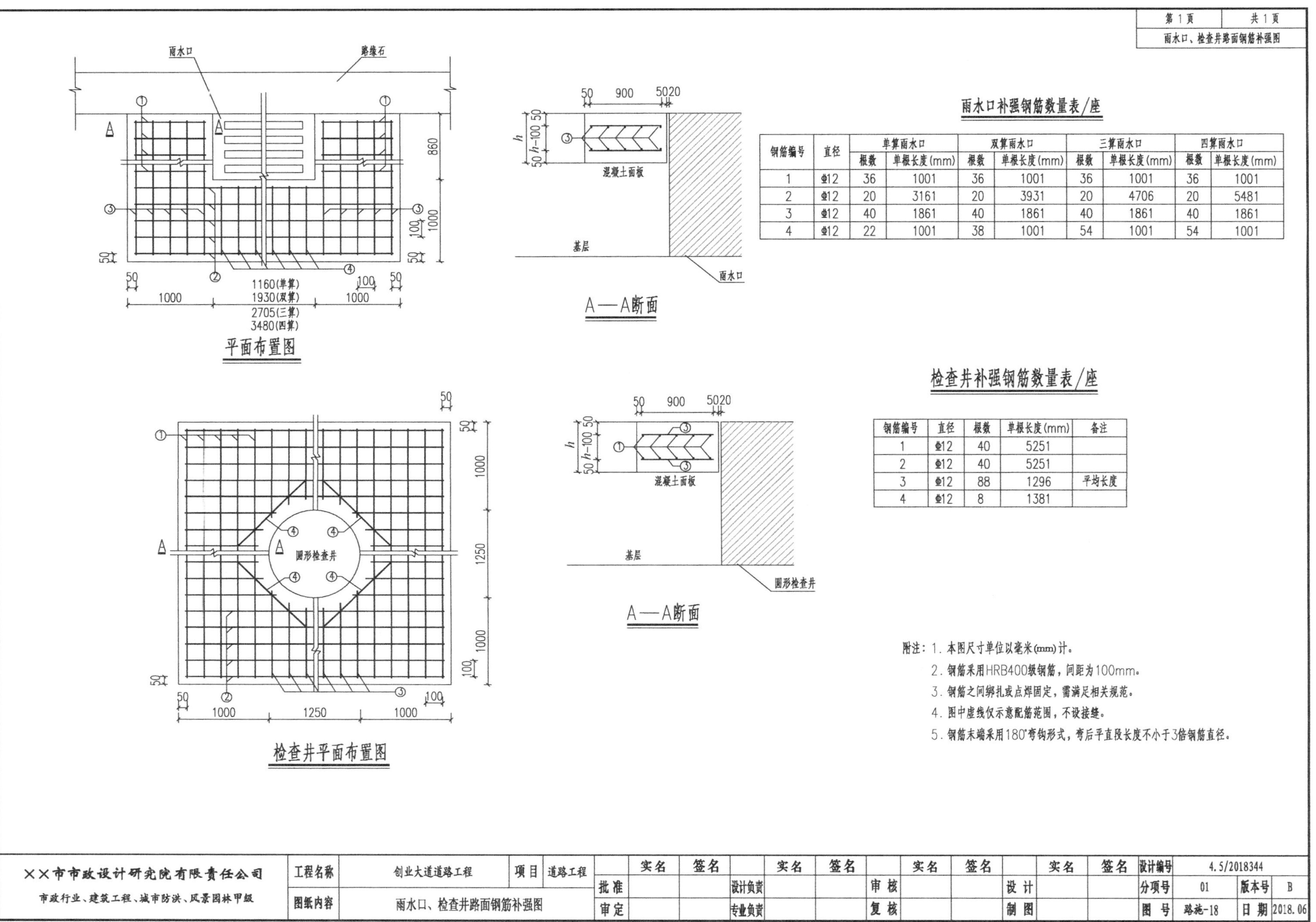

雨水口补强钢筋数量表/座

钢筋编号	直径	单箅雨水口		双箅雨水口		三箅雨水口		四箅雨水口	
		根数	单根长度(mm)	根数	单根长度(mm)	根数	单根长度(mm)	根数	单根长度(mm)
1	⌀12	36	1001	36	1001	36	1001	36	1001
2	⌀12	20	3161	20	3931	20	4706	20	5481
3	⌀12	40	1861	40	1861	40	1861	40	1861
4	⌀12	22	1001	38	1001	54	1001	54	1001

检查井补强钢筋数量表/座

钢筋编号	直径	根数	单根长度(mm)	备注
1	⌀12	40	5251	
2	⌀12	40	5251	
3	⌀12	88	1296	平均长度
4	⌀12	8	1381	

附注：1. 本图尺寸单位以毫米(mm)计。
2. 钢筋采用HRB400级钢筋，间距为100mm。
3. 钢筋之间绑扎或点焊固定，需满足相关规范。
4. 图中虚线仅示意配筋范围，不设接缝。
5. 钢筋末端采用180°弯钩形式，弯后平直段长度不小于3倍钢筋直径。

××市市政设计研究院有限责任公司	工程名称	创业大道道路工程	项目	道路工程		实名	签名		实名	签名		实名	签名		实名	签名	设计编号	4.5/2018344		
市政行业、建筑工程、城市防洪、风景园林甲级	图纸内容	雨水口、检查井路面钢筋补强图			批准			设计负责			审核			设计			分项号	01	版本号	B
					审定			专业负责			复核			制图			图号	路施-18	日期	2018.06

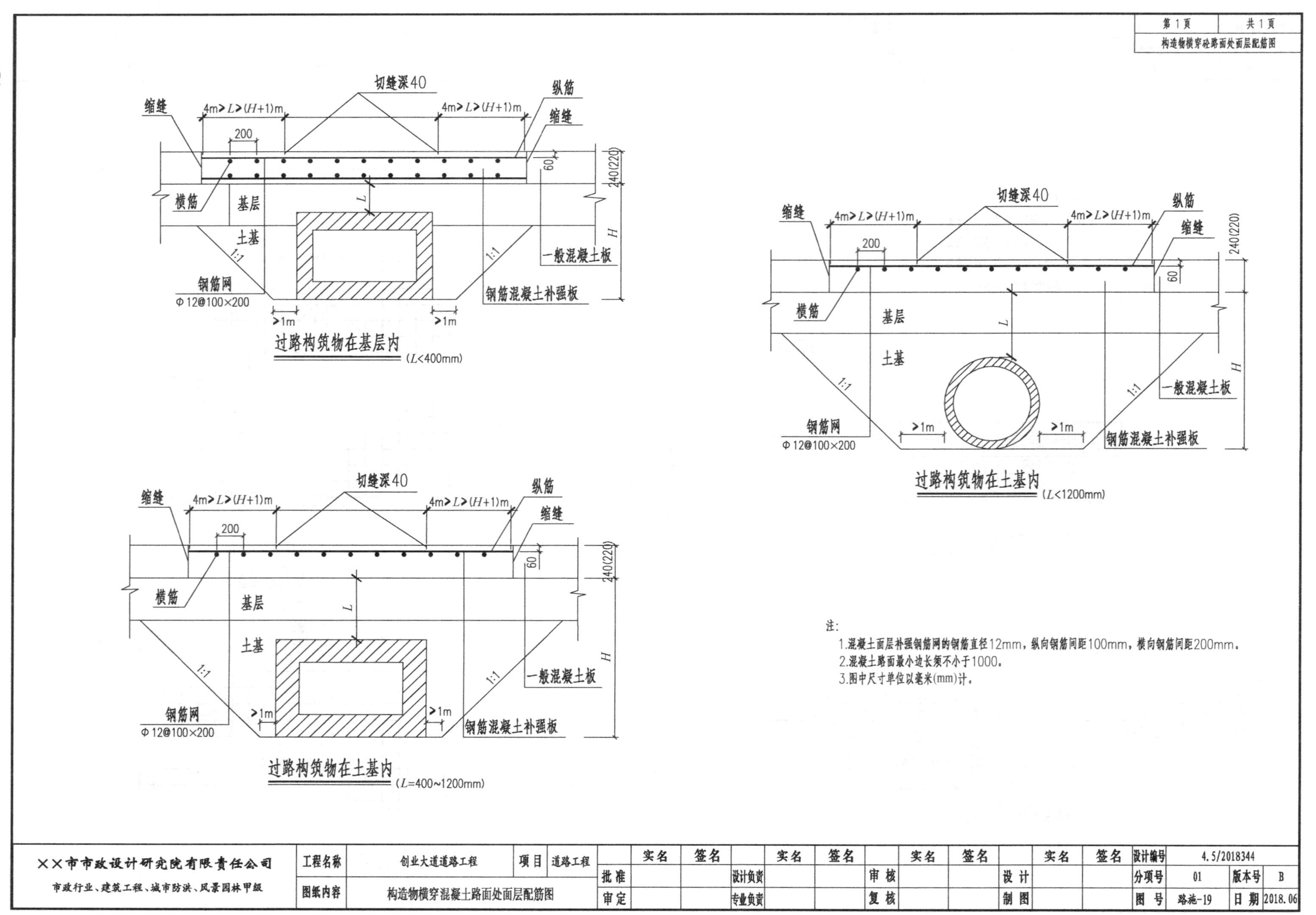

过路构筑物在基层内 (L<400mm)

过路构筑物在土基内 (L<1200mm)

过路构筑物在土基内 (L=400~1200mm)

注:
1.混凝土面层补强钢筋网的钢筋直径12mm，纵向钢筋间距100mm，横向钢筋间距200mm。
2.混凝土路面最小边长须不小于1000。
3.图中尺寸单位以毫米(mm)计。

××市市政设计研究院有限责任公司	工程名称	创业大道道路工程	项目	道路工程		实名	签名		实名	签名		实名	签名		实名	签名	设计编号	4.5/2018344		
市政行业、建筑工程、城市防洪、风景园林甲级	图纸内容	构造物横穿混凝土路面处面层配筋图			批准			设计负责			审核			设计			分项号	01	版本号	B
					审定			专业负责			复核			制图			图号	路施-19	日期	2018.06

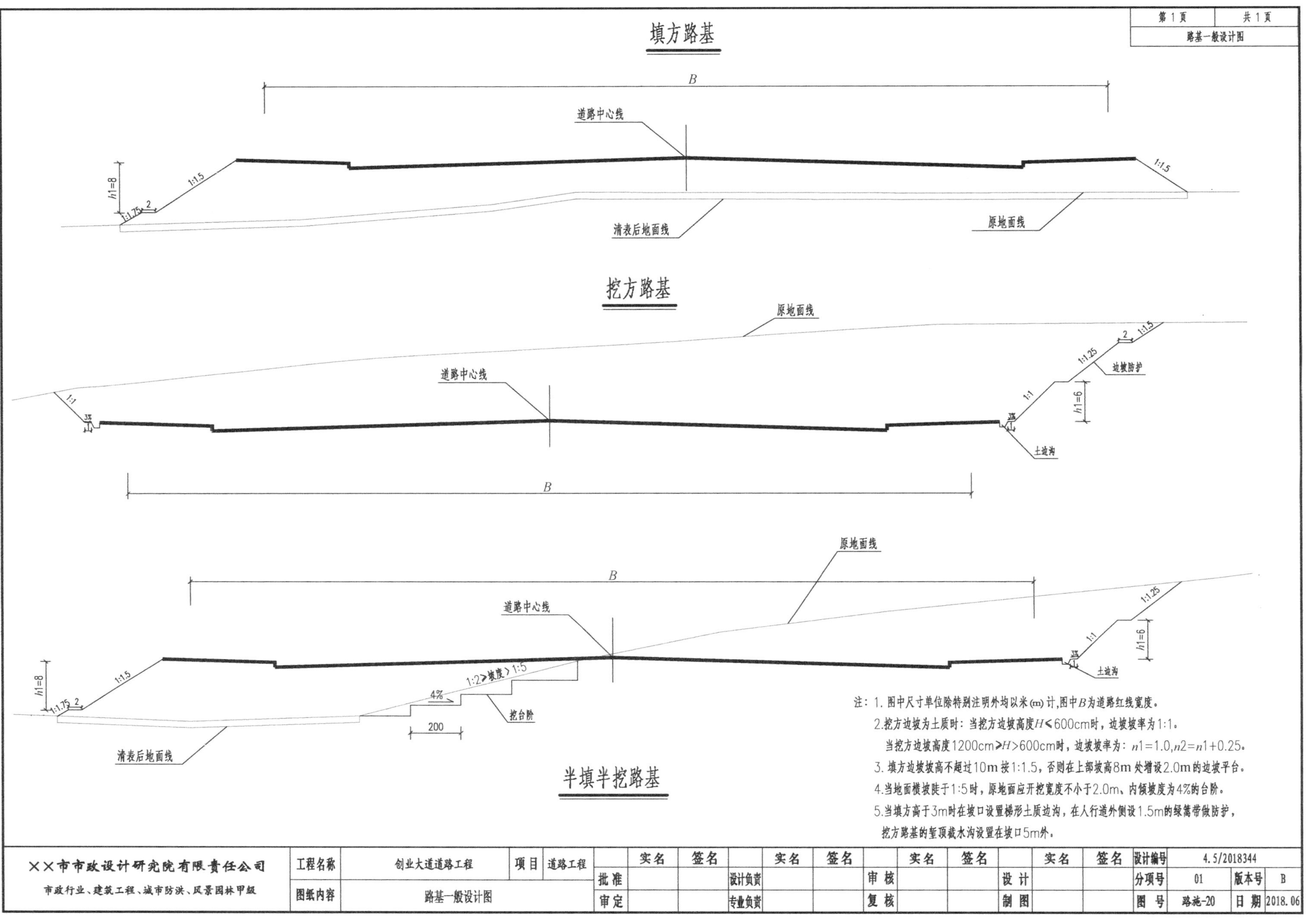
填方路基
B
道路中心线
h1=8
1:1.75
2
1:1.5
清表后地面线
原地面线
挖方路基
原地面线
道路中心线
1:1
1:1.25
2
1:1.5
边坡防护
h1=6
土边沟
B
B
原地面线
道路中心线
1:1.25
1:1
h1=6
土边沟
h1=8
1:1.75
2
1:1.5
1:2≥坡度≥1:5
4%
挖台阶
200
清表后地面线
半填半挖路基
注：1. 图中尺寸单位除特别注明外均以米(m)计,图中B为道路红线宽度。
2.挖方边坡为土质时：当挖方边坡高度H≤600cm时，边坡坡率为1:1。
当挖方边坡高度1200cm≥H>600cm时，边坡坡率为：n1=1.0,n2=n1+0.25。
3. 填方边坡坡高不超过10m按1:1.5，否则在上部坡高8m处增设2.0m的边坡平台。
4.当地面横坡陡于1:5时，原地面应开挖宽度不小于2.0m、内倾坡度为4%的台阶。
5.当填方高于3m时在坡口设置梯形土质边沟，在人行道外侧设1.5m的绿篱带做防护，
挖方路基的堑顶截水沟设置在坡口5m外。
××市市政设计研究院有限责任公司
市政行业、建筑工程、城市防洪、风景园林甲级
工程名称
创业大道道路工程
项目
道路工程
图纸内容
路基一般设计图
实名
签名
批准
审定
设计负责
专业负责
审核
复核
设计
制图
设计编号
4.5/2018344
分项号
01
版本号
B
图号
路施-20
日期
2018.06

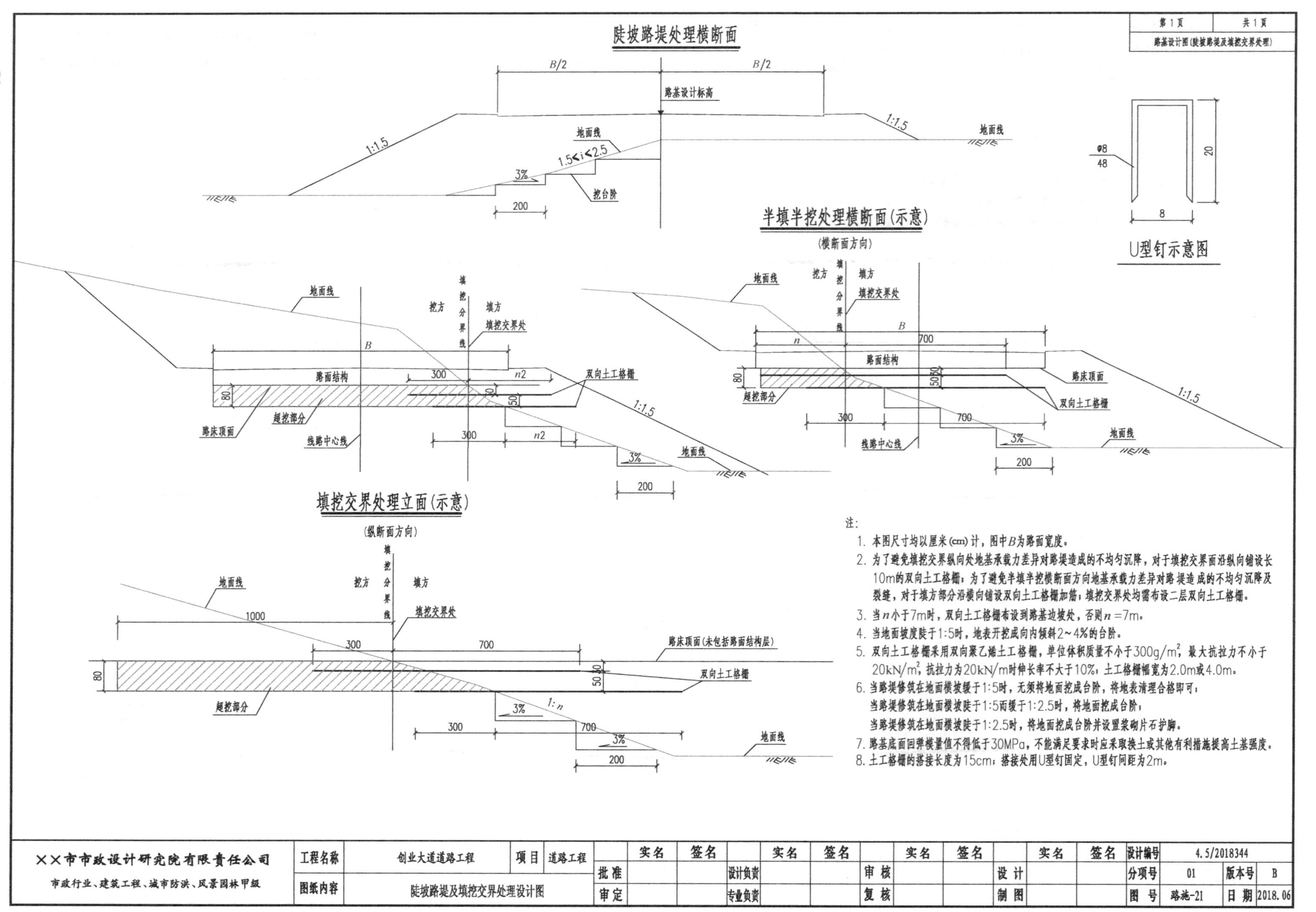
第1页
共1页
路基设计图(陡坡路堤及填挖交界处理)
陡坡路堤处理横断面
B/2
B/2
路基设计标高
1:1.5
1:1.5
地面线
地面线
1.5<i<2.5
3%
200
挖台阶
U型钉示意图
φ8
48
20
8
半填半挖处理横断面(示意)
(横断面方向)
挖方
填挖分界线
填方
填挖交界处
地面线
B
n
700
路面结构
80
超挖部分
300
5050
路床顶面
双向土工格栅
700
3%
200
线路中心线
1:1.5
地面线
地面线
挖方
填挖分界线
填方
填挖交界处
B
路面结构
300
n2
双向土工格栅
80
30
50
超挖部分
路床顶面
1:1.5
300
n2
线路中心线
3%
地面线
200
填挖交界处理立面(示意)
(纵断面方向)
地面线
挖方
填挖分界线
填方
填挖交界处
1000
300
700
路床顶面(未包括路面结构层)
80
双向土工格栅
5030
超挖部分
1:n
3%
300
700
3%
地面线
200
注:
1. 本图尺寸均以厘米(cm)计，图中B为路面宽度。
2. 为了避免填挖交界纵向处地基承载力差异对路堤造成的不均匀沉降，对于填挖交界面沿纵向铺设长10m的双向土工格栅；为了避免半填半挖横断面方向地基承载力差异对路堤造成的不均匀沉降及裂缝，对于填方部分沿横向铺设双向土工格栅加筋；填挖交界处均需布设二层双向土工格栅。
3. 当n小于7m时，双向土工格栅布设到路基边坡处，否则n =7m。
4. 当地面坡度陡于1:5时，地表开挖成向内倾斜2~4%的台阶。
5. 双向土工格栅采用双向聚乙烯土工格栅，单位体积质量不小于300g/m²，最大抗拉力不小于20kN/m²，抗拉力为20kN/m时伸长率不大于10%；土工格栅幅宽为2.0m或4.0m。
6. 当路堤修筑在地面横坡缓于1:5时，无须将地面挖成台阶，将地表清理合格即可；
当路堤修筑在地面横坡陡于1:5而缓于1:2.5时，将地面挖成台阶；
当路堤修筑在地面横坡陡于1:2.5时，将地面挖成台阶并设置浆砌片石护脚。
7. 路基底面回弹模量值不得低于30MPa，不能满足要求时应采取换土或其他有利措施提高土基强度。
8. 土工格栅的搭接长度为15cm；搭接处用U型钉固定，U型钉间距为2m。
××市市政设计研究院有限责任公司
市政行业、建筑工程、城市防洪、风景园林甲级
工程名称
创业大道道路工程
项目
道路工程
图纸内容
陡坡路堤及填挖交界处理设计图
批准
审定
实名
签名
设计负责
专业负责
审核
复核
设计
制图
设计编号
4.5/2018344
分项号
01
版本号
B
图号
路施-21
日期
2018.06

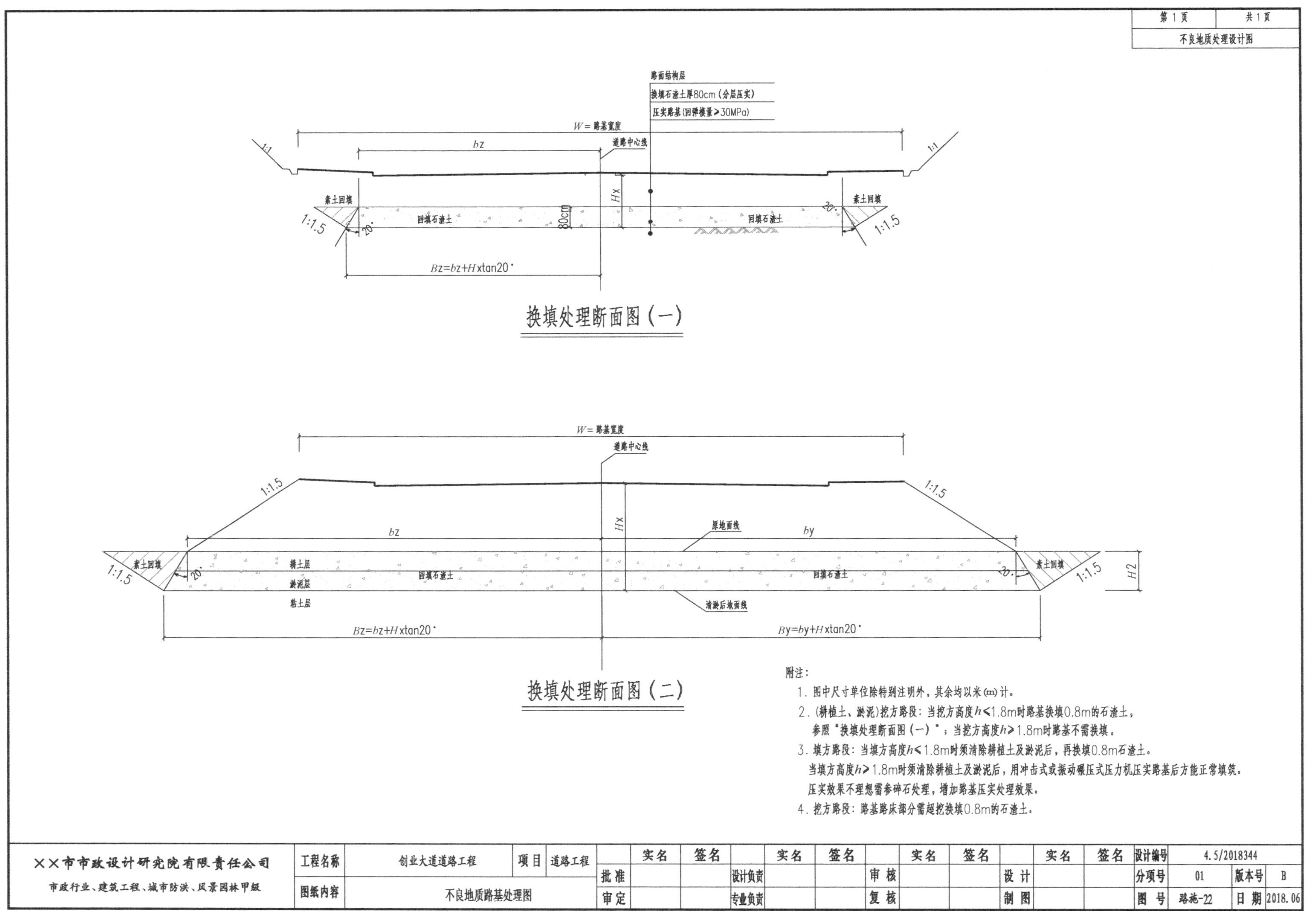

附注：

1. 图中尺寸单位除特别注明外，其余均以米(m)计。
2. (耕植土、淤泥)挖方路段：当挖方高度h<1.8m时路基换填0.8m的石渣土，参照"换填处理断面图（一）"；当挖方高度h≥1.8m时路基不需换填。
3. 填方路段：当填方高度h<1.8m时须清除耕植土及淤泥后，再换填0.8m石渣土。当填方高度h≥1.8m时须清除耕植土及淤泥后，用冲击式或振动碾压式压力机压实路基后方能正常填筑。压实效果不理想需参碎石处理，增加路基压实处理效果。
4. 挖方路段：路基路床部分需超挖换填0.8m的石渣土。

××市市政设计研究院有限责任公司	工程名称	创业大道道路工程	项目	道路工程		实名	签名		实名	签名		实名	签名		实名	签名	设计编号	4.5/2018344		
市政行业、建筑工程、城市防洪、风景园林甲级					批准			设计负责			审核			设计			分项号	01	版本号	B
	图纸内容	不良地质路基处理图			审定			专业负责			复核			制图			图号	路施-22	日期	2018.06

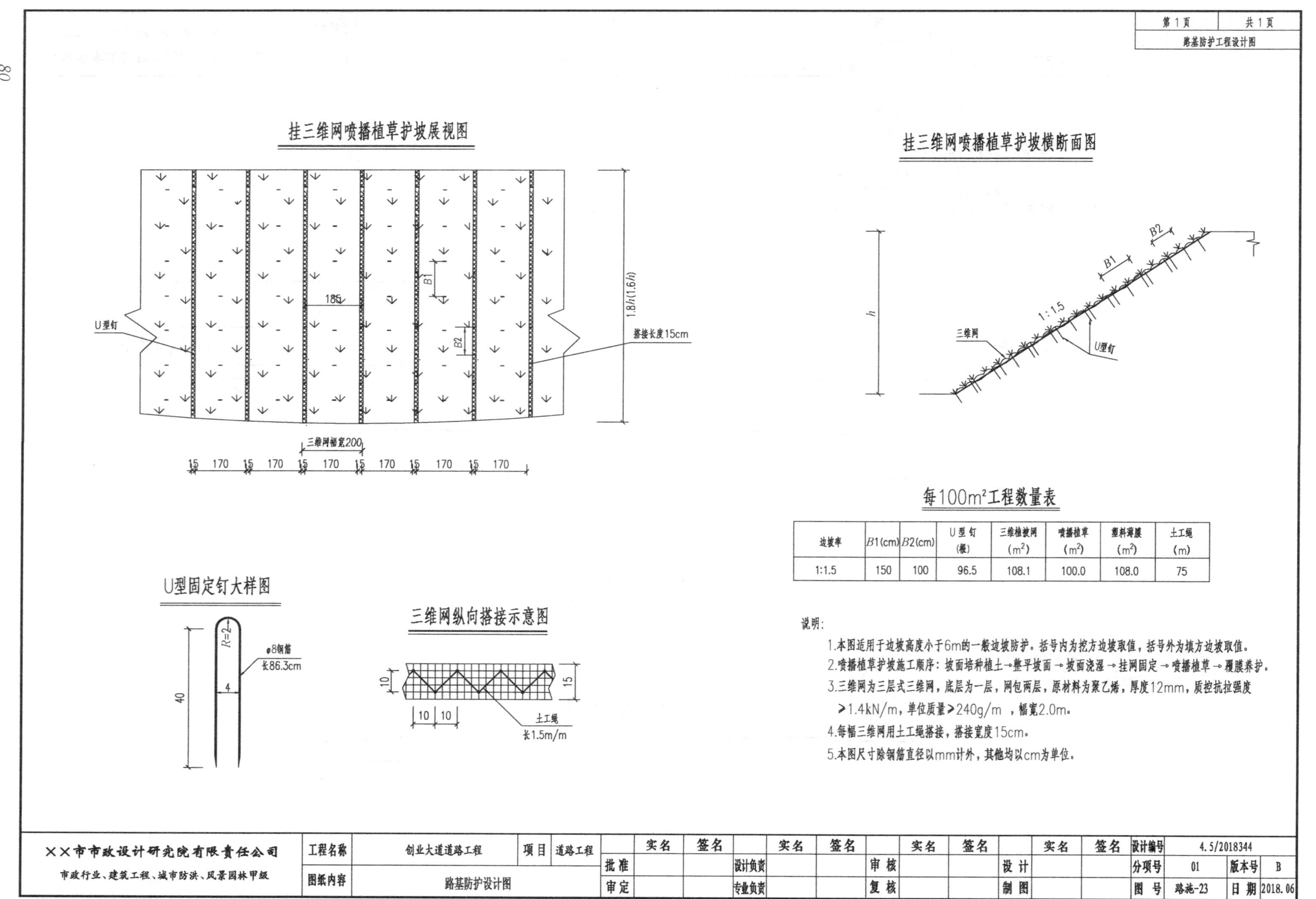

每100m²工程数量表

边坡率	$B1$(cm)	$B2$(cm)	U型钉(根)	三维植被网(m²)	喷播植草(m²)	塑料薄膜(m²)	土工绳(m)
1:1.5	150	100	96.5	108.1	100.0	108.0	75

说明：

1.本图适用于边坡高度小于6m的一般边坡防护。括号内为挖方边坡取值，括号外为填方边坡取值。

2.喷播植草护坡施工顺序：坡面培种植土→整平坡面→坡面浇湿→挂网固定→喷播植草→覆膜养护。

3.三维网为三层式三维网，底层为一层，网包两层，原材料为聚乙烯，厚度12mm，质控抗拉强度≥1.4kN/m，单位质量≥240g/m，幅宽2.0m。

4.每幅三维网用土工绳搭接，搭接宽度15cm。

5.本图尺寸除钢筋直径以mm计外，其他均以cm为单位。

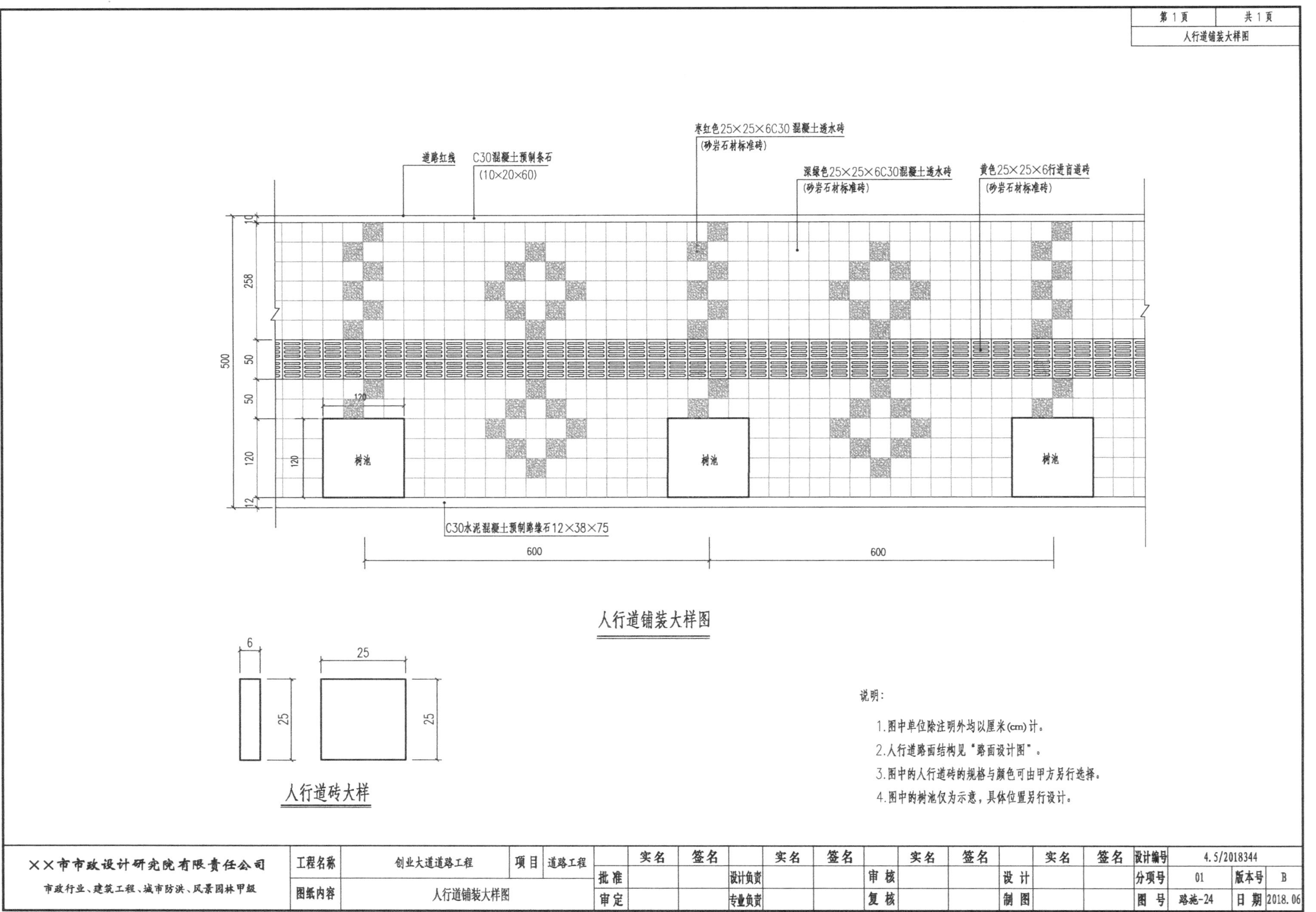

说明：

1. 图中单位除注明外均以厘米(cm)计。
2. 人行道路面结构见"路面设计图"。
3. 图中的人行道砖的规格与颜色可由甲方另行选择。
4. 图中的树池仅为示意，具体位置另行设计。

××市市政设计研究院有限责任公司 市政行业、建筑工程、城市防洪、风景园林甲级	工程名称	创业大道道路工程	项目	道路工程		实名	签名		实名	签名		实名	签名		实名	签名	设计编号	4.5/2018344		
	图纸内容	人行道铺装大样图			批准			设计负责			审核			设计			分项号	01	版本号	B
					审定			专业负责			复核			制图			图号	路施-24	日期	2018.06

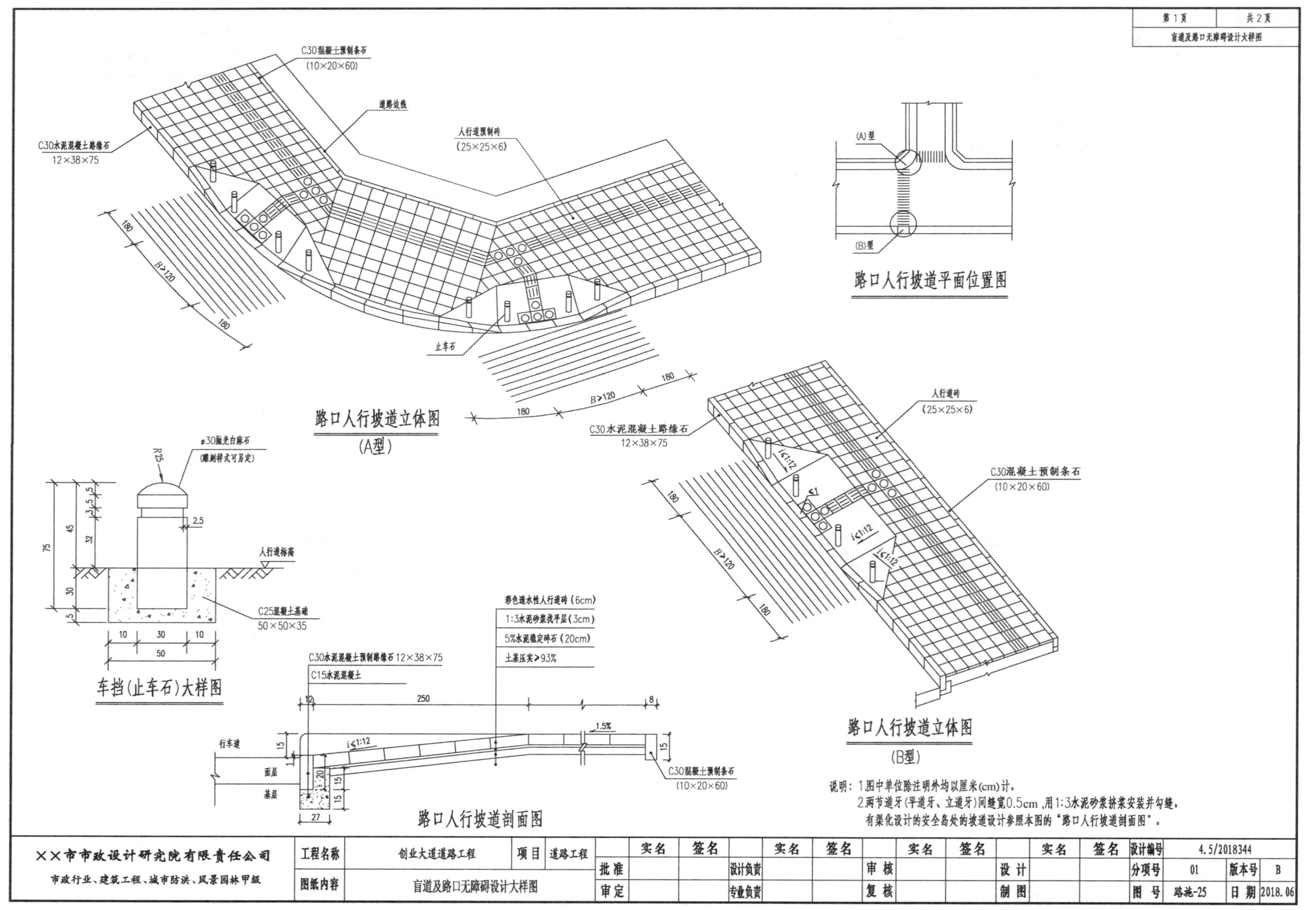
第1页
共2页
盲道及路口无障碍设计大样图
C30混凝土预制条石
(10×20×60)
道路边线
C30水泥混凝土路缘石
12×38×75
人行道预制砖
(25×25×6)
180
B≥120
180
止车石
路口人行坡道立体图
(A型)
(A)型
(B)型
路口人行坡道平面位置图
人行道砖
(25×25×6)
C30水泥混凝土路缘石
12×38×75
C30混凝土预制条石
(10×20×60)
i≤1:12
路口人行坡道立体图
(B型)
ø30抛光白麻石
(雕刻样式可另定)
R25
2.5
人行道标高
C25混凝土基础
50×50×35
75
45
32
30
10
50
车挡(止车石)大样图
彩色透水性人行道砖(6cm)
1:3水泥砂浆找平层(3cm)
5%水泥稳定碎石(20cm)
土基压实≥93%
C30水泥混凝土预制路缘石 12×38×75
C15水泥混凝土
250
1.5%
行车道
面层
基层
C30混凝土预制条石
(10×20×60)
27
路口人行坡道剖面图
说明：1.图中单位除注明外均以厘米(cm)计。
2.两节道牙(平道牙、立道牙)间缝宽0.5cm，用1:3水泥砂浆挤浆安装并勾缝。
有渠化设计的安全岛处的坡道设计参照本图的"路口人行坡道剖面图"。
××市市政设计研究院有限责任公司
市政行业、建筑工程、城市防洪、风景园林甲级
工程名称
创业大道道路工程
项目
道路工程
图纸内容
盲道及路口无障碍设计大样图
批准
审定
设计负责
专业负责
审核
复核
设计
制图
实名
签名
设计编号
4.5/2018344
分项号
01
版本号
B
图号
路施-25
日期
2018.06

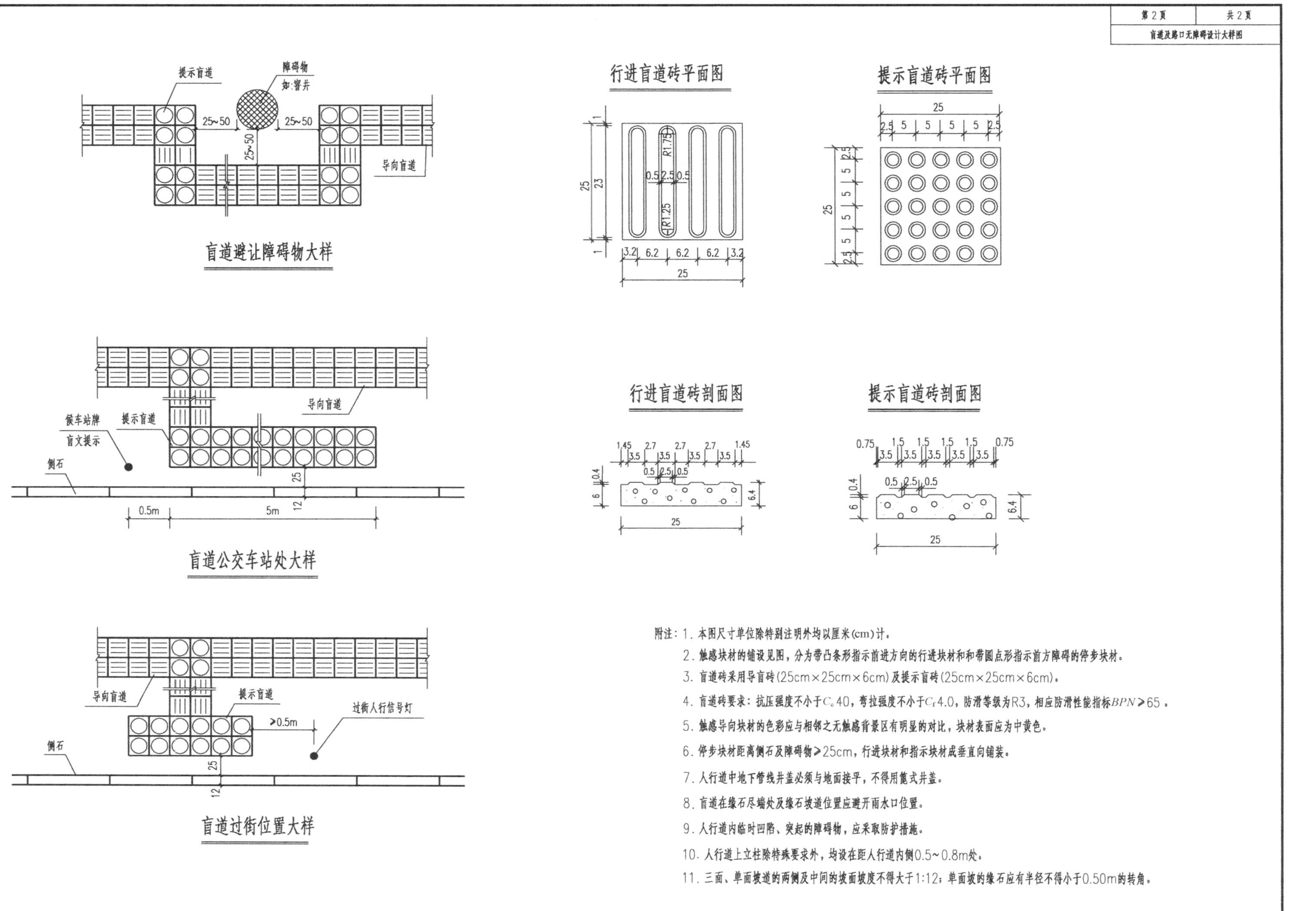

附注：1. 本图尺寸单位除特别注明外均以厘米(cm)计。

2. 触感块材的铺设见图，分为带凸条形指示前进方向的行进块材和和带圆点形指示前方障碍的停步块材。

3. 盲道砖采用导盲砖(25cm×25cm×6cm)及提示盲砖(25cm×25cm×6cm)。

4. 盲道砖要求：抗压强度不小于C_c40，弯拉强度不小于C_f4.0，防滑等级为R3，相应防滑性能指标$BPN \geq 65$。

5. 触感导向块材的色彩应与相邻之无触感背景区有明显的对比，块材表面应为中黄色。

6. 停步块材距离侧石及障碍物≥25cm，行进块材和指示块材成垂直向铺装。

7. 人行道中地下管线井盖必须与地面接平，不得用篦式井盖。

8. 盲道在缘石尽端处及缘石坡道位置应避开雨水口位置。

9. 人行道内临时凹陷、突起的障碍物，应采取防护措施。

10. 人行道上立柱除特殊要求外，均设在距人行道内侧0.5~0.8m处。

11. 三面、单面坡道的两侧及中间的坡面坡度不得大于1:12；单面坡的缘石应有半径不得小于0.50m的转角。

土方工程数量表

桩号	填方面积(m^2)	挖方面积(m^2)	填方量(m^3)	挖方量(m^3)
K0+000	54.082	0		
K0+020	54.905	0	1089.868	0
K0+040	30.691	0	855.958	0
K0+060	3.2	8.768	338.902	87.683
K0+080	0.831	94.45	40.304	1032.184
K0+100	0	200.094	8.308	2945.443
K0+102.105	0	208.766	0	430.326
K0+120	0	189.086	0	3559.781
K0+140	0	97.463	0	2865.489
K0+160	0	98.312	0	1957.749
K0+180	0	100.878	0	1991.896
K0+200	0	104.084	0	2049.62
K0+220	0	105.219	0	2093.038
K0+240	0	104.36	0	2095.798
K0+260	0	98.59	0	2029.5
K0+273.086	0	85.782	0	1206.342
K0+280	0	80.112	0	573.494
K0+300	0	67.043	0	1471.551
K0+320	0	51.094	0	1181.376
K0+340	0	37.15	0	882.44
K0+360	0	29.052	0	662.02
K0+380	0.006	25.95	0.059	550.026
K0+400	0.018	24.864	0.237	508.142

桩号	填方面积(m^2)	挖方面积(m^2)	填方量(m^3)	挖方量(m^3)
K0+400	0.018	24.864		
K0+401.438	0.018	24.85	0.026	35.744
K0+420	0.933	14.066	8.827	361.177
K0+440	4.261	4.739	51.942	188.047
K0+460	8.058	1.608	123.191	63.466
K0+480	4.326	7.006	123.84	86.141
K0+500	2.065	15.941	63.914	229.476
K0+520	0.682	23.988	27.467	399.297
K0+529.79	0.222	26.602	4.426	247.638
K0+540	0.048	29.603	1.379	286.924
K0+560	0	34.039	0.476	636.42
K0+580	0	31.911	0	659.501
K0+600	0	29.445	0.003	613.558
K0+620	0	32.756	0.003	622.009
K0+624.74	0	34.252	0	158.81
K0+640	0	38.577	0	555.688
K0+660	0	44.999	0	835.755
K0+680	0	55.993	0	1009.914
K0+700	0	63.351	0	1193.441
K0+700.231	0	63.41	0	14.641
K0+720	0	33.228	0	955.215
K0+740	3.687	8.689	36.874	419.168
K0+758.475	13.318	2.997	157.088	107.946

××市市政设计研究院有限责任公司 市政行业、建筑工程、城市防洪、风景园林甲级	工程名称	创业大道道路工程	项目	道路工程		实名	签名		实名	签名		实名	签名		实名	签名	设计编号	4.5/2018344		
					批准			设计负责			审核			设计			分项号	01	版本号	B
	图纸内容	土方工程数量表			审定			专业负责			复核			制图			图号	路施-表05	日期	2018.06

土方工程数量表

桩号	填方面积(m^2)	挖方面积(m^2)	填方量(m^3)	挖方量(m^3)
K0+758.475	13.318	2.997	20.405	4.478
K0+760	13.443	2.876	226.601	45.094
K0+780	9.217	1.634	126.191	97.982
K0+800	3.402	8.165	46.794	218.678
K0+820	1.277	13.703	16.637	300.355
K0+840	0.386	16.332	4.643	363.081
K0+860	0.078	19.976	0.91	451.211
K0+880	0.013	25.145	0.084	327.328
K0+892.21	0.001	28.471	0.013	229.326
K0+900	0.003	30.406	0.027	621.557
K0+920	0	31.75	0.006	624.389
K0+940	0.001	30.689	0.027	608.681
K0+960	0.002	30.179	0.021	636.197
K0+980	0	33.441	0	698.915
K1+000	0	36.451	0	765.282
K1+020	0	40.077	0	836.072
K1+040	0	43.53	0	929.429
K1+060	0	49.413	0	1088.745
K1+080	0	59.461	0	1225.76
K1+100	0	63.115	0	1235.572
K1+120	0	60.443	0	1167.559
K1+140	0	56.313	0.397	987.705
K1+160	0.04	42.457		

桩号	填方面积(m^2)	挖方面积(m^2)	填方量(m^3)	挖方量(m^3)
K1+160	0.04	42.457	27.365	551.24
K1+180	2.697	12.667	284.171	126.667
K1+200	25.72	0	653.031	0
K1+220	39.583	0	775.685	0
K1+240	37.986	0	737.187	0
K1+260	35.733	0	710.864	0
K1+280	35.354	0	693.544	0
K1+300	34.001	0	703.392	0
K1+320	36.338	0	751.205	0
K1+340	38.782	0	756.047	0
K1+360	36.822	0	747.44	0
K1+380	37.922	0	754.708	0
K1+400	37.549	0	738.839	0
K1+420	36.335	0	720.455	0
K1+440	35.711	0	720.911	0
K1+460	36.38	0	846.448	0
K1+480	48.265	0	1077.168	0
K1+500	59.452	0	259.487	0
K1+504.45	57.171	0	946.728	0
K1+520	64.594	0	1308.985	0
K1+540	66.304	0	1339.546	0
K1+560	67.651	0	1313.048	0
K1+580	63.654	0		

土方工程数量表

桩号	填方面积(m^2)	挖方面积(m^2)	填方量(m^3)	挖方量(m^3)
K1+580	63.654	0	115.994	0
K1+581.826	63.393	0		
合计			20358	53995

说明：1.开挖土方均为Ⅰ、Ⅱ类土，填方不足借石渣填筑，借方运距为5km,弃方运距为3km。

2.开挖土方Ⅰ、Ⅱ类土:24298m^3。

3.本桩利用Ⅲ类土:20358m^3。

4.开挖Ⅲ类土:29697m^3。

清表土数量表

路施—表05

工程名称：××县创业大道道路工程东段

第 1 页　共 1 页

序号	起讫桩号	处理方式	处理方法	清表平均厚度（m）	处理面积(m^2)	清表土方量（m^3）	回填石渣土（m^3）
1	K0+450.000～K0+500.000	清表	推土机推土	0.3	1955	587	587
2	K1+400.000～K1+532.000	清表	推土机推土	0.3	7080	2124	2124
	合计				9035	2711	2711

编制：　　　　复核：　　　　审核：

路基碾压工程数量表

路施—表07

工程名称：××县创业大道道路工程东段

第 1 页　共 1 页

序号	起讫桩号	长 度 （m）	平均宽度（m）	(夯)压实面积（m^2）	备　注
1	K0+000.000～K1+498.950	1499	40.0	59958	
2	K1+509.949～K1+581.826	72	40.0	2875	
	合计	1571	80	62833	

编制：　　　　复核：　　　　审核：

陡坡路堤及挖填交界处理工程数量表

路施—表C8

工程名称：××县创业大道道路工程东段

第 1 页　共 1 页

序号	桩号	处理措施	处理长度	平均宽度	工程数量				备注
					土工格栅（双层）	挖台阶土方	回填石渣土	碎石过渡段	
			(m)	(m)	(m^2)	(m^3)	(m^3)	(m^3)	
1	K0+040.000～K0+090.000	纵向填挖交界	50	40	800	1000	1000		包含双层的土工格栅面积
2	K0+710.000～K0+740.000	纵向填挖交界	30	40	800	600	600		
3	K1+160.000～K1+200.000	纵向填挖交界	40	40	800	800	800		
	合计		120		2400	2400	2400		

编制：　　　　复核：　　　　审核：

路基防护工程数量表

(挂三维网草皮护坡)

路施—表09

工程名称：××县创业大道道路工程东段

第 1 页　共 1 页

序号	起讫桩号	长度(m)	防护形式	采用标准图编号	长度		处理面积		工程数量						备注
									满铺草皮	三维植被网	塑料薄膜	U型钉	土工绳		
					左（m）	右（m）	左（m^2）	右（m^2）	（m^2）	（m^2）	（m^2）	（根）	（m）		
1	K0+000.000～K1+498.950	1498.950	挂三维网草皮护坡		1499	1499	1905	1887	3792	4099	4096	3659	2844		
2	K1+509.949～K1+581.826	71.877	挂三维网草皮护坡		72	72	277	280	557	603	602	538	418		
	合计	1570.827			1571	1571	2183	2167	4350	4702	4698	4197	3262		

编制：　　　　复核：　　　　审核：

不良地质路基处理数量表

路施—表10

工程名称：××县创业大道道路工程东段　　　　第 1 页　　共 1 页

序号	起讫桩号	长度	处理深度（平均）	不良情况	处理方式	处理面积	清除不良土方				回填		土工格栅	备注
							淤泥	黏土	耕表土	杂填土	片石	石渣土		
		(m)	(m)			(m^2)	(m^3)	(m^3)	(m^3)	(m^3)	(m^3)	(m^3)	(m^2)	
1	K0+000.00～K0+080.00	80	1.5	淤泥、耕表土	挖除，回填石渣土	7255	10184		373			10556		
2	K0+320.00～K0+450.00	130	0.8	耕表土	挖除，回填石渣土	5151			4121			4121		
3	K0+490.00～K0+520.00	30	1.5	淤泥	挖除，回填石渣土	490	735					735		
4	K0+640.00～K0+685.00	45	1.5	淤泥	挖除，回填石渣土	1877	2816					2816		
5	K0+730.00～K0+980.00	250	0.8	耕表土	挖除，回填石渣土	9740			7792			7792		
6	K0+735.00～K0+758.00	23	1.5	淤泥	挖除，回填石渣土	240	360					360		
7	K1+160.00～K1+400.00	240	0.5	耕表土	挖除，回填石渣土	9600			4800			4800		
	合计	798				34353	14094		17086			31180		

编制：　　　　复核：　　　　审核：

水泥混凝土路面工程数量表

路施—表11

工程名称：××县创业大道道路工程东段

第 1 页 共 1 页

序号	起讫桩号	长度(m)	行车道							人行道及其他部分						水泥混凝土路面刻槽	备注
			级配碎石底基层	4%水泥稳定碎石基层	5%水泥稳定碎石基层	ES-2型稀浆封层+乳化沥青透层	水泥混凝土面层	C30预制混凝土路缘石	C15水泥混凝土立缘石靠背	C25侧缘石	透水性人行道铺装	盲道铺装宽0.5m	1:5 水泥中砂干拌	级配碎石	树池		
			厚20cm	厚15cm	厚15cm	厚1cm	厚26cm	12cm×38cm×75cm		10cm×20cm×60cm	6cm厚	6cm厚	5cm厚	15cm厚			
			$1000m^2$	$1000m^2$	$1000m^2$	$1000m^2$	$1000m^2$	(m)	(m^3)	m	$1000m^2$	$1000m^2$	$1000m^2$	$1000m^2$	个	$1000m^2$	
1	K0+000.000～K1+498.950	1498.950	51.168	50.334	49.879	49.652	48.621	3032	198	2960	12.440	1.480	13.920	13.920	500	48.621	树池边框条石另行设计，不列入本项目
2	K1+509.949～K1+581.826	71.877	2.488	2.442	2.417	2.405	2.348	167	10	129	0.506	0.065	0.570	0.570	24	2.348	
	合计	1570.827	53.656	52.776	52.297	52.057	50.969	3199	208	3089	12.946	1.545	14.490	14.490	524	50.969	

编制： 复核： 审核：

水泥混凝土路面钢筋数量表

工程名称：××县创业大道道路工程东段

第 1 页　　路施—表12　共 1 页

起讫桩号	项目名称	长度	板宽	工程数量													备注
				钢筋直径	缝数	一道缝	每根长	共 长	单位重	钢筋重量 (kg)							
										HPB300钢筋ф30	HPB300钢筋ф32	HRB400钢筋⌀14	HPB300钢筋ф8	HRB400钢筋⌀12	HRB400钢筋⌀16	胀缝套装	
		(m)	(m)	(mm)	(道)	(根)	(m)	(m)	(kg/m)							(个)	
K0+000.000～K1+581.826	纵向接缝拉杆	1581.826	30	⌀16	7	2260	0.8	12655	1.579						19981.6		《道路纵、横接缝设计图》中的A形式构造图
	横缝及施工缝传力杆	720		ф32	24	100	0.45	1080	6.313		6818.0						《道路纵、横接缝设计图》中的D形式构造图
	胀缝	180		ф32	6	100	0.45	270	6.313		1704.5					600	《道路纵、横接缝设计图》中的F形式构造图，在起点、终点、交叉口两边设置
	发针型钢筋补强			⌀14			2.6	998	1.21			1208.1					
	错缝防裂钢筋			⌀14								1155.8	201.6				
	边缘钢筋			ф8	2	15818.3	0.2	6327	0.395				2499.3				
				⌀16	2	703.03	3.81	5357	1.579						8458.9		
	单篦雨水口周边防裂钢筋网			⌀12					0.888					13903.8			
	双篦雨水口周边防裂钢筋网			⌀12					0.888					806.8			
	检查井周边防裂钢筋网			⌀12					0.888					77458.6			
合计											8522.6	2363.9	2700.9	92169.2	28440.5	600	

编制：　　　　复核：　　　　审核：

排　水　工　程

排水工程设计说明

1　项目概述

1.1　项目概述

创业大道呈东西走向，道路西起点 K0＋000，终点 K1＋581.826 位于环城路交叉口处附近，为新建工程，设计实施范围内桩号：K0＋000～K1＋498.95、K1＋509.949～K1＋581.826，实际实施长度为 1570.827m。道路规划红线为 40m，为城市主干路，设计速度为 40km/h，双向 6 车道，横断面为单幅路布置，人行道（5m）＋行车道（15m）＋行车道（15m）＋人行道（5m）＝40m。

1.2　现状排水情况

根据现场踏勘，道路沿线大部分都是农田旱地，局部经过一些坟地；路线上空有一些低压线和电缆经过，地下经调查无管线埋设。

本次设计污水及雨水西侧部分将排往跨线桥已设计雨水管及污水管；而东段雨水将排往北部水渠，东段污水将排往北部污水干管。

1.3　排水工程设计内容

包括雨水工程和污水工程（根据实训安排，本次只计算雨水工程）。

2　设计依据

2.1　编制依据文件

设计委托书。

2.2　依据资料

(1)《××城市总体规划修编（2012—2030 年）》；

(2)《××路施工图设计》；

(3)《××县污水管网二期工程》；

(4)《××县河西、河东新区创业大道西段岩土工程勘察中间成果》；

(5) 业主提供的××安置区地形图。

2.3　采用的规范、标准

(1)《建筑给水排水制图标准》GB/T 50106—2010

(2)《室外排水设计规范》GB 50014—2006

(3)《给水排水设计手册（第五册城镇排水）第三版》

(4)《城镇给水排水技术规范》GB 50788—2012

(5)《城镇排水与污水处理条例》(中华人民共和国国务院令第 641 号)

(6)《城市工程管线综合规划规范》GB 50289—2016

(7)《给水排水管道工程施工及验收规范》GB 50268—2008

(8)《给水排水构筑物工程施工及验收规范》GB 50141—2008

(9)《市政排水管道工程及附属设施 06MS201》

（10）《混凝土结构设计规范》GB 50010—2010

（11）《市政公用工程设计文件编制深度规定》

3 排水规划及相关设计技术标准

3.1 雨水规划及相关设计技术标准

3.1.1 雨水规划

本项目为××县新建市政道路，根据城市总体规划修编，本项目雨水管承接本段道路两侧雨水，排往创业大道跨线桥后最终排入澄江。本次雨水工程设计参照总体规划，东段排水流向为由东向西，最终排入澄江；西段排往已有水渠。

本工程排水体制采用雨、污分流制。雨水干管上每隔 80～120m 布置雨水预埋管，预留井布置于红线外 2m 处，预埋管管径 $d600$，坡度 0.01，流向干管。

3.1.2 雨水管道设计标准及参数

雨水管渠的设计流量计算采用河池市暴雨强度公式：

$$\text{设计流量}\ Q=\psi\cdot q\cdot F$$

$$q=2850(1+0.597\lg P)/(t+8.5)^{0.757}$$

式中 Q——雨水设计流量（L/s）；

F——汇水流域（ha）；

ψ——径流系数，雨水干管计算综合径流系数取定为 0.65；

q——设计暴雨强度（L/s·ha）；

P——设计降雨重现期，根据《室外排水设计规范》GB 50014—2006（2011 年版）（2014 年局部修订），结合道路等级及雨水流域范围内土地利用规划情况，确定公式参数：雨水主干管设计计算取 3 年；

t——设计降雨历时（分钟）$t=t_1+t_2$，雨水主干管设计计算所取地面集水时间 $t_1=10\text{min}$，雨水口连接管设计计算所取地面集水时间 $t_1=5\text{min}$，t_2 为管内水流时间，根据《室外排水设计规范》GB 50014—2006（2011 年版）（2014 年局部修订）内容，为有效应对日益频发的城镇暴雨内涝灾害，提高我国城镇排水安全性，本次修订取消折减系数 m。

3.2 设计原则

（1）采用雨、污水分流制。

（2）排水管结合道路竖向进行布置，就近排入道路周边水系。

（3）排水管埋设深度根据本道路设计纵坡、区域路网竖向规划的竖向规划等因素进行确定，尽量减少管道埋深。

（4）排水管的设计过水断面考虑了接入道路两侧沿线街坊的水量及相关规划路的集中转输流量。为了便于街坊、规划路给排水管的接入，道路沿线预留适量的给水排水支线，其管径和高程的确定以规划管网图中的服务面积、集水距离计算确定，同时考虑了各种管线的交叉错开。

（5）排水管渠及附属构筑物设计荷载取城—A 级。

3.3 管线横断面布置

详见管线横断面位置布置图。

3.4 排水工程规模

雨水：本工程雨水总汇水面积 64.44ha，雨水管道总长 3493m（不含 $d300$ 连接管数量 490m），雨水干管最大管径为 $d1800$，最小管径为 $d300$，预埋管管径 $d600$，检查井 116 座，双联进水井 80 座，四联进水井 4 座，八字式片石出水口 1 座。

4 管材及附属构筑物

4.1 管材、基础及接口

结合当地排水管厂家生产能力及施工经验，也结合本项目周边排水工程使用的管材情况，本着节约投资、使用安全的原则，本工程选材见表1。

管材、基础材料表　　表1

管道	管材	覆土厚度（m）	管材等级	接口形式	基础
雨水	钢筋混凝土平口管	$0.7 \leqslant H \leqslant 7.5$	Ⅱ级	钢丝网水泥砂浆抹带接口	180°混凝土基础
		$7.5 < H \leqslant 9$	Ⅲ级		
	钢筋混凝土承插口管	$0.7 < H \leqslant 4.5$	Ⅱ级	承插式密封橡胶圈柔性接口	180°砂石基础
污水	FRPP（异形肋）模压管	$0.7 \leqslant H \leqslant 6.0$		承插式密封橡胶圈柔性接口	180°砂石基础

钢筋混凝土管技术标准须符合国标《混凝土和钢筋混凝土排水管》GB/T 11836—2009。

管道产品严格要求有出厂合格证及省级以上质检报告及试验报告，并达到城-A级荷载设计要求。除污水管纵断面图中特殊说明外，其余污水管在检查井内的连接采用管顶平接。

横过车行道处且管顶覆土小于1.0m的管道采用360°满包C20混凝土加固。采用混凝土基础和刚性接口管段，每20～25m设一柔性接口和变形缝，管道与管道、管道与构筑物交叉穿越的管段、管道天然地基与经地基处理的交接部位需增设柔性接口。

4.2 检查井

（1）选型的一般原则

根据《××岩土工程勘察中间成果》，道路沿线存在淤泥、鱼塘，为保证本项目结构安全性，井深 $H \leqslant (d+6)$ m采用混凝土的排水检查井、阶梯式混凝土跌水井。

雨、污水管道 $d<600$ 采用Ø1000圆形雨、污水检查井，$600 \leqslant d < 800$ 采用Ø1250圆形雨、污水检查井；$d \geqslant 800$ 采用矩形直线检查井。有支管接入的圆形检查井参见圆形排水检查井尺寸表（06MS201-3，页7）选型；具体型号参见标准图集06MS201-3。

检查井井座、井盖及进水井疏框均采用非玻璃钢材质重型防盗复合材料。

（2）在雨、污水干管上每隔4～5座检查井设一座沉砂井，有支管接入的检查井及预留井中也须设置沉砂井，沉砂井井底比下游干管深30cm。其余检查井均设流槽，以改善水力条件，流槽做法参照06MS201-3，30页。

（3）设于道路混合车道中的雨、污水检查井设计荷载按城-A级选用，按照《检查井盖》GB/T 23858—2009，检查井井盖采用 *D*400类型，其承载能力应≥400kN，位于人行道上的检查井盖采用C250类型，其承载能力应≥250kN，井座底面支承压强不应小于7.5N/mm^2。检查井井盖及进水井疏框采用防盗无噪声的合格复合材料产品。当检查井井盖位于道路范围内时，井盖顶面与路面平；不在道路范围内时，井盖顶面高出原地面0.2m。检查井井筒尽量安装在没有支管（渠）接入的一侧，或安装在支管（渠）最小的一侧，并预埋高烯钢爬梯。

（4）在管渠方向转折处、坡度改变处、断面改变处、一定的直线距离均设排水检查井。为满足道路两侧支户的接入，设计中考虑每隔80～120m设一处预留支管。预留支管检查井设在道路红线外2m处。

（5）井圈内设置安全防坠网。检查井安全防坠网是由高强度聚乙烯等耐潮防腐材料制作而成，防坠网中心用镀锌处理的包塑铁圈将网连接起来，其四周用聚乙烯绳将网串联，便于悬挂在检查井内壁，防坠网可起支撑作用。

Ø600～Ø800mm防坠网设计参数及标准见表2。

防坠网设计参数及标准 **表 2**

网体的网绳直径	单绳拉力	承重	网绳断裂强力
8mm	>1600N	≥300kg	≥3000N

不锈钢要求：材质为 304 不锈钢，螺杆直径 8mm，前端带挂钩。

安装要求详见大样图。

4.3 雨水口

在道路两侧依据设计规范设置雨水口，为了施工方便，雨水口连接管采用 d300 Ⅰ级钢筋混凝土平口管，基础采用混凝土全包基础，坡度≥0.02（除因现场特殊情况外，但不得小于 0.01），雨水口采用双联雨水口及四联进水井。辅道部分设置双联进水井，双联进水井泄水能力为 50L/s，满足 5 年重现期 1.5 被流量校核 37.16L/s；引桥部分设置四联进水井，四联进水井泄水能力为 60L/s，满足 20 年重现期 1.5 倍流量校核 57.20L/s

4.4 井背回填

参考广西绝大多数地区长期施工及管理经验，路基范围内的检查井（进水井）四周不小于 50cm 的范围内应回填 C15 混凝土，回填深度为管顶到路基基底层；采用先路基回填后再开挖检查井（集水井）的工艺，井室建成后每次回填 C15 混凝土深度不能超过 1m。

5 施工方法及基础处理

本工程排水管采用开槽施工。管沟槽要求落在地基承载力 f_{ak}≥150kPa 的原土或路基换填土层上。开挖管沟槽施工过程中，如挖至设计标高时为淤泥、耕表土，必须清除至原土后回填砂砾石至设计标高后再做管基；如为膨胀土，须做 500mm 厚砂垫层后再做管基。沟槽开挖时应做好降水措施，防止槽底受水浸泡。开槽管道施工完毕后，管顶以上 0.5m 范围内的沟槽回填砂砾石，其余采用合格的道路填料按路基压实度要求回填并分层夯实。

当管道在原地以上或原地面基本无覆土时，须按路基要求换填至设计管顶以上 0.5m 后，才反开挖沟槽并敷设管道。

沟槽位于地下水位下时，管道施工时进行施工降水，降水深度在基坑（槽）范围内不小于基坑（槽）地面以下 0.5m，建议采用边沟排水进行降水施工。

6 施工及验收规范

详见“道路工程”部分。

7 施工注意事项

（1）应当遵守有关设计、技术规程及验收规范和国家规定进行施工。

（2）排水工程管道施工时，长度以实测为准。排水检查井位置或节点位置桩号可根据现场实际情况进行适当合理调整。

（3）管道相邻地基有明显差别时或地基换土与原状黏土相邻处以及混凝土全包管，每 10m 均要设置沉降缝一道，缝宽 20mm，迎水面处缝内采用 PG-321 双组分聚硫密封膏填塞，规格为 20mm×40mm。其余缝内用沥青麻絮或其他具有弹性的防水材料填塞。

（4）重力流排水管不能随意改变设计管内底标高，如需更改，必须经设计人员同意。施工中若遇各种管线与排水管渠交叉相撞时，可采用 Ω 弯管形式在排水管渠上面或下面加固穿过，以保证排水安全可靠，畅通无阻。

（5）施工中如出现道路路面高程最低处未设置雨水进水井的，请在施工时调整或增加雨水进水井；凡有路口和公交车车站的地方，必须调整雨水进水井，将其设置在该范围道路路面高程最低处；单位出入口及施工时加开路口的地方，雨水进水井必须调整移至紧靠人行道路缘石边的地方。

(6) 本排水工程检查井施工时，请注意结合排水平面布置图和纵断面图高程进行。当检查井井盖位于道路范围内时，井盖与路面平；在绿化带范围内时，井盖高出原地面0.2m。检查井井筒尽量安装在没有支管（渠）接入的一侧，或安装在支管（渠）最小的一侧，并预埋高烯钢爬梯。

(7) 预留在道路红线外侧的排水检查井不得裸露在外，为保证检查井结构安全、避免风化剥蚀，位于回填土区的检查井在其周围5m范围内须有填土覆盖。

(8) 图纸中所标路面设计标高仅供参考，所有井面和节点标高要求与道路施工后的道路路面平，井圈可等路面成型后再坐浆。

(9) 管道施工完毕后，必须按闭水试验的有关规定规程进行试验，合格后才能覆土。

(10) 本说明未提到之处，均按国家有关规范、规程施工，并注意人身安全。

(11) 建议本工程与道路工程及其他附属工程同时设计、同时施工、同时交付使用，以确保项目达到预期效益。

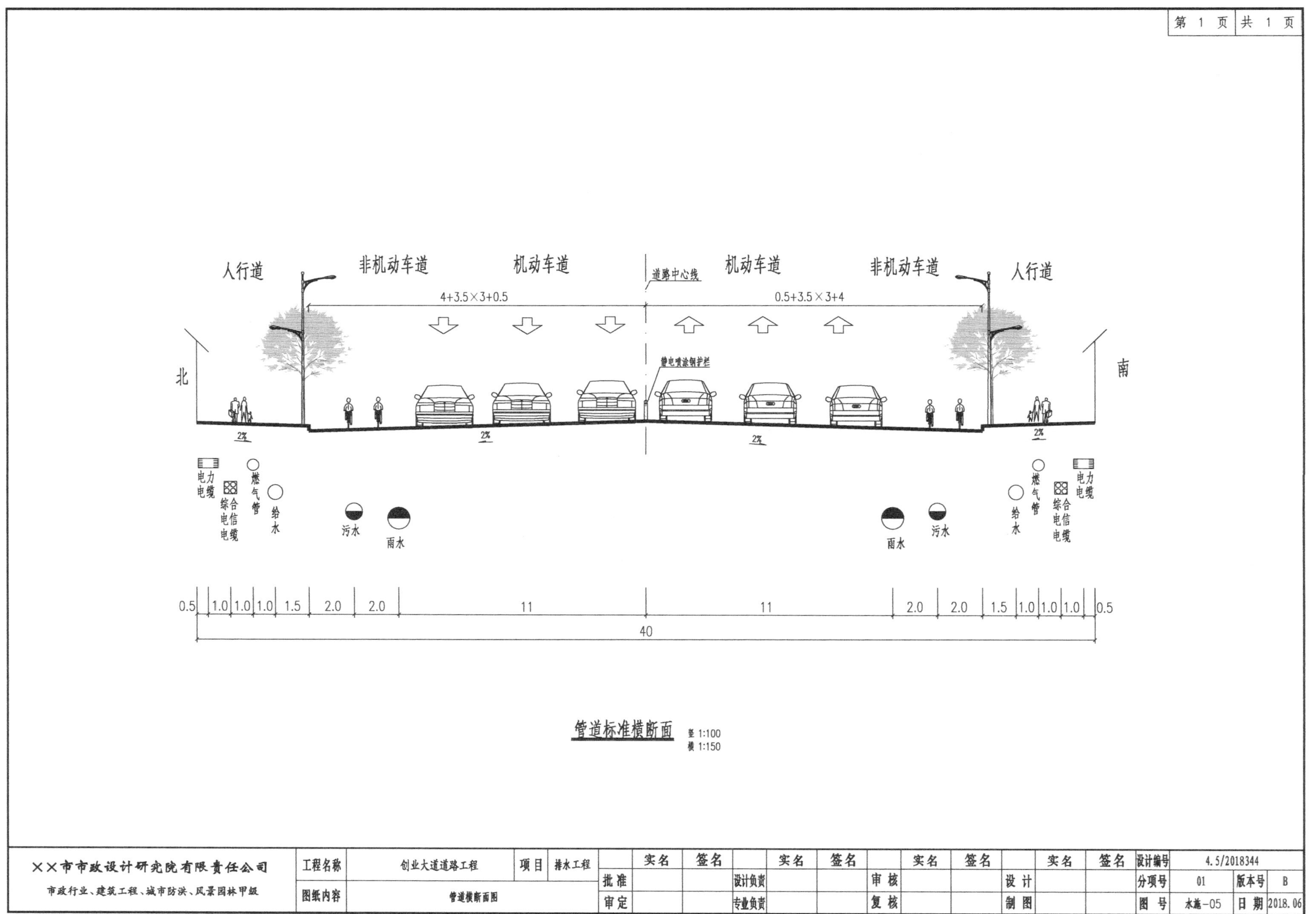
第 1 页 共 1 页
人行道
非机动车道
机动车道
道路中心线
机动车道
非机动车道
人行道
4+3.5×3+0.5
0.5+3.5×3+4
静电喷涂钢护栏
北
南
2%
2%
2%
2%
电力电缆
综合电信电缆
燃气管
给水
污水
雨水
雨水
污水
给水
燃气管
综合电信电缆
电力电缆
0.5
1.0
1.0
1.0
1.5
2.0
2.0
11
11
2.0
2.0
1.5
1.0
1.0
1.0
0.5
40
管道标准横断面
竖 1:100
横 1:150
××市市政设计研究院有限责任公司
市政行业、建筑工程、城市防洪、风景园林甲级
工程名称
创业大道道路工程
项目
排水工程
图纸内容
管道横断面图
实名
签名
批准
审定
设计负责
专业负责
审核
复核
设计
制图
设计编号
4.5/2018344
分项号
01
版本号
B
图号
水施-05
日期
2018.06

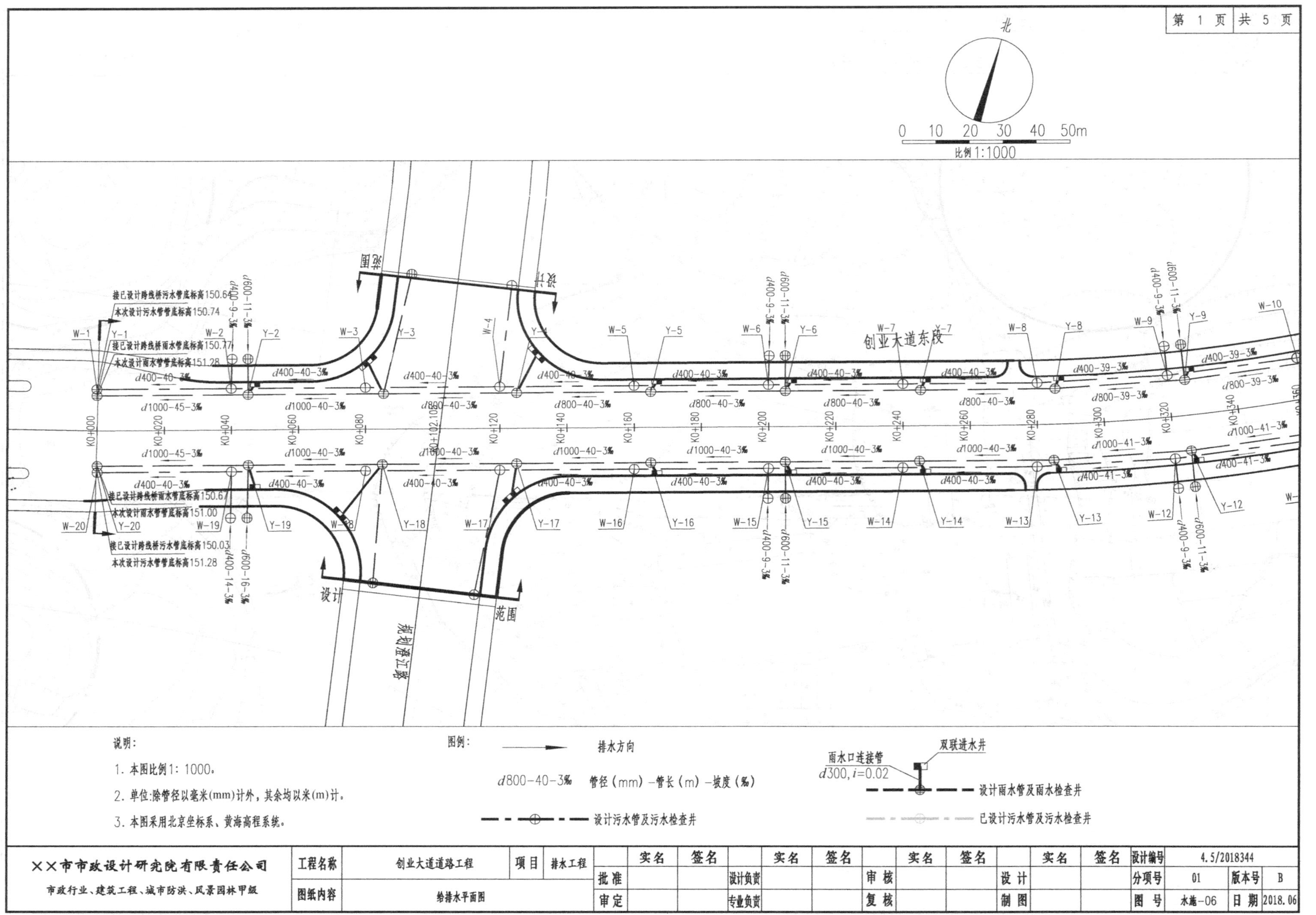
第 1 页 共 5 页
北
0 10 20 30 40 50m
比例1:1000
创业大道东段
规划澄江路
设计
范围
接已设计跨线桥污水管底标高150.64
本次设计污水管管底标高150.74
接已设计跨线桥雨水管底标高150.77
本次设计雨水管管底标高151.28
接已设计跨线桥雨水管底标高150.67
本次设计雨水管管底标高151.00
接已设计跨线桥污水管底标高150.03
本次设计污水管管底标高151.28
d1000-45-3‰
d1000-40-3‰
d800-40-3‰
d400-40-3‰
d400-39-3‰
d800-39-3‰
d1000-41-3‰
d400-41-3‰
d600-11-3‰
d400-9-3‰
d600-16-3‰
d400-14-3‰
K0+000
K0+020
K0+040
K0+060
K0+080
K0+102.108
K0+120
K0+140
K0+160
K0+180
K0+200
K0+220
K0+240
K0+260
K0+280
K0+300
K0+320
K0+340
说明:
1. 本图比例1: 1000。
2. 单位:除管径以毫米(mm)计外，其余均以米(m)计。
3. 本图采用北京坐标系、黄海高程系统。
图例:
排水方向
d800-40-3‰ 管径(mm)-管长(m)-坡度(‰)
设计污水管及污水检查井
雨水口连接管
d300, i=0.02
双联进水井
设计雨水管及雨水检查井
已设计污水管及污水检查井
××市市政设计研究院有限责任公司
市政行业、建筑工程、城市防洪、风景园林甲级
工程名称 创业大道道路工程
项目 排水工程
图纸内容 给排水平面图
批准 审定 实名 签名
设计负责 专业负责
审核 复核
设计 制图
设计编号 4.5/2018344
分项号 01 版本号 B
图号 水施-06 日期 2018.06

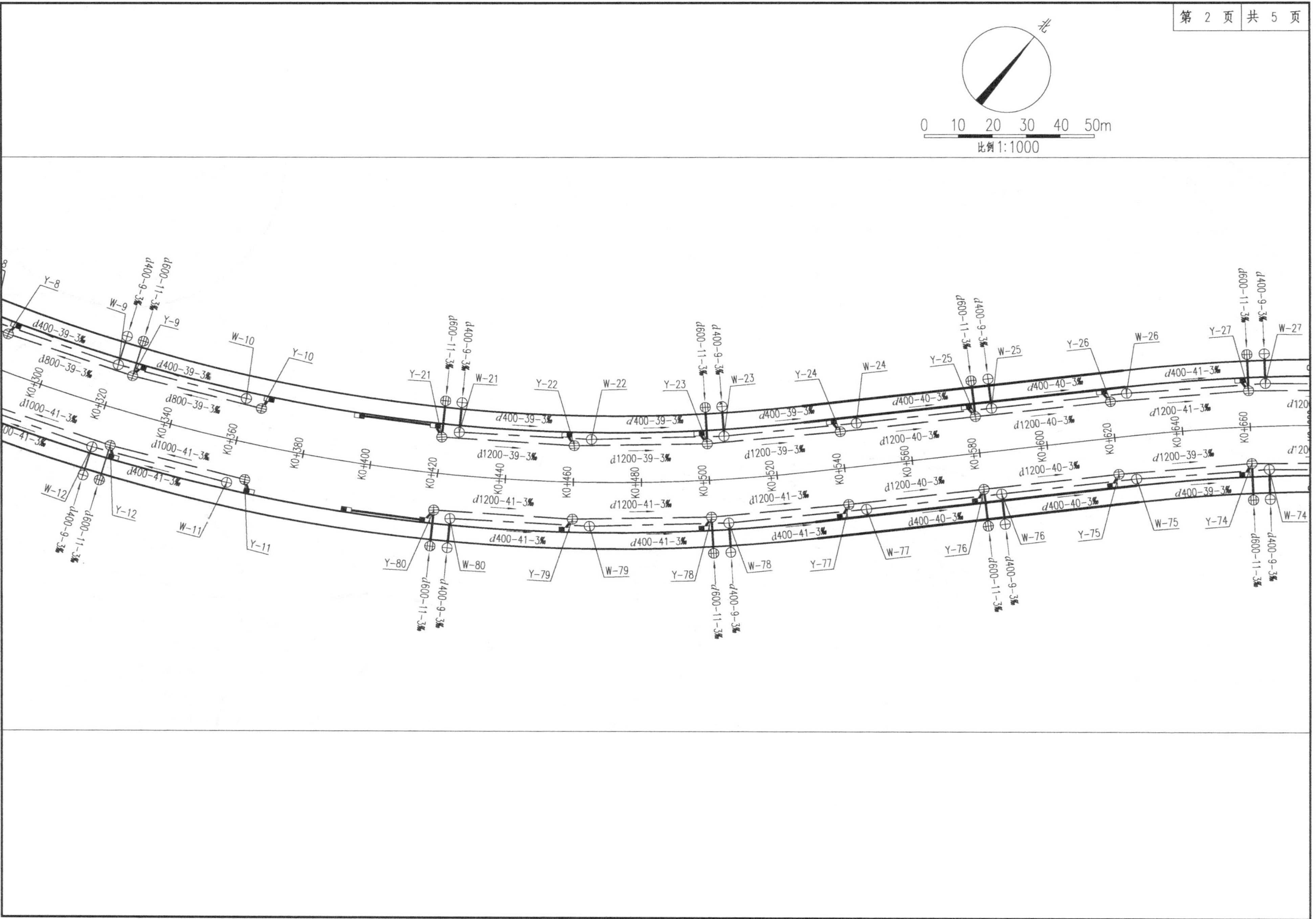

第 2 页 共 5 页
北
0 10 20 30 40 50m
比例1:1000
K0+300
K0+320
K0+340
K0+360
K0+380
K0+400
K0+420
K0+440
K0+460
K0+480
K0+500
K0+520
K0+540
K0+560
K0+580
K0+600
K0+620
K0+640
K0+660

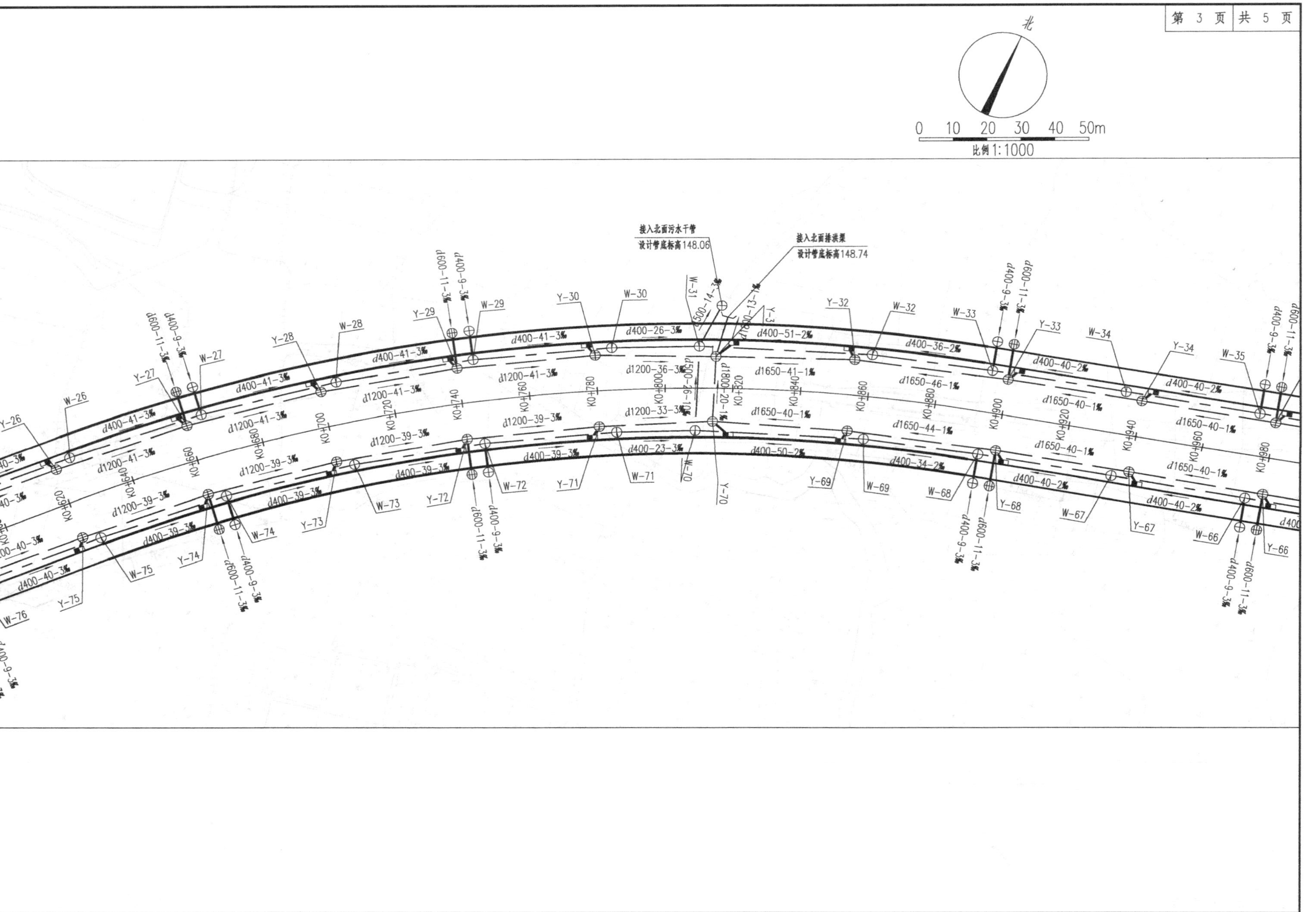
第 3 页 共 5 页
北
0 10 20 30 40 50m
比例1:1000
接入北面污水干管
设计管底标高148.06
接入北面排洪渠
设计管底标高148.74

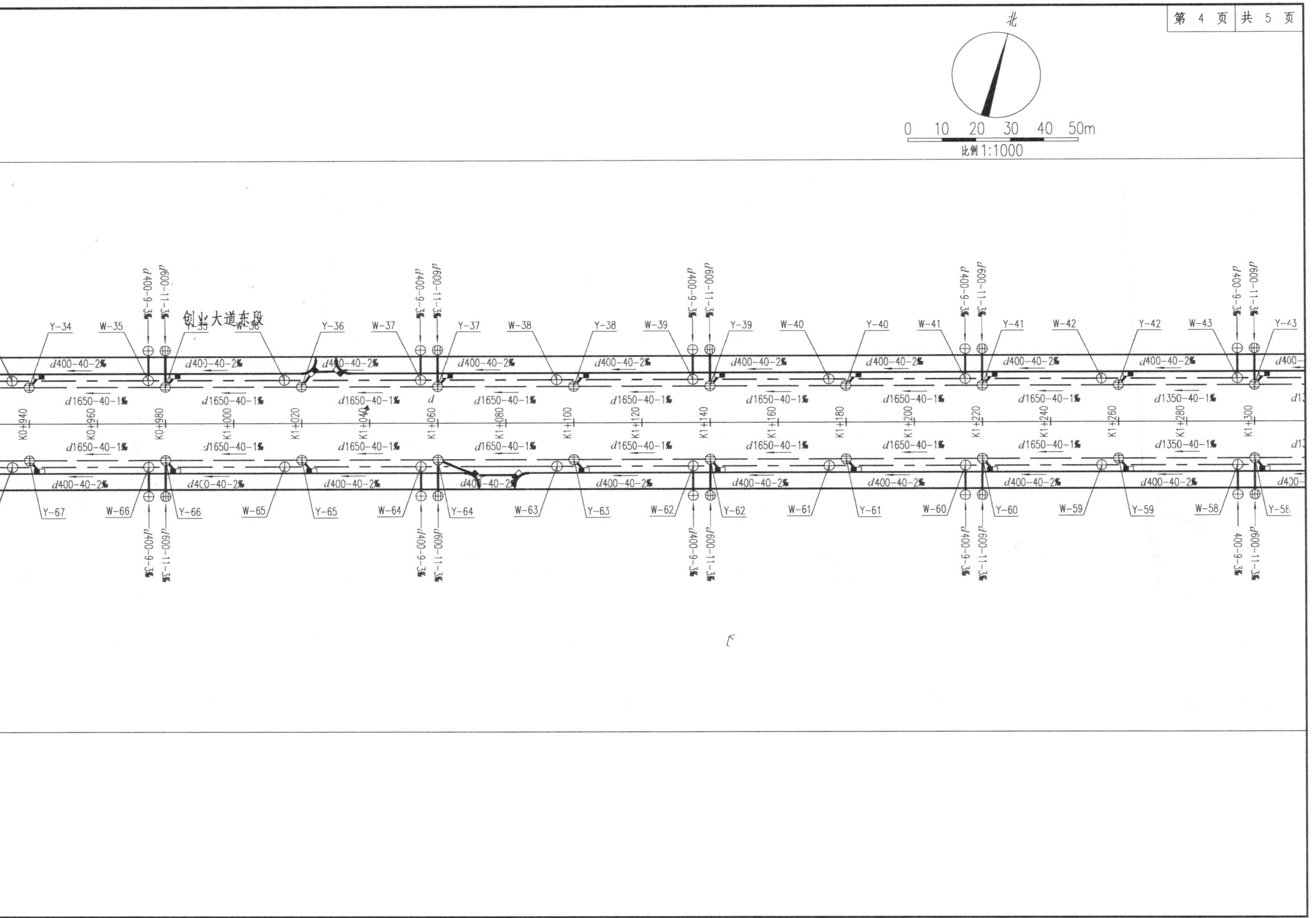

北
0 10 20 30 40 50m
比例1:1000
创业大道东段
d600-11-3‰
d400-9-3‰
d400-40-2‰
d1650-40-1‰
d1350-40-1‰
K0+940
K0+960
K0+980
K1+000
K1+020
K1+040
K1+060
K1+080
K1+100
K1+120
K1+140
K1+160
K1+180
K1+200
K1+220
K1+240
K1+260
K1+280
K1+300
Y-34
W-35
Y-36
W-37
Y-37
W-38
Y-38
W-39
Y-39
W-40
Y-40
W-41
Y-41
W-42
Y-42
W-43
Y-43
Y-67
W-66
Y-66
W-65
Y-65
W-64
Y-64
W-63
Y-63
W-62
Y-62
W-61
Y-61
W-60
Y-60
W-59
Y-59
W-58
Y-58

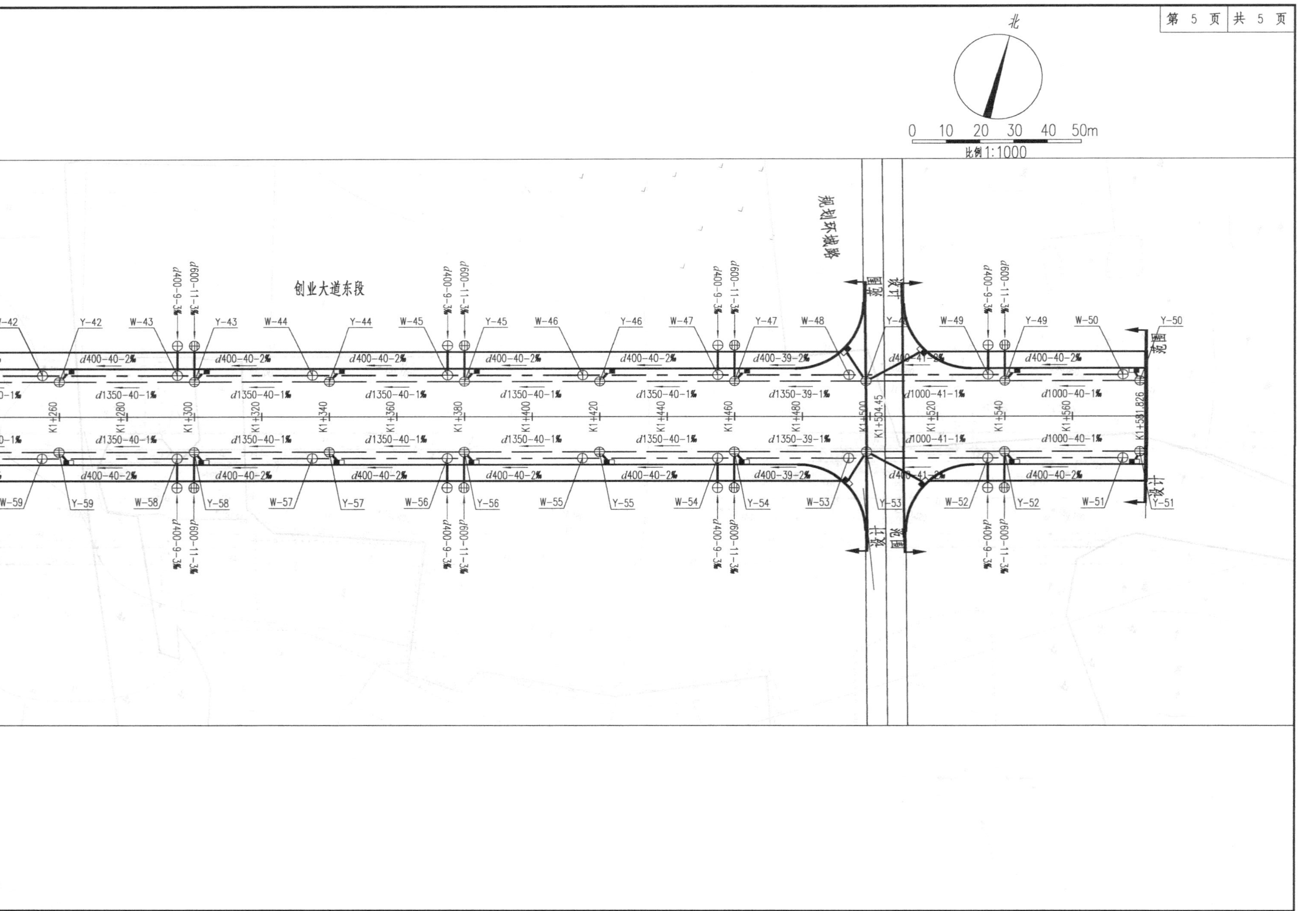
第 5 页 共 5 页
北
0 10 20 30 40 50m
比例1:1000
规划环城路
创业大道东段
设计范围
K1+581.826
K1+504.45
d600-11-3‰
d400-9-3‰
d1000-40-1‰
d1000-41-1‰
d1350-39-1‰
d1350-40-1‰
d400-40-2‰
d400-39-2‰

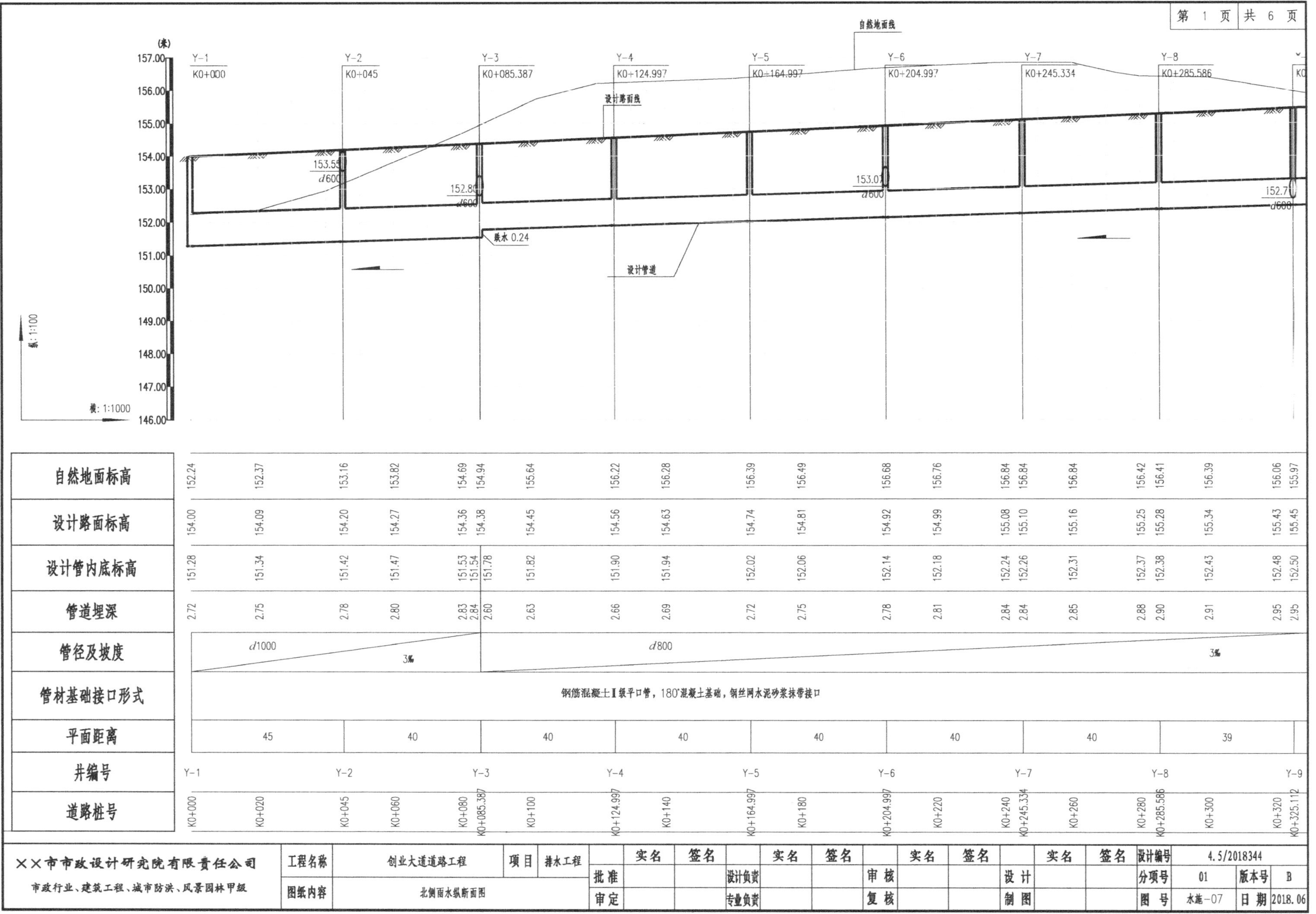

道路桩号	自然地面标高	设计路面标高	设计管内底标高	管道埋深
K0+000	152.24	154.00	151.28	2.72
K0+020	152.37	154.09	151.34	2.75
K0+045	153.16	154.20	151.42	2.78
K0+060	153.82	154.27	151.47	2.80
K0+080	154.69	154.36	151.53	2.83
K0+085.387	154.94	154.38	151.54 / 151.78	2.84 / 2.60
K0+100	155.64	154.45	151.82	2.63
K0+124.997	156.22	154.56	151.90	2.66
K0+140	156.28	154.63	151.94	2.69
K0+164.997	156.39	154.74	152.02	2.72
K0+180	156.49	154.81	152.06	2.75
K0+204.997	156.68	154.92	152.14	2.78
K0+220	156.76	154.99	152.18	2.81
K0+240	156.84	155.08	152.24	2.84
K0+245.334	156.84	155.10	152.26	2.84
K0+260	156.84	155.16	152.31	2.85
K0+280	156.42	155.25	152.37	2.88
K0+285.586	156.41	155.28	152.38	2.90
K0+300	156.39	155.34	152.43	2.91
K0+320	156.06	155.43	152.48	2.95
K0+325.112	155.97	155.45	152.50	2.95

井编号	Y-1	Y-2	Y-3	Y-4	Y-5	Y-6	Y-7	Y-8	Y-9
平面距离	45	40	40	40	40	40	40	39	

管径及坡度：d1000 3‰（Y-1～Y-3）；d800 3‰（Y-3～Y-9）

管材基础接口形式：钢筋混凝土Ⅱ级平口管，180°混凝土基础，钢丝网水泥砂浆抹带接口

××市市政设计研究院有限责任公司 市政行业、建筑工程、城市防洪、风景园林甲级	工程名称	创业大道道路工程	项目	排水工程		实名	签名		实名	签名		实名	签名		实名	签名	设计编号	4.5/2018344		
	图纸内容	北侧雨水纵断面图			批准			设计负责			审核			设计			分项号	01	版本号	B
					审定			专业负责			复核			制图			图号	水施-07	日期	2018.06

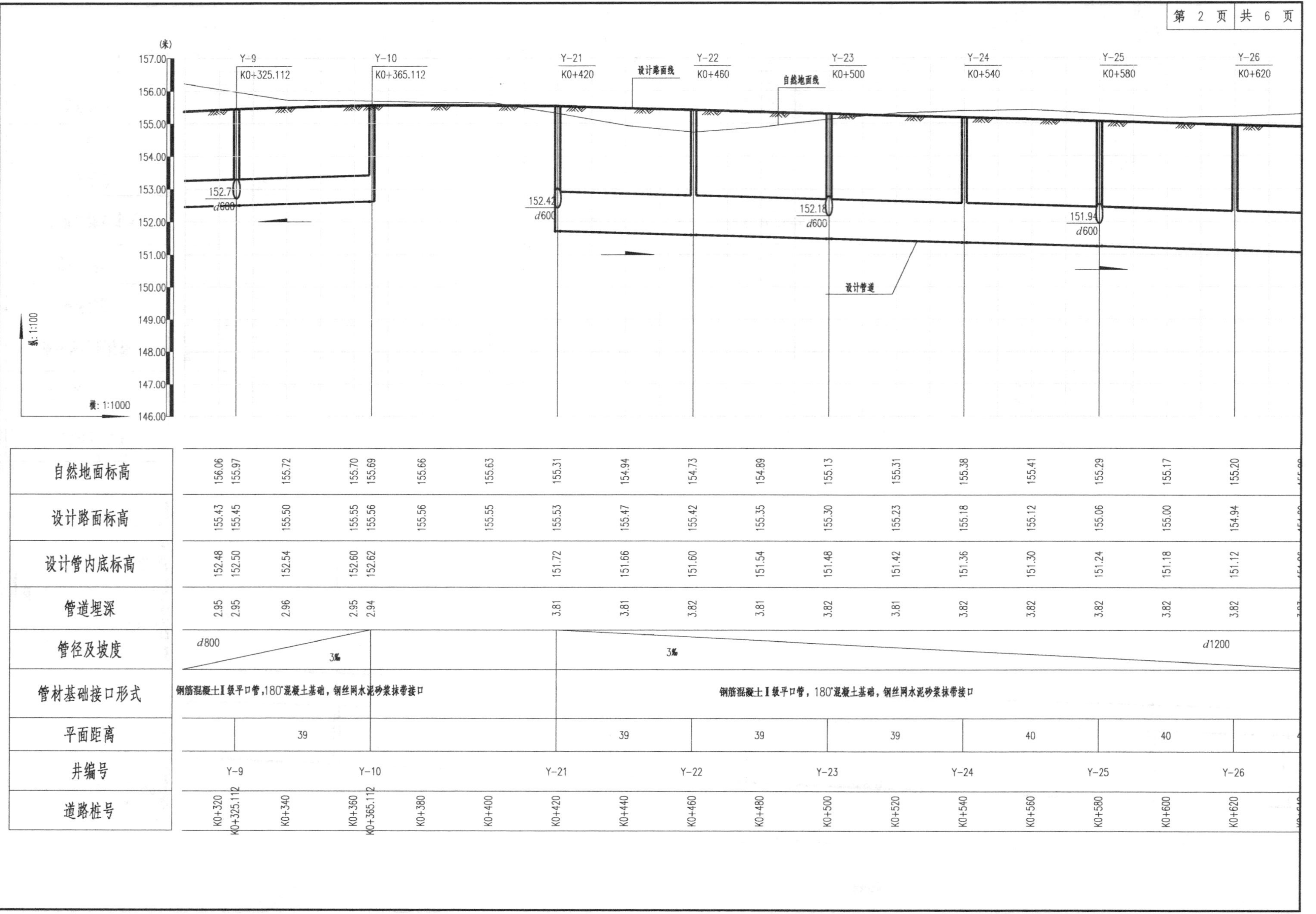
第 2 页 共 6 页
(米)
157.00
156.00
155.00
154.00
153.00
152.00
151.00
150.00
149.00
148.00
147.00
146.00
纵: 1:100
横: 1:1000
Y-9 K0+325.112
Y-10 K0+365.112
Y-21 K0+420
Y-22 K0+460
Y-23 K0+500
Y-24 K0+540
Y-25 K0+580
Y-26 K0+620
设计路面线
自然地面线
设计管道
152.70 d600
152.42 d600
152.18 d600
151.94 d600
自然地面标高: 156.06 155.97 155.72 155.70 155.69 155.66 155.63 155.31 154.94 154.73 154.89 155.13 155.31 155.38 155.41 155.29 155.17 155.20
设计路面标高: 155.43 155.45 155.50 155.55 155.56 155.56 155.55 155.53 155.47 155.42 155.35 155.30 155.23 155.18 155.12 155.06 155.00 154.94
设计管内底标高: 152.48 152.50 152.54 152.60 152.62 151.72 151.66 151.60 151.54 151.48 151.42 151.36 151.30 151.24 151.18 151.12
管道埋深: 2.95 2.95 2.96 2.95 2.94 3.81 3.81 3.82 3.81 3.82 3.81 3.82 3.82 3.82 3.82 3.82
管径及坡度: d800 3‰ | 3‰ d1200
管材基础接口形式: 钢筋混凝土Ⅰ级平口管,180°混凝土基础,钢丝网水泥砂浆抹带接口 | 钢筋混凝土Ⅰ级平口管，180°混凝土基础，钢丝网水泥砂浆抹带接口
平面距离: 39 39 39 39 40 40
井编号: Y-9 Y-10 Y-21 Y-22 Y-23 Y-24 Y-25 Y-26
道路桩号: K0+320 K0+325.112 K0+340 K0+360 K0+365.112 K0+380 K0+400 K0+420 K0+440 K0+460 K0+480 K0+500 K0+520 K0+540 K0+560 K0+580 K0+600 K0+620

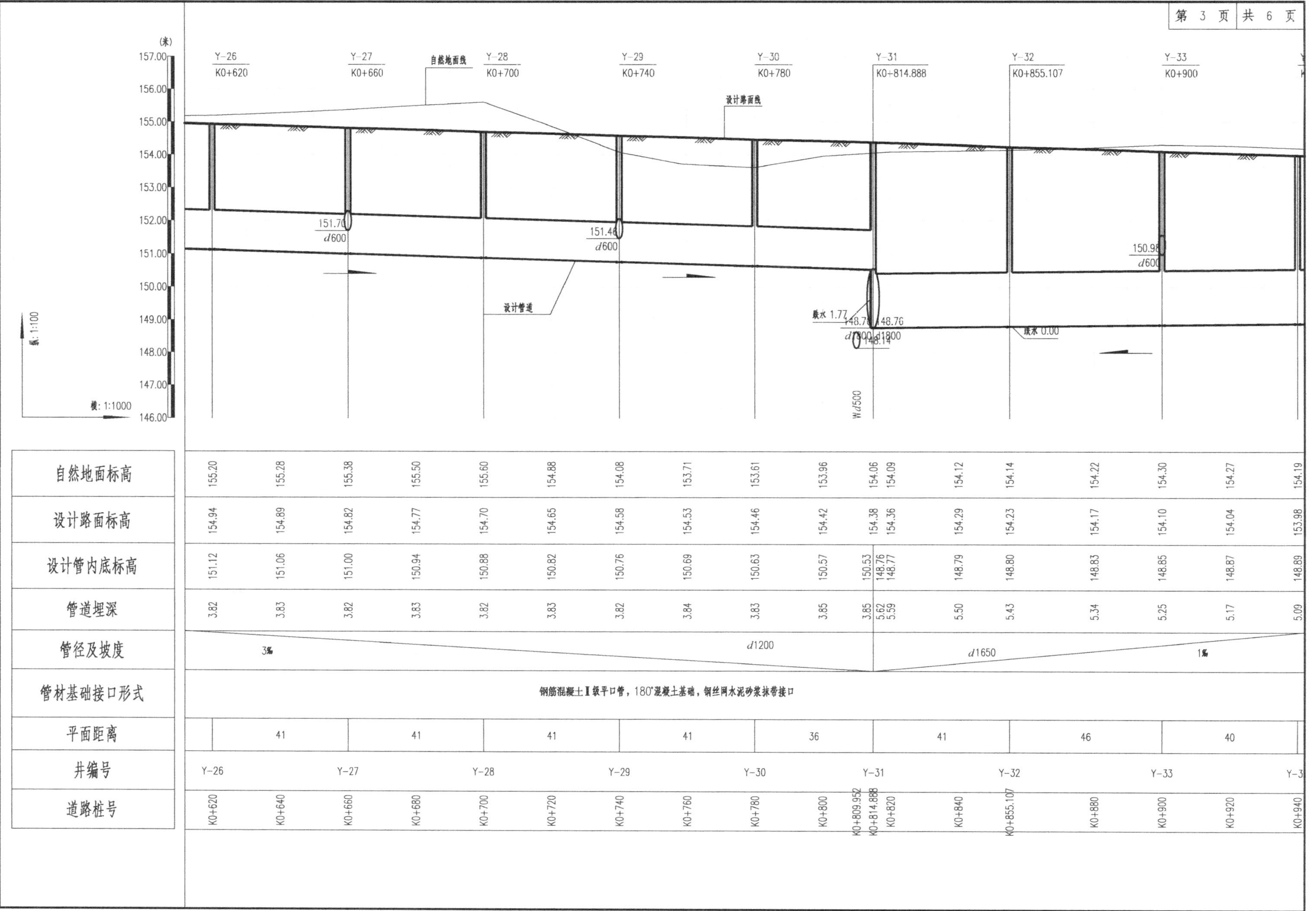
第 3 页 共 6 页
(米)
157.00
156.00
155.00
154.00
153.00
152.00
151.00
150.00
149.00
148.00
147.00
146.00
纵: 1:100
横: 1:1000
Y-26 K0+620
Y-27 K0+660
Y-28 K0+700
Y-29 K0+740
Y-30 K0+780
Y-31 K0+814.888
Y-32 K0+855.107
Y-33 K0+900
自然地面线
设计路面线
设计管道
151.70 d600
151.46 d600
150.98 d600
跌水 1.77
148.76 148.76
d1800 d1800
148.14
跌水 0.00
W d500
自然地面标高 155.20 155.28 155.38 155.50 155.60 154.88 154.08 153.71 153.61 153.96 154.06 154.09 154.12 154.14 154.22 154.30 154.27 154.19
设计路面标高 154.94 154.89 154.82 154.77 154.70 154.65 154.58 154.53 154.46 154.42 154.38 154.36 154.29 154.23 154.17 154.10 154.04 153.98
设计管内底标高 151.12 151.06 151.00 150.94 150.88 150.82 150.76 150.69 150.63 150.57 150.53 148.76 148.77 148.79 148.80 148.83 148.85 148.87 148.89
管道埋深 3.82 3.83 3.82 3.83 3.82 3.83 3.82 3.84 3.83 3.85 3.85 5.62 5.59 5.50 5.43 5.34 5.25 5.17 5.09
管径及坡度 3‰ d1200 d1650 1‰
管材基础接口形式 钢筋混凝土Ⅱ级平口管，180°混凝土基础，钢丝网水泥砂浆抹带接口
平面距离 41 41 41 41 36 41 46 40
井编号 Y-26 Y-27 Y-28 Y-29 Y-30 Y-31 Y-32 Y-33 Y-3
道路桩号 K0+620 K0+640 K0+660 K0+680 K0+700 K0+720 K0+740 K0+760 K0+780 K0+800 K0+809.952 K0+814.888 K0+820 K0+840 K0+855.107 K0+880 K0+900 K0+920 K0+940

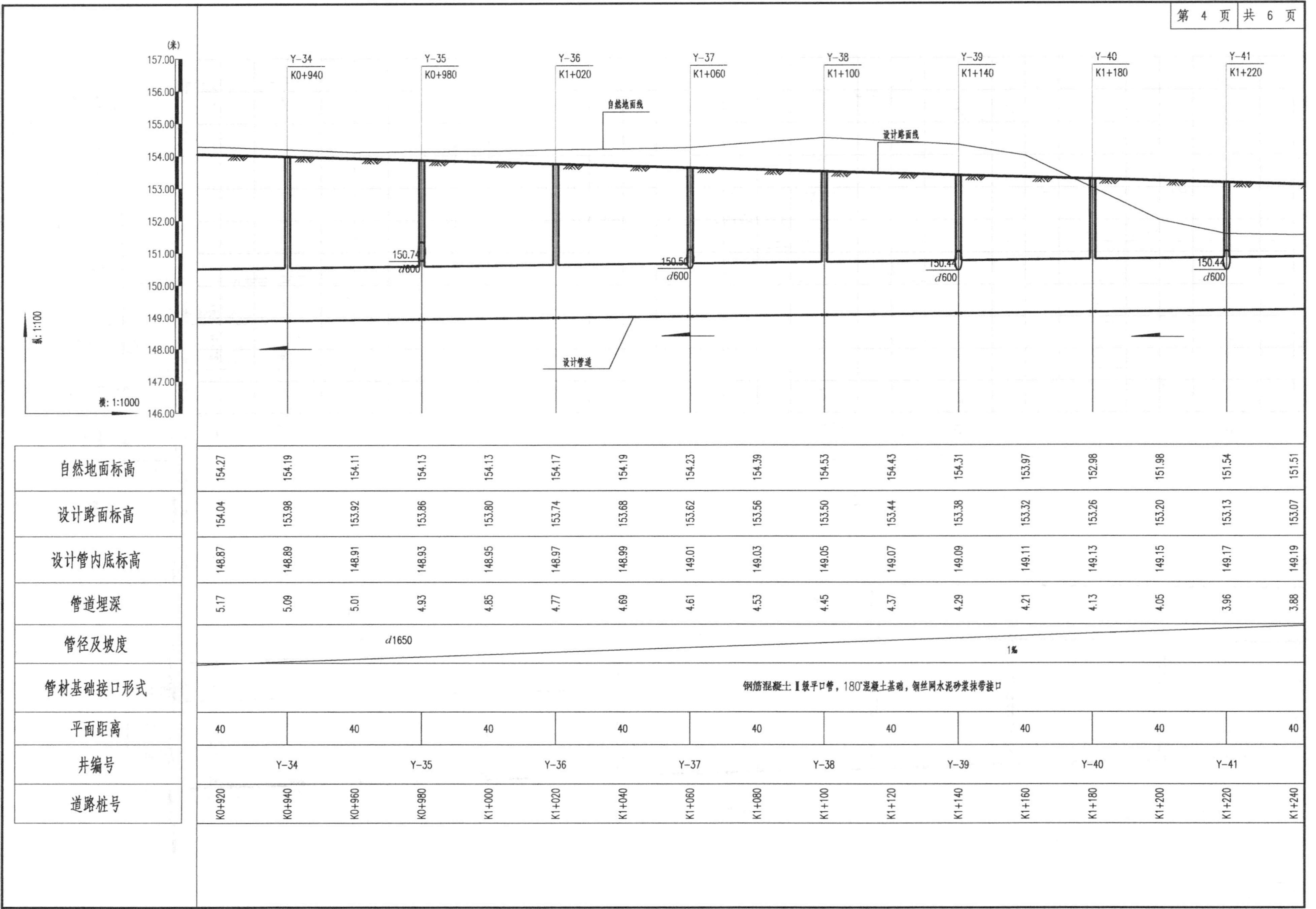

道路桩号	K0+920	K0+940	K0+960	K0+980	K1+000	K1+020	K1+040	K1+060	K1+080	K1+100	K1+120	K1+140	K1+160	K1+180	K1+200	K1+220	K1+240
自然地面标高	154.27	154.19	154.11	154.13	154.13	154.17	154.19	154.23	154.39	154.53	154.43	154.31	153.97	152.98	151.98	151.54	151.51
设计路面标高	154.04	153.98	153.92	153.86	153.80	153.74	153.68	153.62	153.56	153.50	153.44	153.38	153.32	153.26	153.20	153.13	153.07
设计管内底标高	148.87	148.89	148.91	148.93	148.95	148.97	148.99	149.01	149.03	149.05	149.07	149.09	149.11	149.13	149.15	149.17	149.19
管道埋深	5.17	5.09	5.01	4.93	4.85	4.77	4.69	4.61	4.53	4.45	4.37	4.29	4.21	4.13	4.05	3.96	3.88
管径及坡度	d1650 1‰																
管材基础接口形式	钢筋混凝土Ⅱ级平口管，180°混凝土基础，钢丝网水泥砂浆抹带接口																
平面距离	40	40		40		40		40		40		40		40		40	40
井编号		Y-34		Y-35		Y-36		Y-37		Y-38		Y-39		Y-40		Y-41	

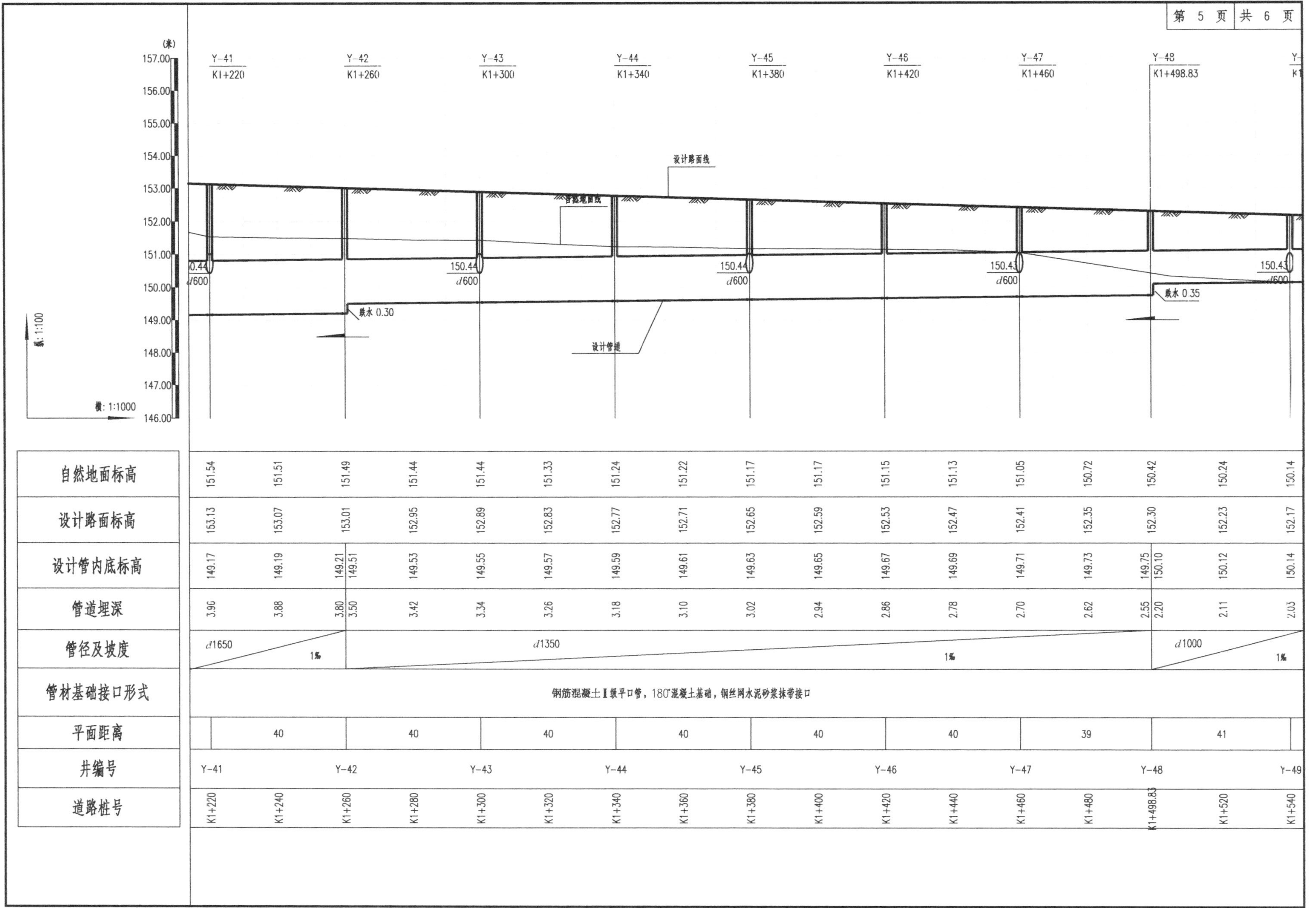

道路桩号	K1+220	K1+240	K1+260	K1+280	K1+300	K1+320	K1+340	K1+360	K1+380	K1+400	K1+420	K1+440	K1+460	K1+480	K1+498.83	K1+520	K1+540
自然地面标高	151.54	151.51	151.49	151.44	151.44	151.33	151.24	151.22	151.17	151.17	151.15	151.13	151.05	150.72	150.42	150.24	150.14
设计路面标高	153.13	153.07	153.01	152.95	152.89	152.83	152.77	152.71	152.65	152.59	152.53	152.47	152.41	152.35	152.30	152.23	152.17
设计管内底标高	149.17	149.19	149.21 / 149.51	149.53	149.55	149.57	149.59	149.61	149.63	149.65	149.67	149.69	149.71	149.73	149.75 / 150.10	150.12	150.14
管道埋深	3.96	3.88	3.80 / 3.50	3.42	3.34	3.26	3.18	3.10	3.02	2.94	2.86	2.78	2.70	2.62	2.55 / 2.20	2.11	2.03
管径及坡度	d1650 1‰		d1350 1‰												d1000 1‰		
管材基础接口形式	钢筋混凝土Ⅱ级平口管，180°混凝土基础，钢丝网水泥砂浆抹带接口																
平面距离		40		40		40		40		40		40		39		41	
井编号	Y-41		Y-42		Y-43		Y-44		Y-45		Y-46		Y-47		Y-48		Y-49

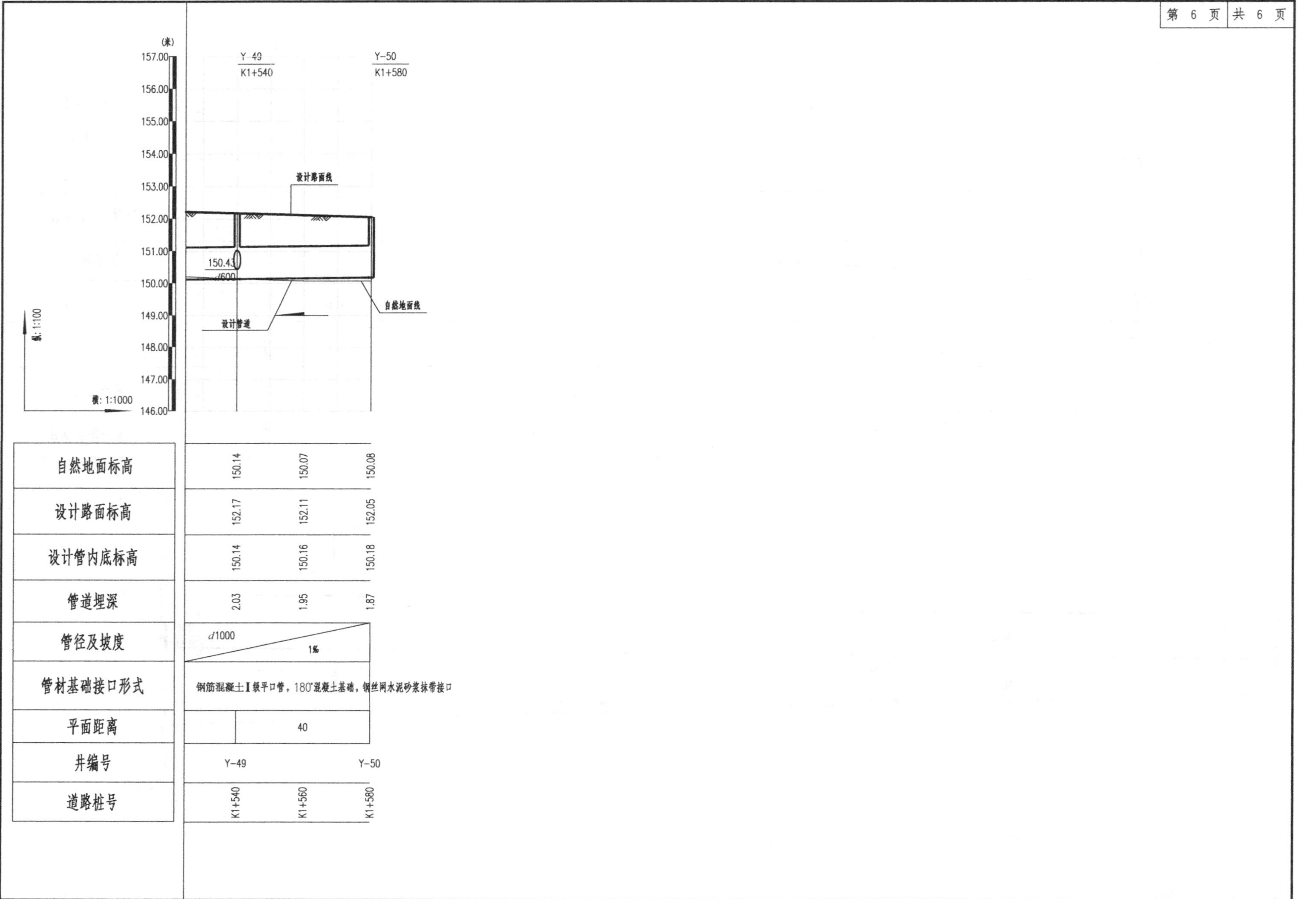

自然地面标高	150.14	150.07	150.08
设计路面标高	152.17	152.11	152.05
设计管内底标高	150.14	150.16	150.18
管道埋深	2.03	1.95	1.87
管径及坡度	d1000 1‰		
管材基础接口形式	钢筋混凝土Ⅱ级平口管，180°混凝土基础，钢丝网水泥砂浆抹带接口		
平面距离	40		
井编号	Y-49		Y-50
道路桩号	K1+540	K1+560	K1+580

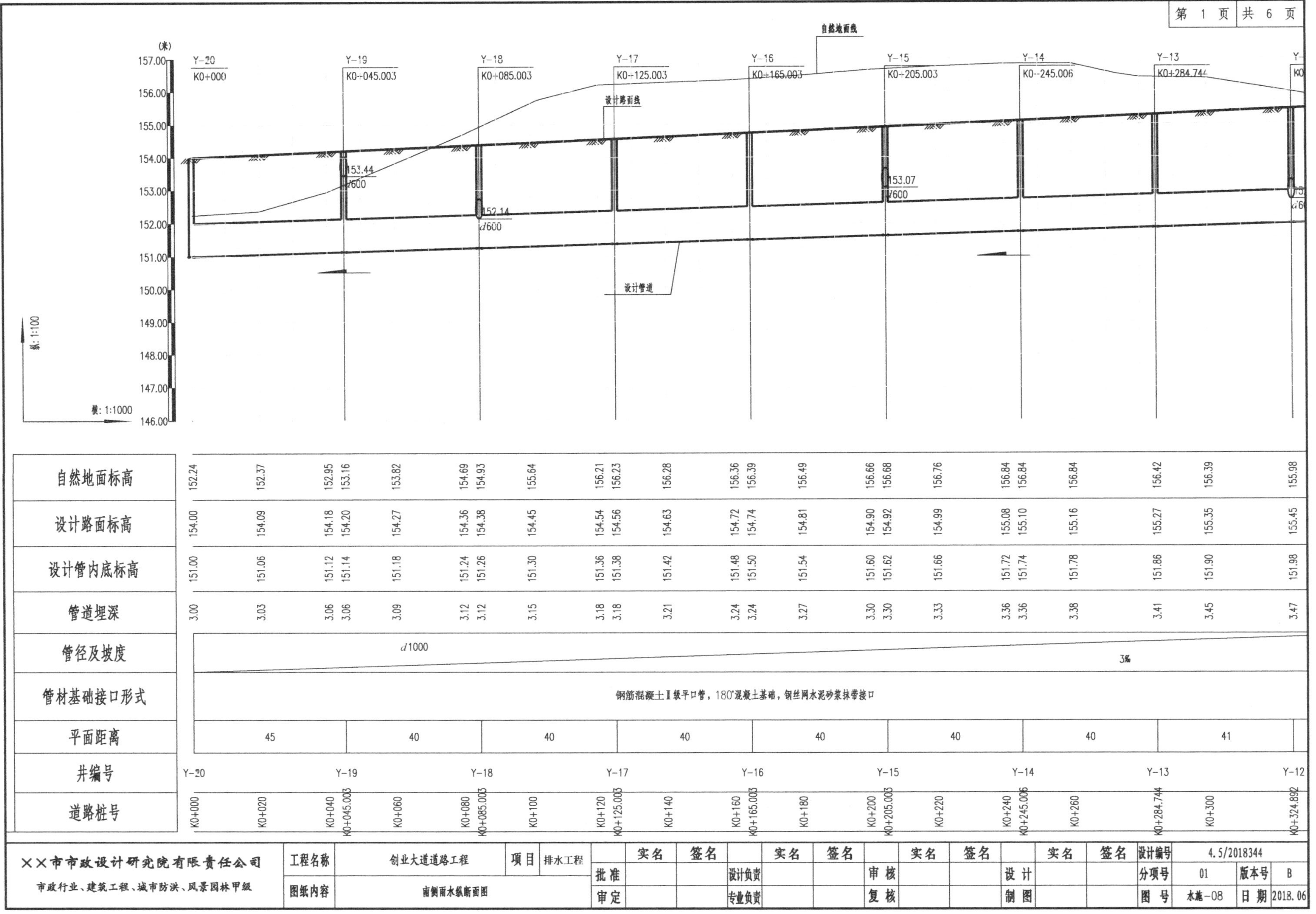

自然地面标高	152.24	152.37	152.95	153.16	153.82	154.69	154.93	155.64	156.21	156.23	156.28	156.36	156.39	156.49	156.66	156.68	156.76	156.84	156.84	156.84	156.42	156.39	155.98
设计路面标高	154.00	154.09	154.18	154.20	154.27	154.36	154.38	154.45	154.54	154.56	154.63	154.72	154.74	154.81	154.90	154.92	154.99	155.08	155.10	155.16	155.27	155.35	155.45
设计管内底标高	151.00	151.06	151.12	151.14	151.18	151.24	151.26	151.30	151.36	151.38	151.42	151.48	151.50	151.54	151.60	151.62	151.66	151.72	151.74	151.78	151.86	151.90	151.98
管道埋深	3.00	3.03	3.06	3.06	3.09	3.12	3.12	3.15	3.18	3.18	3.21	3.24	3.24	3.27	3.30	3.30	3.33	3.36	3.36	3.38	3.41	3.45	3.47
管径及坡度	d1000 3‰																						
管材基础接口形式	钢筋混凝土Ⅱ级平口管，180°混凝土基础，钢丝网水泥砂浆抹带接口																						
平面距离	45			40			40			40			40			40			40		41		
井编号	Y-20			Y-19			Y-18			Y-17			Y-16			Y-15			Y-14		Y-13		Y-12
道路桩号	K0+000	K0+020	K0+040	K0+045.003	K0+060	K0+080	K0+085.003	K0+100	K0+120	K0+125.003	K0+140	K0+160	K0+165.003	K0+180	K0+200	K0+205.003	K0+220	K0+240	K0+245.006	K0+260	K0+284.744	K0+300	K0+324.892

××市市政设计研究院有限责任公司
市政行业、建筑工程、城市防洪、风景园林甲级

工程名称	创业大道道路工程	项目	排水工程		实名	签名		实名	签名		实名	签名		实名	签名	设计编号	4.5/2018344		
图纸内容	南侧雨水纵断面图			批准			设计负责			审核			设计			分项号	01	版本号	B
				审定			专业负责			复核			制图			图号	水施-08	日期	2018.06

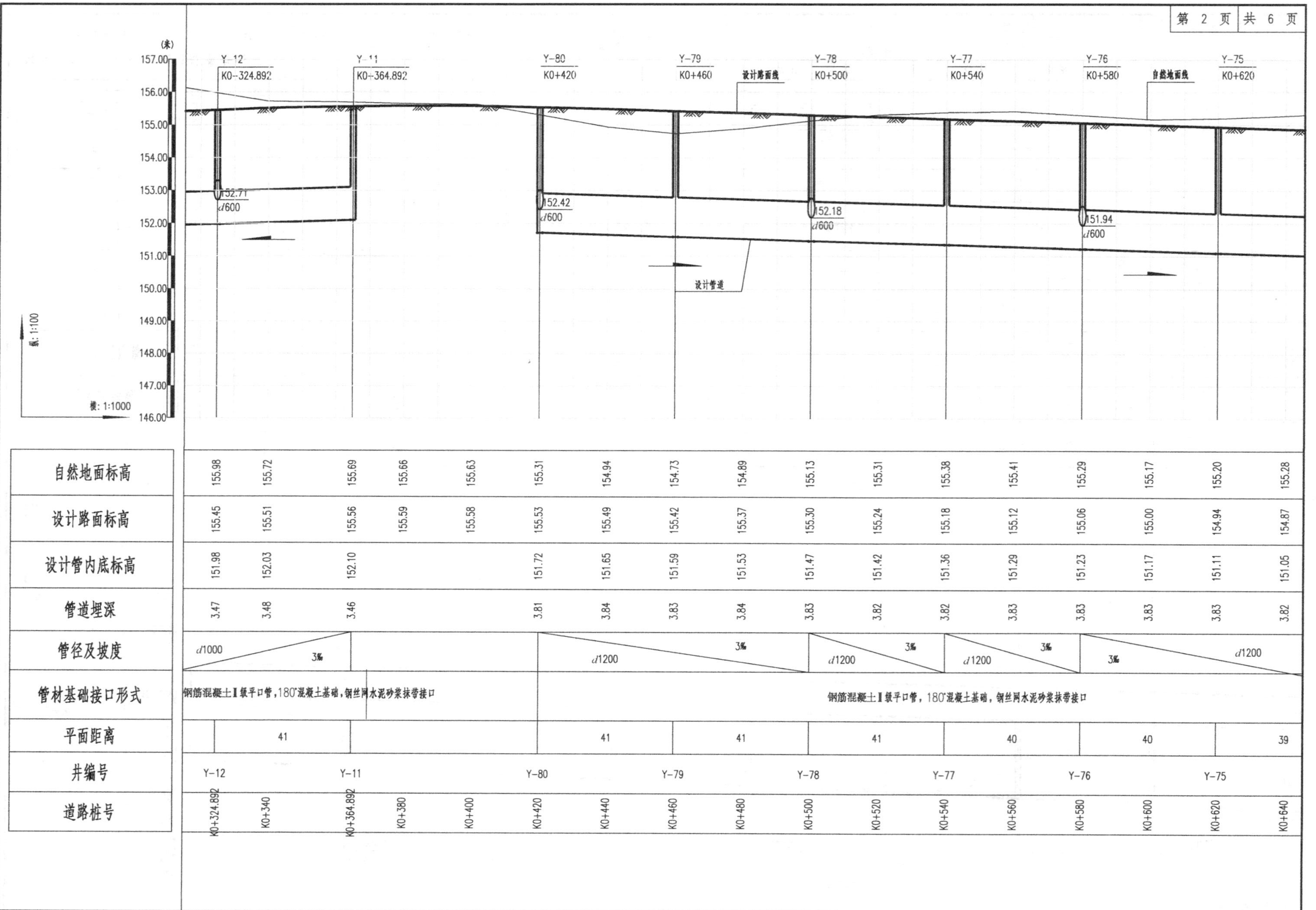

道路桩号	自然地面标高	设计路面标高	设计管内底标高	管道埋深	井编号
K0+324.892	155.98	155.45	151.98	3.47	Y-12
K0+340	155.72	155.51	152.03	3.48	
K0+364.892	155.69	155.56	152.10	3.46	Y-11
K0+380	155.66	155.59			
K0+400	155.63	155.58			
K0+420	155.31	155.53	151.72	3.81	Y-80
K0+440	154.94	155.49	151.65	3.84	
K0+460	154.73	155.42	151.59	3.83	Y-79
K0+480	154.89	155.37	151.53	3.84	
K0+500	155.13	155.30	151.47	3.83	Y-78
K0+520	155.31	155.24	151.42	3.82	
K0+540	155.38	155.18	151.36	3.82	Y-77
K0+560	155.41	155.12	151.29	3.83	
K0+580	155.29	155.06	151.23	3.83	Y-76
K0+600	155.17	155.00	151.17	3.83	
K0+620	155.20	154.94	151.11	3.83	Y-75
K0+640	155.28	154.87	151.05	3.82	

区段	管径及坡度	管材基础接口形式	平面距离
Y-12～Y-11	d1000 3‰	钢筋混凝土Ⅱ级平口管，180°混凝土基础，钢丝网水泥砂浆抹带接口	41
Y-80～Y-79	d1200 3‰	钢筋混凝土Ⅱ级平口管，180°混凝土基础，钢丝网水泥砂浆抹带接口	41
Y-79～Y-78	d1200 3‰		41
Y-78～Y-77	d1200 3‰		41
Y-77～Y-76	d1200 3‰		40
Y-76～Y-75	d1200 3‰		40
Y-75～			39

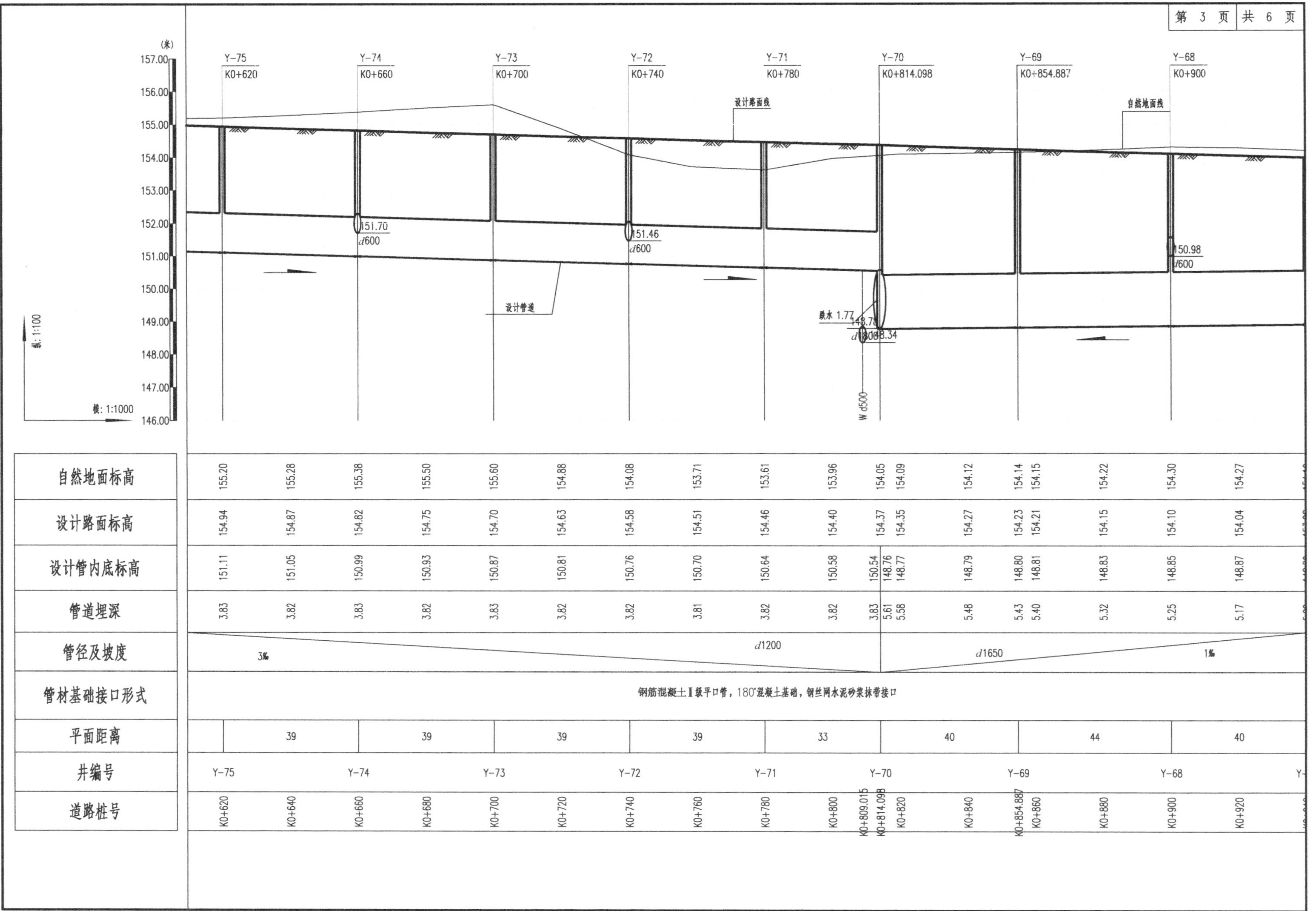

道路桩号	K0+620	K0+640	K0+660	K0+680	K0+700	K0+720	K0+740	K0+760	K0+780	K0+800	K0+809.015	K0+814.098	K0+820	K0+840	K0+854.887	K0+860	K0+880	K0+900	K0+920
自然地面标高	155.20	155.28	155.38	155.50	155.60	154.88	154.08	153.71	153.61	153.96		154.05	154.09	154.12	154.14	154.15	154.22	154.30	154.27
设计路面标高	154.94	154.87	154.82	154.75	154.70	154.63	154.58	154.51	154.46	154.40		154.37	154.35	154.27	154.23	154.21	154.15	154.10	154.04
设计管内底标高	151.11	151.05	150.99	150.93	150.87	150.81	150.76	150.70	150.64	150.58		150.54 / 148.76	148.77	148.79	148.80	148.81	148.83	148.85	148.87
管道埋深	3.83	3.82	3.83	3.82	3.83	3.82	3.82	3.81	3.82	3.82		3.83 / 5.61	5.58	5.48	5.43	5.40	5.32	5.25	5.17
管径及坡度	d1200 3‰											d1650 1‰							
管材基础接口形式	钢筋混凝土Ⅱ级平口管，180°混凝土基础，钢丝网水泥砂浆抹带接口																		
平面距离	39		39		39		39		33			40			44			40	
井编号	Y-75		Y-74		Y-73		Y-72		Y-71			Y-70			Y-69			Y-68	

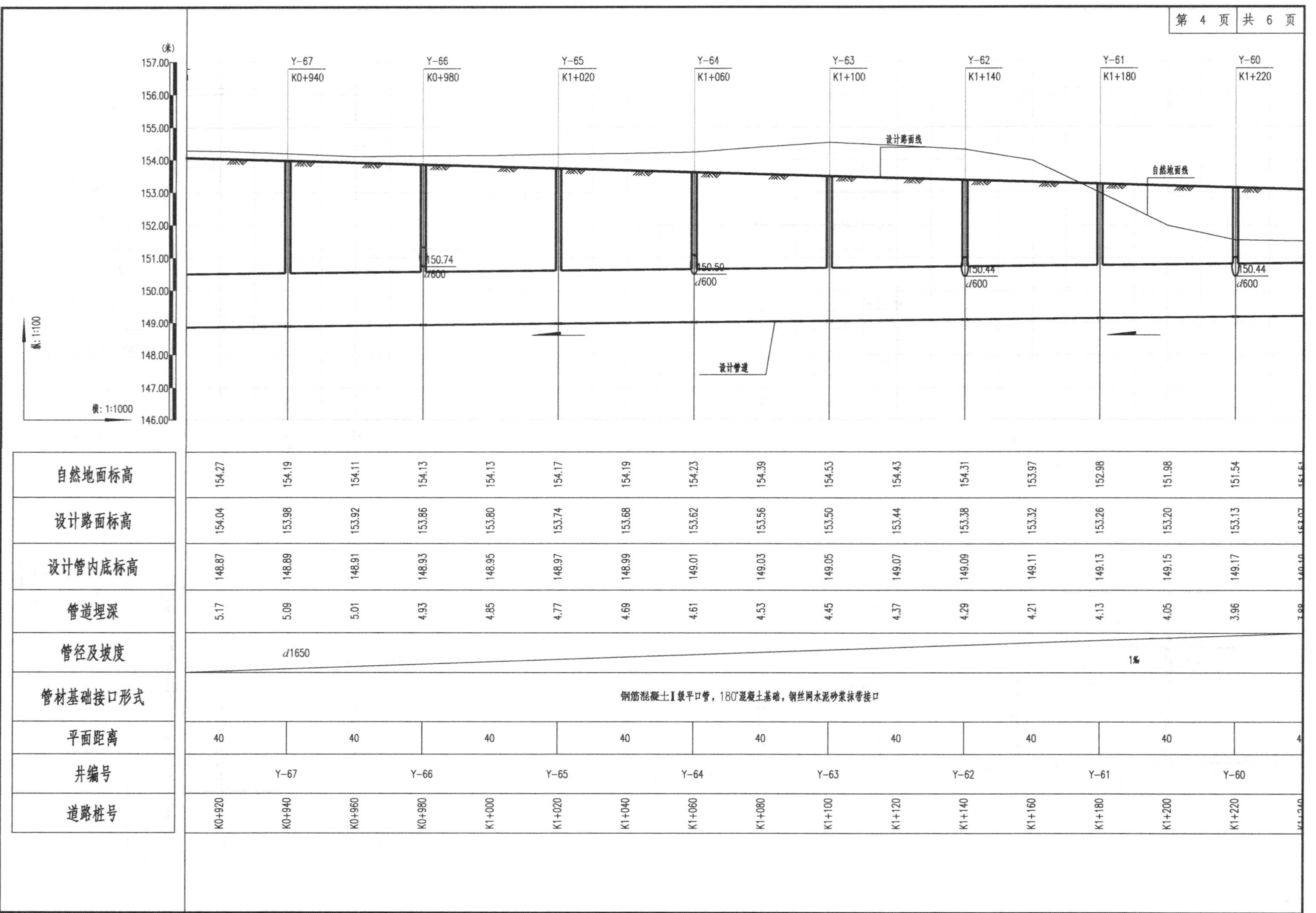

道路桩号	K0+920	K0+940	K0+960	K0+980	K1+000	K1+020	K1+040	K1+060	K1+080	K1+100	K1+120	K1+140	K1+160	K1+180	K1+200	K1+220
自然地面标高	154.27	154.19	154.11	154.13	154.13	154.17	154.19	154.23	154.39	154.53	154.43	154.31	153.97	152.98	151.98	151.54
设计路面标高	154.04	153.98	153.92	153.86	153.80	153.74	153.68	153.62	153.56	153.50	153.44	153.38	153.32	153.26	153.20	153.13
设计管内底标高	148.87	148.89	148.91	148.93	148.95	148.97	148.99	149.01	149.03	149.05	149.07	149.09	149.11	149.13	149.15	149.17
管道埋深	5.17	5.09	5.01	4.93	4.85	4.77	4.69	4.61	4.53	4.45	4.37	4.29	4.21	4.13	4.05	3.96
井编号		Y-67		Y-66		Y-65		Y-64		Y-63		Y-62		Y-61		Y-60

管径及坡度：d1650　1‰

管材基础接口形式：钢筋混凝土Ⅰ级平口管，180°混凝土基础，钢丝网水泥砂浆抹带接口

平面距离：40　40　40　40　40　40　40　40

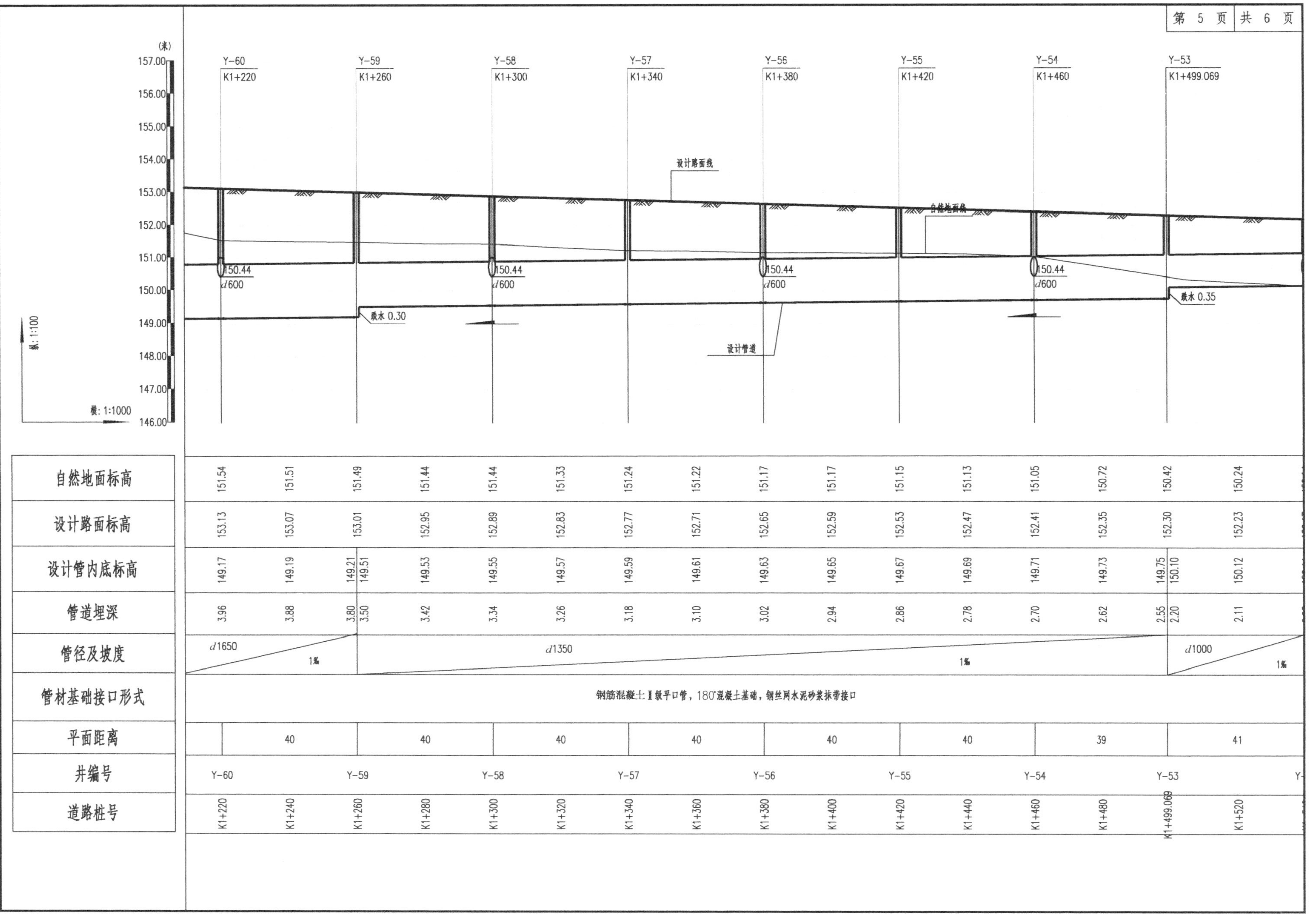

自然地面标高	151.54	151.51	151.49	151.44	151.44	151.33	151.24	151.22	151.17	151.17	151.15	151.13	151.05	150.72	150.42	150.24
设计路面标高	153.13	153.07	153.01	152.95	152.89	152.83	152.77	152.71	152.65	152.59	152.53	152.47	152.41	152.35	152.30	152.23
设计管内底标高	149.17	149.19	149.21 149.51	149.53	149.55	149.57	149.59	149.61	149.63	149.65	149.67	149.69	149.71	149.73	149.75 150.10	150.12
管道埋深	3.96	3.88	3.80 3.50	3.42	3.34	3.26	3.18	3.10	3.02	2.94	2.86	2.78	2.70	2.62	2.55 2.20	2.11
管径及坡度	d1650 1%		d1350 1%												d1000 1%	
管材基础接口形式	钢筋混凝土Ⅱ级平口管，180°混凝土基础，钢丝网水泥砂浆抹带接口															
平面距离	40		40		40		40		40		40		39		41	
井编号	Y-60		Y-59		Y-58		Y-57		Y-56		Y-55		Y-54		Y-53	
道路桩号	K1+220	K1+240	K1+260	K1+280	K1+300	K1+320	K1+340	K1+360	K1+380	K1+400	K1+420	K1+440	K1+460	K1+480	K1+499.069	K1+520

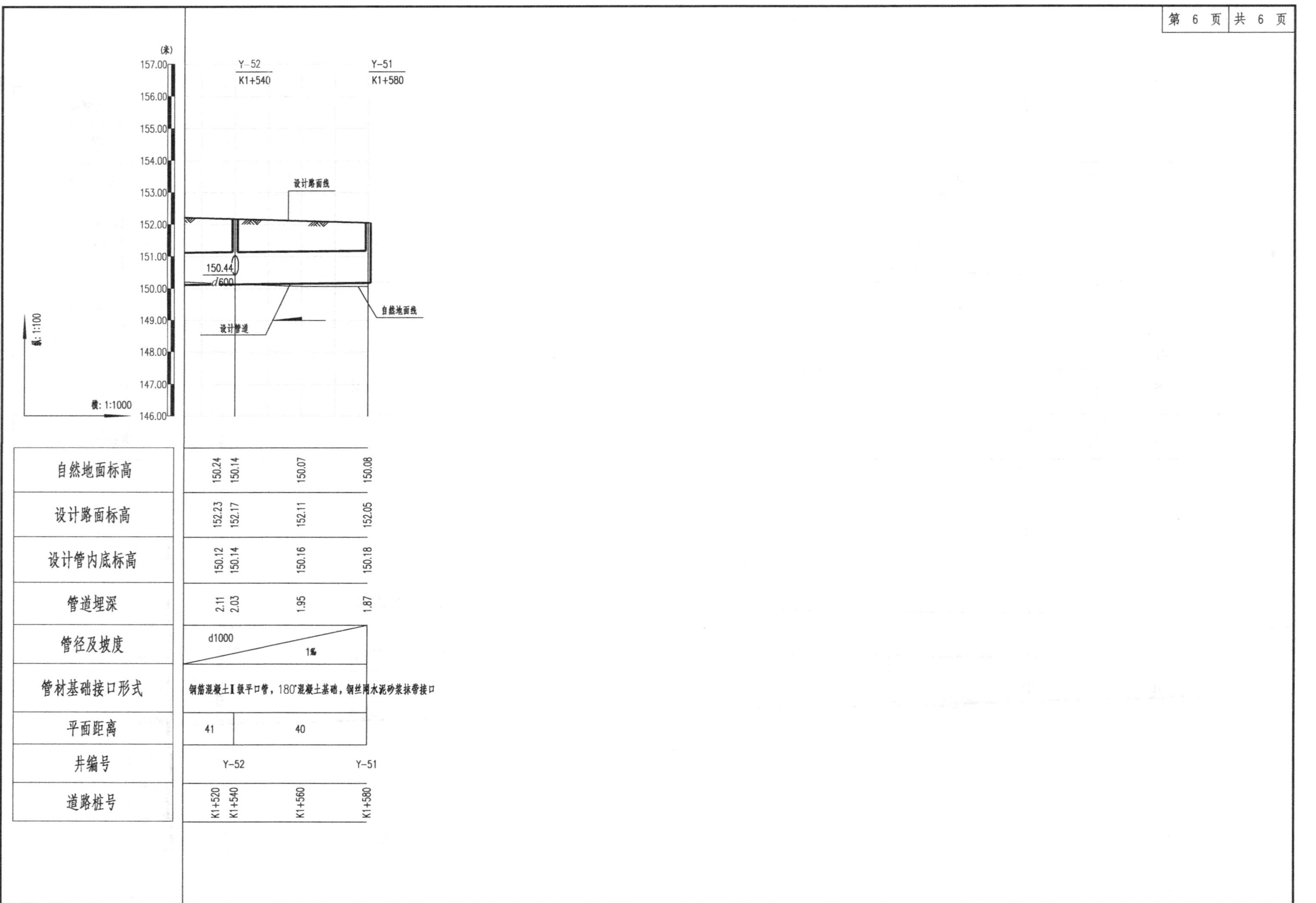

自然地面标高	150.24	150.14	150.07	150.08
设计路面标高	152.23	152.17	152.11	152.05
设计管内底标高	150.12	150.14	150.16	150.18
管道埋深	2.11	2.03	1.95	1.87
管径及坡度	d1000 1%			
管材基础接口形式	钢筋混凝土Ⅱ级平口管，180°混凝土基础，钢丝网水泥砂浆抹带接口			
平面距离	41		40	
井编号		Y-52		Y-51
道路桩号	K1+520	K1+540	K1+560	K1+580

序号	井编号	井坐标(m)		井底标高(m)	井深(m)	井规格(mm)	井图号	序号	井编号	井坐标(m)		井底标高(m)	井深(m)	井规格(mm)	井图号
		Y	X							Y	X				
20	Y-15	510954.91	2649526.19	151.62	3.07	ϕ1500	06MS201-3,页16	40	Y-28-1	511310.43	2649797.39	151.74	1.36	ϕ1250	06MS201-3,页14
19	Y-14	510993.24	2649537.63	151.74	2.83	ϕ1500	06MS201-3,页16	39	Y-28	511349.24	2649815.32	150.88	2.32	1500×1100	06MS201-3,页31
18	Y-13	511031.57	2649549.07	151.86	2.58	ϕ1500	06MS201-3,页16	38	Y-27	511317.79	2649789.22	151.00	2.31	1500×1100	06MS201-3,页31
17	Y-12-1	511074.23	2649553.25	152.74	1.36	ϕ1250	06MS201-3,页14	37	Y-26-1	511252.91	2649739.62	151.98	1.36	ϕ1250	06MS201-3,页14
16	Y-12	511070.01	2649563.41	151.98	2.34	ϕ1500	06MS201-3,页16	36	Y-26	511288.59	2649760.77	151.12	2.31	1500×1100	06MS201-3,页31
15	Y-11	511107.09	2649580.58	152.10	2.10	ϕ1500	06MS201-3,页16	35	Y-25	511260.82	2649731.98	151.24	2.31	2100×1100	06MS201-3,页31
14	Y-10	511097.25	2649600.25	152.62	1.58	ϕ1250	06MS201-3,页14	34	Y-24-1	511197.68	2649683.58	152.22	1.36	ϕ1250	06MS201-3,页14
13	Y-9-1	511057.54	2649593.96	152.74	1.36	ϕ1250	06MS201-3,页14	33	Y-24	511233.05	2649703.19	151.36	2.31	1500×1100	06MS201-3,页31
12	Y-9	511061.77	2649583.81	152.50	1.82	ϕ1250	06MS201-3,页14	32	Y-23	511205.13	2649675.49	151.48	2.31	2100×1100	06MS201-3,页31
11	Y-8	511025.53	2649570.39	152.38	2.06	ϕ1250	06MS201-3,页14	31	Y-22	511175.31	2649650.18	151.60	2.32	1500×1100	06MS201-3,页31
10	Y-7	510987.26	2649558.81	152.26	2.30	ϕ1250	06MS201-3,页14	30	Y-21-1	511137.51	2649636.51	152.46	1.36	ϕ1250	06MS201-3,页14
9	Y-6-1	510945.46	2649557.82	153.10	1.36	ϕ1250	06MS201-3,页14	29	Y-21	511143.57	2649627.33	151.72	2.32	B=1500	06MS201-3,页57
8	Y-6	510948.61	2649547.28	152.14	2.54	ϕ1250	06MS201-3,页14	28	Y-20	510758.47	2649467.57	151.00	4.30	ϕ1500	06MS201-3,页16
7	Y-5	510910.28	2649535.84	152.02	2.78	ϕ1250	06MS201-3,页14	27	Y-19-1	510805.77	2649464.99	153.48	1.36	ϕ1250	06MS201-3,页14
6	Y-4	510871.95	2649524.40	151.90	3.02	ϕ1250	06MS201-3,页14	26	Y-19	510801.59	2649480.44	151.14	4.03	2100×1100	06MS201-3,页31
5	Y-3-1	510831.58	2649551.04	152.91	1.36	ϕ1250	06MS201-3,页14	25	Y-18-1	510847.42	2649456.51	152.25	2.02	ϕ1250	06MS201-3,页14
4	Y-3	510834.00	2649513.07	151.54	3.50	ϕ1250	06MS201-3,页14	24	Y-18	510839.92	2649491.88	151.26	3.79	2100×1100	06MS201-3,页31
3	Y-2-1	510792.15	2649512.06	153.58	1.36	ϕ1250	06MS201-3,页14	23	Y-17	510878.25	2649503.31	151.38	3.55	ϕ1500	06MS201-3,页16
2	Y-2	510795.30	2649501.52	151.42	3.74	2100×1100	06MS201-3,页31	22	Y-16	510916.58	2649514.75	151.50	3.31	ϕ1500	06MS201-3,页16
1	Y-1	510752.13	2649488.65	151.28	4.01	ϕ1500	06MS201-3,页16	21	Y-15-1	510958.05	2649515.65	153.10	1.36	ϕ1250	06MS201-3,页14

××市市政设计研究院有限责任公司	工程名称	创业大道道路工程	项目	排水工程		实名	签名		实名	签名		实名	签名		实名	签名	设计编号	4.5/2018344		
市政行业、建筑工程、城市防洪、风景园林甲级	图纸内容	雨水检查井表			批准			设计负责			审核			设计			分项号	01	版本号	B
					审定			专业负责			复核			制图			图号	水施-11	日期	2018.06

序号	井编号	井坐标(m) Y	井坐标(m) X	井底标高(m)	井深(m)	井规格(mm)	井图号
60	Y-42	511878.72	2649999.69	149.21	2.84	1950×1100	06MS201-3,页31
59	Y-41	511840.16	2649989.08	149.17	2.88	2100×1100	06MS201-3,页31
58	Y-40-1	511760.11	2649978.46	150.47	1.36	ø1250	06MS201-3,页14
57	Y-40	511801.59	2649978.47	149.13	2.92	2100×1100	06MS201-3,页31
56	Y-39	511763.02	2649967.86	149.09	2.96	2100×1100	06MS201-3,页31
55	Y-38-1	511682.97	2649957.24	150.53	1.36	ø1250	06MS201-3,页14
54	Y-38	511724.46	2649957.25	149.05	3.00	2100×1100	06MS201-3,页31
53	Y-37	511685.89	2649946.64	149.01	3.10	2100×1100	06MS201-3,页31
52	Y-36-1	511605.84	2649936.02	150.77	1.36	ø1250	06MS201-3,页14
51	Y-36	511647.32	2649936.02	148.97	3.26	2100×1100	06MS201-3,页31
50	Y-35	511608.76	2649925.41	148.93	3.42	2100×1100	06MS201-3,页31
49	Y-34-1	511528.71	2649914.79	151.01	1.36	ø1250	06MS201-3,页14
48	Y-34	511570.19	2649914.80	148.89	3.59	2100×1100	06MS201-3,页31
47	Y-33	511531.62	2649904.19	148.85	3.75	2100×1100	06MS201-3,页31
46	Y-32-1	511448.40	2649886.89	148.75	3.87	ø1000	06MS201-3,页12
45	Y-32	511487.96	2649890.72	148.80	3.93	2100×1100	06MS201-3,页31
44	Y-31	511450.33	2649874.27	148.76	4.11	1100×1100	06MS201-3,页31
43	Y-30-1	511376.70	2649848.08	151.49	1.36	ø1250	06MS201-3,页14
42	Y-30	511417.87	2649859.60	150.63	2.32	1500×1100	06MS201-3,页31
41	Y-29	511382.67	2649838.83	150.76	2.32	1500×1100	06MS201-3,页31

序号	井编号	井坐标(m) Y	井坐标(m) X	井底标高(m)	井深(m)	井规格(mm)	井图号
80	Y-55-1	512080.31	2650020.93	150.47	1.36	ø1250	06MS201-3,页14
79	Y-55	512038.83	2650020.93	149.67	2.38	1800×1100	06MS201-3,页31
78	Y-54	512077.39	2650031.54	149.71	2.34	2100×1100	06MS201-3,页31
77	Y-53-1	512157.45	2650042.16	150.47	1.36	ø1250	06MS201-3,页14
76	Y-53	512115.07	2650041.89	149.75	2.30	1650×1100	06MS201-3,页31
75	Y-52	512154.53	2650052.76	150.14	1.91	2100×1100	06MS201-3,页31
74	Y-51	512193.09	2650063.38	150.18	1.87	ø1500	06MS201-3,页16
73	Y-50-1	512145.77	2650084.58	150.47	1.36	ø1250	06MS201-3,页14
72	Y-50	512187.26	2650084.59	150.18	1.87	ø1500	06MS201-3,页16
71	Y-49	512148.69	2650073.98	150.14	1.91	2100×1100	06MS201-3,页31
70	Y-48-1	512068.64	2650063.36	150.47	1.36	ø1250	06MS201-3,页14
69	Y-48	512109.00	2650063.04	149.75	2.30	1650×1100	06MS201-3,页31
68	Y-47	512071.56	2650052.75	149.71	2.34	2100×1100	06MS201-3,页31
67	Y-46-1	511991.51	2650042.13	150.47	1.36	ø1250	06MS201-3,页14
66	Y-46	512032.99	2650042.14	149.67	2.38	1800×1100	06MS201-3,页31
65	Y-45	511994.42	2650031.53	149.63	2.42	2100×1100	06MS201-3,页31
64	Y-44-1	511914.37	2650020.91	150.47	1.36	ø1250	06MS201-3,页14
63	Y-44	511955.86	2650020.92	149.59	2.46	1800×1100	06MS201-3,页31
62	Y-43	511917.29	2650010.31	149.55	2.50	2100×1100	06MS201-3,页31
61	Y-42-1	511837.24	2649999.69	150.47	1.36	ø1250	06MS201-3,页14

序号	井编号	井坐标(m)		井底标高(m)	井深(m)	井规格(mm)	井图号
		Y	X				
100	Y-69	511495.15	2649869.92	148.80	3.93	2100×1100	06MS201-3,页31
99	Y-68	511537.46	2649882.98	148.85	3.75	2100×1100	06MS201-3,页31
98	Y-67-1	511617.51	2649893.59	150.77	1.36	ø1250	06MS201-3,页14
97	Y-67	511576.03	2649893.59	148.89	3.59	2100×1100	06MS201-3,页31
96	Y-66	511614.59	2649904.20	148.93	3.42	2100×1100	06MS201-3,页31
95	Y-65-1	511694.65	2649914.82	150.53	1.36	ø1250	06MS201-3,页14
94	Y-65	511653.16	2649914.81	148.97	3.26	2100×1100	06MS201-3,页31
93	Y-64	511691.73	2649925.42	149.01	3.10	2100×1100	06MS201-3,页31
92	Y-63-1	511771.78	2649936.04	150.47	1.36	ø1250	06MS201-3,页14
91	Y-63	511730.29	2649936.04	149.05	3.00	2100×1100	06MS201-3,页31
90	Y-62	511768.86	2649946.65	149.09	2.96	2100×1100	06MS201-3,页31
89	Y-61-1	511848.91	2649957.26	150.47	1.36	ø1250	06MS201-3,页14
88	Y-61	511807.43	2649957.26	149.13	2.92	2100×1100	06MS201-3,页31
87	Y-60	511845.99	2649967.87	149.17	2.88	2100×1100	06MS201-3,页31
86	Y-59-1	511926.05	2649978.49	150.47	1.36	ø1250	06MS201-3,页14
85	Y-59	511884.56	2649978.48	149.21	2.84	1950×1100	06MS201-3,页31
84	Y-58	511923.13	2649989.09	149.55	2.50	2100×1100	06MS201-3,页31
83	Y-57-1	512003.18	2649999.71	150.47	1.36	ø1250	06MS201-3,页14
82	Y-57	511961.69	2649999.71	149.59	2.46	1800×1100	06MS201-3,页31
81	Y-56	512000.26	2650010.32	149.63	2.42	2100×1100	06MS201-3,页31

序号	井编号	井坐标(m)		井底标高(m)	井深(m)	井规格(mm)	井图号
		Y	X				
117	Y-80-1	511161.76	2649599.80	152.46	1.36	ø1250	06MS201-3,页14
116	Y-80	511155.70	2649608.98	151.72	2.32	B=1500	06MS201-3,页57
115	Y-79-1	511227.47	2649651.20	152.22	1.36	ø1250	06MS201-3,页14
114	Y-79	511188.87	2649632.85	151.59	2.32	1500×1100	06MS201-3,页31
113	Y-78	511220.02	2649659.30	151.47	2.33	2100×1100	06MS201-3,页31
112	Y-77-1	511284.59	2649709.06	151.98	1.36	ø1250	06MS201-3,页14
111	Y-77	511248.89	2649687.92	151.36	2.32	1500×1100	06MS201-3,页31
110	Y-76	511276.67	2649716.70	151.23	2.33	2100×1100	06MS201-3,页31
109	Y-75-1	511339.87	2649764.69	151.74	1.36	ø1250	06MS201-3,页14
108	Y-75	511304.43	2649745.50	151.11	2.33	1500×1100	06MS201-3,页31
107	Y-74	511332.51	2649772.87	150.99	2.33	1500×1100	06MS201-3,页31
106	Y-73-1	511400.56	2649811.10	151.49	1.36	ø1250	06MS201-3,页14
105	Y-73	511362.60	2649797.85	150.87	2.32	1500×1100	06MS201-3,页31
104	Y-72	511394.59	2649820.35	150.76	2.32	1500×1100	06MS201-3,页31
103	Y-71	511428.28	2649840.22	150.64	2.32	1500×1100	06MS201-3,页31
102	Y-70	511457.84	2649855.71	148.76	4.10	1500×1100	06MS201-3,页32
101	Y-69-1	511540.38	2649872.37	151.01	1.36	ø1250	06MS201-3,页14

排水工程数量汇总表

（雨水工程数量汇总表）

水施－13

工程名称：××县创业大道道路工程东段

序号	工程名称	单位	数量	备注
1	雨水管道			
	Ⅰ级钢筋混凝土平口管 $d300$	m	490	C20 混凝土全包基础
	Ⅱ级钢筋混凝土平口管 $d600$	m	413	钢丝网水泥砂浆抹带接口，180° C15混凝土基础
	Ⅱ级钢筋混凝土平口管 $d800$	m	278	
	Ⅱ级钢筋混凝土平口管 $d1000$	m	611	
	Ⅱ级钢筋混凝土平口管 $d1200$	m	789	
	Ⅱ级钢筋混凝土平口管 $d1350$	m	479	
	Ⅱ级钢筋混凝土平口管 $d1650$	m	890	
	Ⅱ级钢筋混凝土平口管 $d1800$	m	33	
	合计（不含$d300$连接管）	m	3493	
2	雨水工程土方			
	挖土方	m^3	73338.70	
	挖方可利用	m^3	43738.62	
	回填土方	m^3	32388.52	
	弃土方（运距3km）	m^3	29600.08	
	借土方（运距3km）	m^3	0.00	
	回填砂砾石	m^3	29355.84	
	基础砂石量	m^3	1639.67	
	基础混凝土量C15	m^3	3762.62	
	基础混凝土量C20	m^3	92.61	
3	检查井及进水井井背回填C15混凝土量	m^3	2014.17	

序号	工程名称	单位	数量	备注
4	雨水管道附属构筑物			
	ϕ1250mm圆形砖砌雨水检查井	座	37	复合材料井盖
	$d800$矩形砖砌雨水检查井	座	8	
	$d1000$矩形砖砌雨水检查井	座	14	
	$d1200$矩形砖砌雨水检查井	座	21	
	$d1350$矩形砖砌雨水检查井	座	13	
	$d1650$矩形砖砌雨水检查井	座	23	
	合计	座	116	
	雨水八字形排出口	座	1	
	双联进水井	座	80	复合材料箅子600mm×400mm
	四联进水井	座	4	
	安全防坠网	套	116	

设计：　　　　校核：　　　　审核：

排水工程数量表

（180°混凝土基础雨水管工程量表）

工程名称：××县创业大道道路工程东段

起讫桩号	工程名称	管径	壁厚t(mm)	沟槽底宽(mm)	混凝土量(m^3/m)	管道长度(m)	180° C15混凝土基础长度(m)	基础混凝土量C15(m^3)	砂砾垫层(m^3)	挖方(m^3)	填方(m^3)		挖方(m^3)	备注
											回填土	回填砂砾石	可利用方	
北侧														
K0+000~K0+085.387	雨水工程	d1000	100	2600	0.7	85	85.0	60.7	34.0	1033.3	313.0	529.5	620.0	
K0+085.387~K0+365	雨水工程	d800	80	2280	0.5	278	278.0	127.1	97.5	3391.4	1618.6	1347.0	2034.8	
K0+420~K0+814.888	雨水工程	d1200	120	2920	1.0	395	395.0	406.4	177.3	8356.7	4063.3	3066.5	5014.0	
K0+814.888~K1+260	雨水工程	d1650	165	3980	1.8	445	445.0	796.0	272.3	15770.4	7716.7	5615.6	9462.2	
K1+260~K1+498.83	雨水工程	d1350	135	3360	1.3	239	239.0	311.2	123.5	3938.2	743.0	2268.0	2362.9	
K1+498.83~K1+580	雨水工程	d1000	100	2600	0.7	81	81.0	57.9	32.4	597.5	0.0	504.6	358.5	
排出管	雨水工程	d1800	180	4160	2.0	33	33.0	65.2	21.1	955.2	288.9	459.1	573.1	
南侧														
K0+000~K0+364.892	雨水工程	d1000	100	2600	0.7	365	365.0	260.8	145.9	5441.0	2347.7	2273.9	3264.6	
K0+420~K0+814.098	雨水工程	d1200	120	3020	1.0	394	394.0	405.4	183.0	8481.7	4107.3	3144.6	5089.0	
K0+814.098~K1+260	雨水工程	d1650	165	3980	1.8	445	445.0	796.0	272.3	15868.9	7815.2	5615.6	9521.3	
K1+260~K1+499.069	雨水工程	d1350	135	3360	1.3	240	240.0	312.5	124.0	3954.7	746.2	2277.4	2372.8	
K1+499.069~K1+580	雨水工程	d1000	100	2600	0.7	80	80.0	57.2	32.0	590.2	0.0	498.4	354.1	
预埋支管	雨水工程	d600	60	1960	0.3	413	413.0	106.2	124.5	4518.4	2628.5	1491.1	2711.0	
合计						3493	1442.0	3762.6	1639.7	72897.7	32388.5	29091.2	43738.6	
	挖土方量(m^3)			72897.7				C15混凝土基础(m^3)			3762.62			
	膨胀土换填(m^3)			0.0				砂砾石垫层(m^3)			1639.67			
	回填土方(m^3)			32388.5				回填砂砾石(m^3)			29091.24			
	挖方可利用方(m^3)			43738.6				弃方(m^3) 3 km			29159.08			

设计：　　　　校核：　　　　审核：

排水工程数量表

（雨水检查井工程量表）

水施 -15

工程名称：××县创业大道道路工程东段

第 1 页　共 1 页

工程名称	检查井数量	主要尺寸及说明	工程数量											井背回填C15混凝土	备注
			C15混凝土基础	M7.5浆砌砖 井筒及井室		抹面砂浆	现浇C30碎石混凝土井座	井座板圈钢筋		复合材料井盖井座	盖板		砂砾层(厚10cm)		
				（井筒）	（井室）			ϕ10内	ϕ10外		预制安装C25混凝土盖板	ϕ10外			
	（座）		（m^3）	（m^3）	（m^3）	（m^2）	（m^3）	（kg）	（kg）	（套）	（m^3）	（kg）	（m^3）	（m^3）	
雨水工程															
ϕ1250mm圆形砖砌雨水检查井	37	*d*600	19.61	78.8	81.03	153.18	9.3	180.2	938.7	37	8.51	1209.5	9.6	195	
矩形砖砌雨水检查井	8	*d*800	8.00	17.0	47.44	49.60	2.0	39.0	203.0	8	4.64	398.7	5.6	45	
矩形砖砌雨水检查井	14	*d*1000	14.00	29.8	83.02	86.80	3.5	68.2	355.2	14	8.12	697.8	9.8	80	
矩形砖砌雨水检查井	21	*d*1200	41.58	44.7	182.91	214.83	5.3	102.3	532.8	21	25.62	2238.6	21.5	504	
矩形砖砌雨水检查井	13	*d*1350	25.74	27.7	113.23	132.99	3.3	63.3	329.8	13	15.86	1385.8	13.3	312	
矩形砖砌雨水检查井	23	*d*1650	80.50	49.0	290.49	334.42	5.8	112.0	583.5	23	44.85	3650.1	30.4	575	
合计	116		189.43	247.1	798.12	971.82	29.0	564.9	2942.9	116	107.60	9580.5	90.2	1712	

设计：　　　　校核：　　　　审核：

排水工程数量表

（双联进水井工程量表）

工程名称：××县创业大道道路工程东段　　　　水施 -16

工程名称	数量（座）	砂砾石垫层（m^3）	现浇C20混凝土基础（m^3）	M7.5水泥砂浆砌砖（m^3）	1：2水泥砂浆抹面（m^2）	C30钢筋混凝土过梁（m^3）	C30钢筋混凝土过梁钢筋HPB300（kg）	现浇混凝土C30（m^3）	预制C30混凝土侧面进水石（m^3）	复合材料600mm×400mm×40mm水箅及箅座（套）	井周边回填C15混凝土	备注
双联进水井	80	19.2	29.6	76.8	238.4	1.5	296.0	2.0	3.2	160	280	
合计	80	19.2	29.6	76.8	238.4	1.5	296.0	2.0	3.2	160	280	

设计：　　　　校核：　　　　审核：

排 水 工 程 数 量 表

（四联进水井工程量表）

水施 -17

工程名称：××县创业大道道路工程东段

工程名称	数量（座）	砂砾石垫层（m^3）	现浇C20混凝土基础（m^3）	M7.5水泥砂浆砌砖（m^3）	1：2水泥砂浆抹面（m^2）	C30钢筋混凝土过梁（m^3）	C30钢筋混凝土过梁钢筋HPB300（kg）	井座钢筋（kg）	现浇混凝土C30井座（m^3）	预制C30混凝土侧面进水石（m^3）	复合材料600mm×400mm×40mm水箅及箅座（套）	井周边回填C15混凝土	备注
四联进水井	4	1.44	2.88	7.96	29.44	0.1772	29.6	56.2	0.68	0.408	16	22.608	
	4	1.44	2.88	7.96	29.44	0.1772	29.6	56.20	0.68	0.408	16	22.6	

设计：　　　　校核：　　　　审核：

排 水 工 程 数 量 表

（雨水连接管工程量表）

工程名称：××县创业大道道路工程东段

路段	工程名称	管径规格	基础宽度（mm）	管道长度（m）	基础混凝土量C20（m^3）	回填砂砾石（m^3）	挖方	弃方（运距3km）（m^3）	备注
	雨水工程	$d300$	699	490	92.6	264.6	441.0	441.0	Ⅰ级钢筋混凝土平口管
合计				490	92.6	264.6	441.0	441.0	

设计：　　　　校核：　　　　审核：

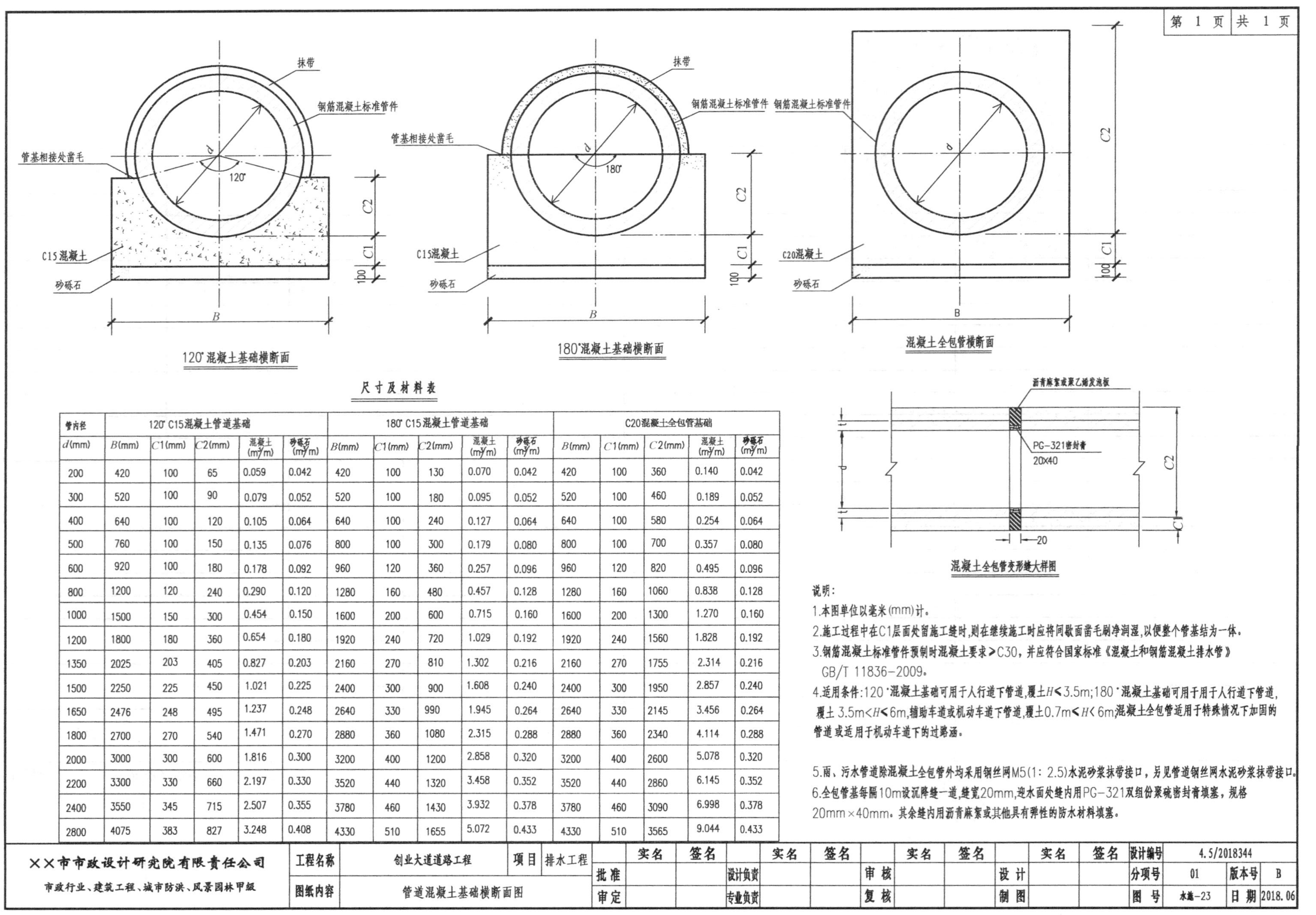

尺寸及材料表

管内径	120° C15混凝土管道基础					180° C15混凝土管道基础					C20混凝土全包管基础				
d(mm)	B(mm)	$C1$(mm)	$C2$(mm)	混凝土 (m³/m)	砂砾石 (m³/m)	B(mm)	$C1$(mm)	$C2$(mm)	混凝土 (m³/m)	砂砾石 (m³/m)	B(mm)	$C1$(mm)	$C2$(mm)	混凝土 (m³/m)	砂砾石 (m³/m)
200	420	100	65	0.059	0.042	420	100	130	0.070	0.042	420	100	360	0.140	0.042
300	520	100	90	0.079	0.052	520	100	180	0.095	0.052	520	100	460	0.189	0.052
400	640	100	120	0.105	0.064	640	100	240	0.127	0.064	640	100	580	0.254	0.064
500	760	100	150	0.135	0.076	800	100	300	0.179	0.080	800	100	700	0.357	0.080
600	920	100	180	0.178	0.092	960	120	360	0.257	0.096	960	120	820	0.495	0.096
800	1200	120	240	0.290	0.120	1280	160	480	0.457	0.128	1280	160	1060	0.838	0.128
1000	1500	150	300	0.454	0.150	1600	200	600	0.715	0.160	1600	200	1300	1.270	0.160
1200	1800	180	360	0.654	0.180	1920	240	720	1.029	0.192	1920	240	1560	1.828	0.192
1350	2025	203	405	0.827	0.203	2160	270	810	1.302	0.216	2160	270	1755	2.314	0.216
1500	2250	225	450	1.021	0.225	2400	300	900	1.608	0.240	2400	300	1950	2.857	0.240
1650	2476	248	495	1.237	0.248	2640	330	990	1.945	0.264	2640	330	2145	3.456	0.264
1800	2700	270	540	1.471	0.270	2880	360	1080	2.315	0.288	2880	360	2340	4.114	0.288
2000	3000	300	600	1.816	0.300	3200	400	1200	2.858	0.320	3200	400	2600	5.078	0.320
2200	3300	330	660	2.197	0.330	3520	440	1320	3.458	0.352	3520	440	2860	6.145	0.352
2400	3550	345	715	2.507	0.355	3780	460	1430	3.932	0.378	3780	460	3090	6.998	0.378
2800	4075	383	827	3.248	0.408	4330	510	1655	5.072	0.433	4330	510	3565	9.044	0.433

说明：

1.本图单位以毫米(mm)计。

2.施工过程中在C1层面处留施工缝时，则在继续施工时应将间歇面凿毛刷净润湿，以便整个管基结为一体。

3.钢筋混凝土标准管件预制时混凝土要求≥C30，并应符合国家标准《混凝土和钢筋混凝土排水管》GB/T 11836−2009。

4.适用条件：120°混凝土基础可用于人行道下管道，覆土H≤3.5m；180°混凝土基础可用于用于人行道下管道，覆土3.5m<H≤6m，辅助车道或机动车道下管道，覆土0.7m≤H<6m；混凝土全包管适用于特殊情况下加固的管道或适用于机动车道下的过路涵。

5.雨、污水管道除混凝土全包管外均采用钢丝网M5(1：2.5)水泥砂浆抹带接口，另见管道钢丝网水泥砂浆抹带接口。

6.全包管基每隔10m设沉降缝一道，缝宽20mm，迎水面处缝内用PG−321双组份聚硫密封膏填塞，规格20mm×40mm。其余缝内用沥青麻絮或其他具有弹性的防水材料填塞。

××市市政设计研究院有限责任公司 市政行业、建筑工程、城市防洪、风景园林甲级	工程名称	创业大道道路工程	项目	排水工程		实名	签名		实名	签名		实名	签名		实名	签名	设计编号	4.5/2018344		
	图纸内容	管道混凝土基础横断面图			批准			设计负责			审核			设计			分项号	01	版本号	B
					审定			专业负责			复核			制图			图号	水施−23	日期	2018.06

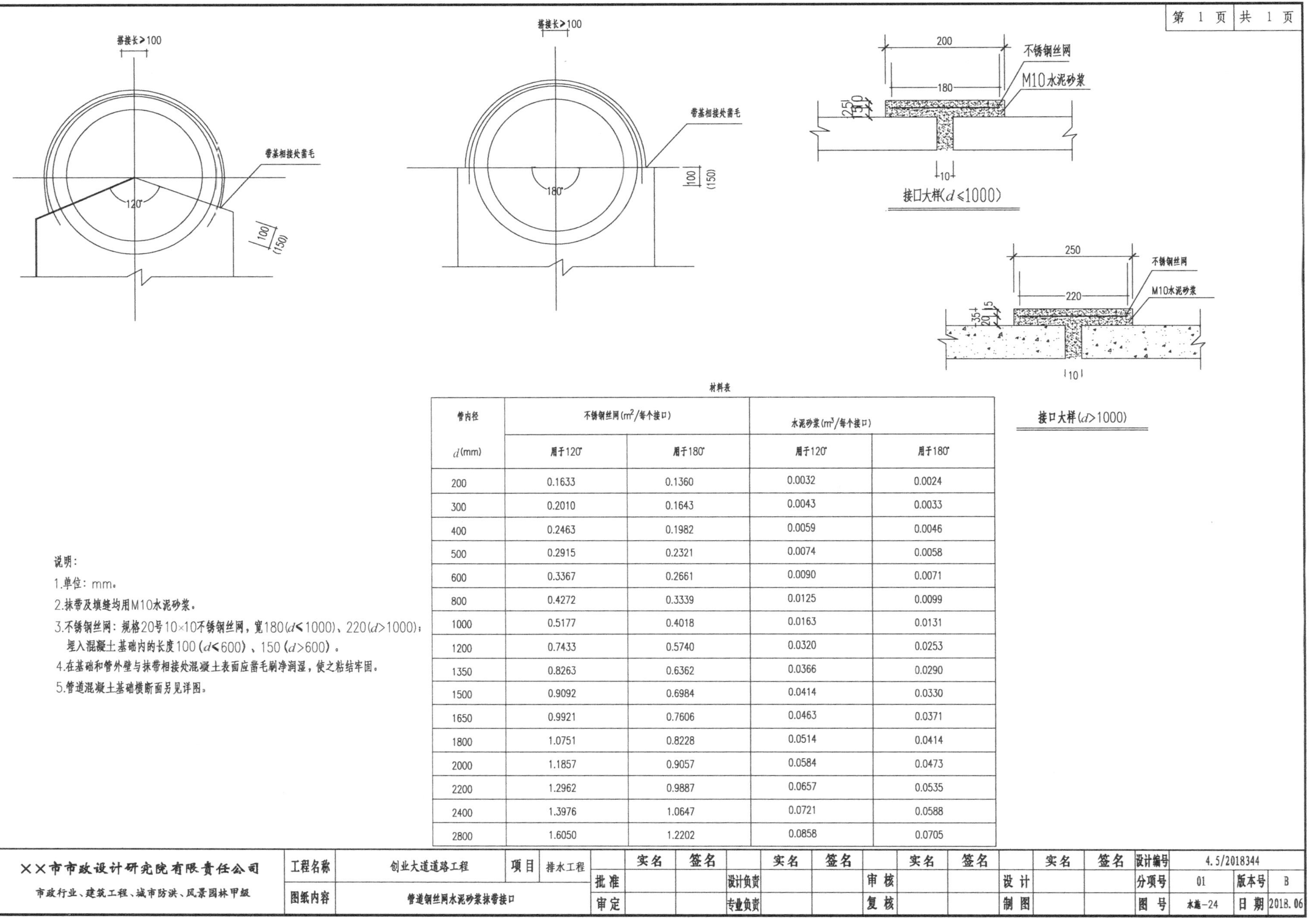

材料表

管内径	不锈钢丝网(m²/每个接口)		水泥砂浆(m³/每个接口)	
d(mm)	用于120°	用于180°	用于120°	用于180°
200	0.1633	0.1360	0.0032	0.0024
300	0.2010	0.1643	0.0043	0.0033
400	0.2463	0.1982	0.0059	0.0046
500	0.2915	0.2321	0.0074	0.0058
600	0.3367	0.2661	0.0090	0.0071
800	0.4272	0.3339	0.0125	0.0099
1000	0.5177	0.4018	0.0163	0.0131
1200	0.7433	0.5740	0.0320	0.0253
1350	0.8263	0.6362	0.0366	0.0290
1500	0.9092	0.6984	0.0414	0.0330
1650	0.9921	0.7606	0.0463	0.0371
1800	1.0751	0.8228	0.0514	0.0414
2000	1.1857	0.9057	0.0584	0.0473
2200	1.2962	0.9887	0.0657	0.0535
2400	1.3976	1.0647	0.0721	0.0588
2800	1.6050	1.2202	0.0858	0.0705

说明：

1.单位：mm。

2.抹带及填缝均用M10水泥砂浆。

3.不锈钢丝网：规格20号10×10不锈钢丝网，宽180(d≤1000)、220(d>1000)；埋入混凝土基础内的长度100(d≤600)、150(d>600)。

4.在基础和管外壁与抹带相接处混凝土表面应凿毛刷净润湿，使之粘结牢固。

5.管道混凝土基础横断面另见详图。

××市市政设计研究院有限责任公司 市政行业、建筑工程、城市防洪、风景园林甲级	工程名称	创业大道道路工程	项目	排水工程		实名	签名		实名	签名		实名	签名		实名	签名	设计编号	4.5/2018344		
					批准			设计负责			审核			设计			分项号	01	版本号	B
	图纸内容	管道钢丝网水泥砂浆抹带接口			审定			专业负责			复核			制图			图号	水施-24	日期	2018.06

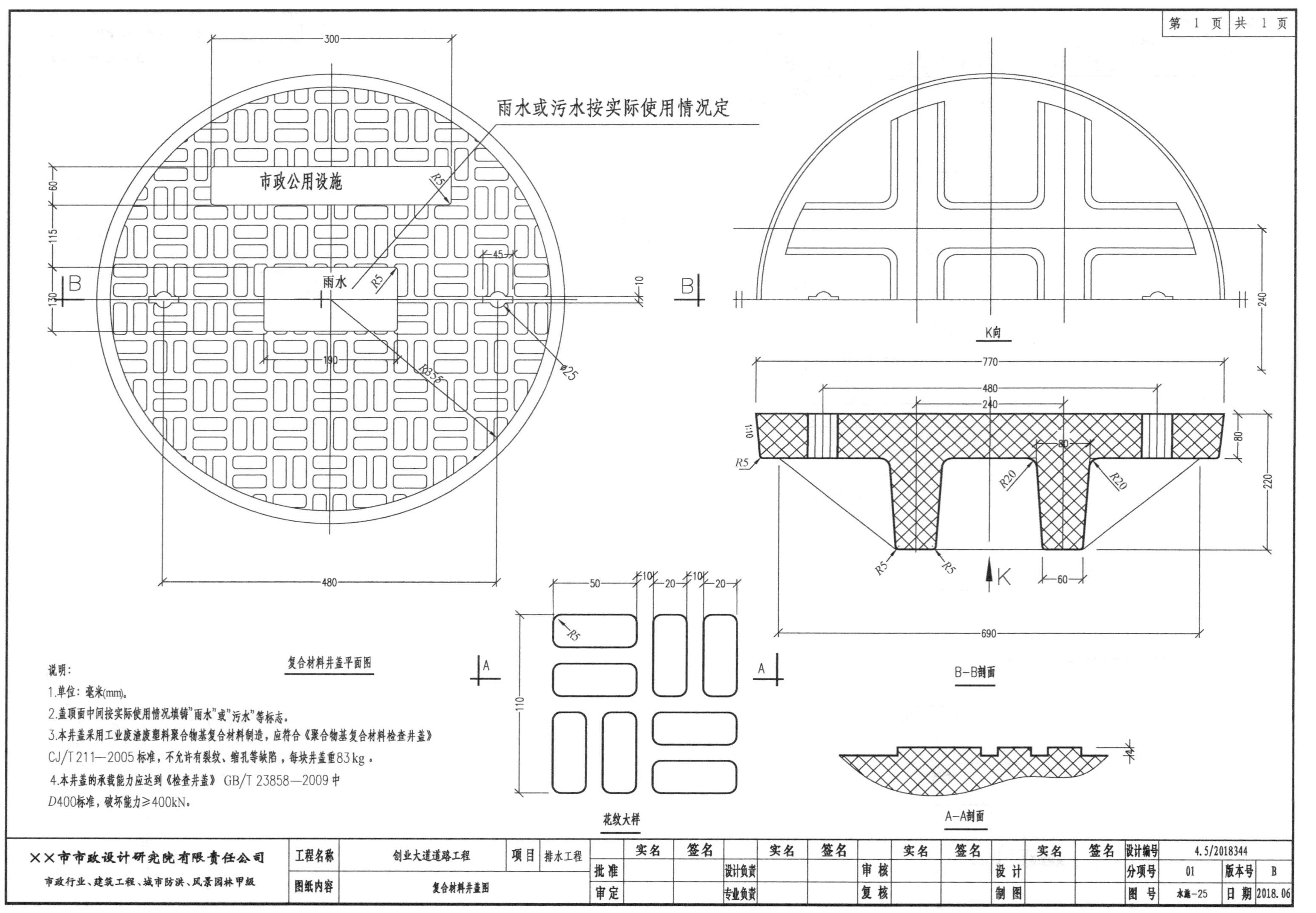

说明：

1.单位：毫米(mm)。

2.盖顶面中间按实际使用情况填铸"雨水"或"污水"等标志。

3.本井盖采用工业废渣废塑料聚合物基复合材料制造，应符合《聚合物基复合材料检查井盖》CJ/T 211—2005 标准，不允许有裂纹、缩孔等缺陷，每块井盖重83 kg。

4.本井盖的承载能力应达到《检查井盖》 GB/T 23858—2009 中 D400标准，破坏能力≥400kN。

××市市政设计研究院有限责任公司 市政行业、建筑工程、城市防洪、风景园林甲级	工程名称	创业大道道路工程	项目	排水工程		实名	签名		实名	签名		实名	签名		实名	签名	设计编号	4.5/2018344		
	图纸内容	复合材料井盖图			批准			设计负责			审核			设计			分项号	01	版本号	B
					审定			专业负责			复核			制图			图号	水施-25	日期	2018.06

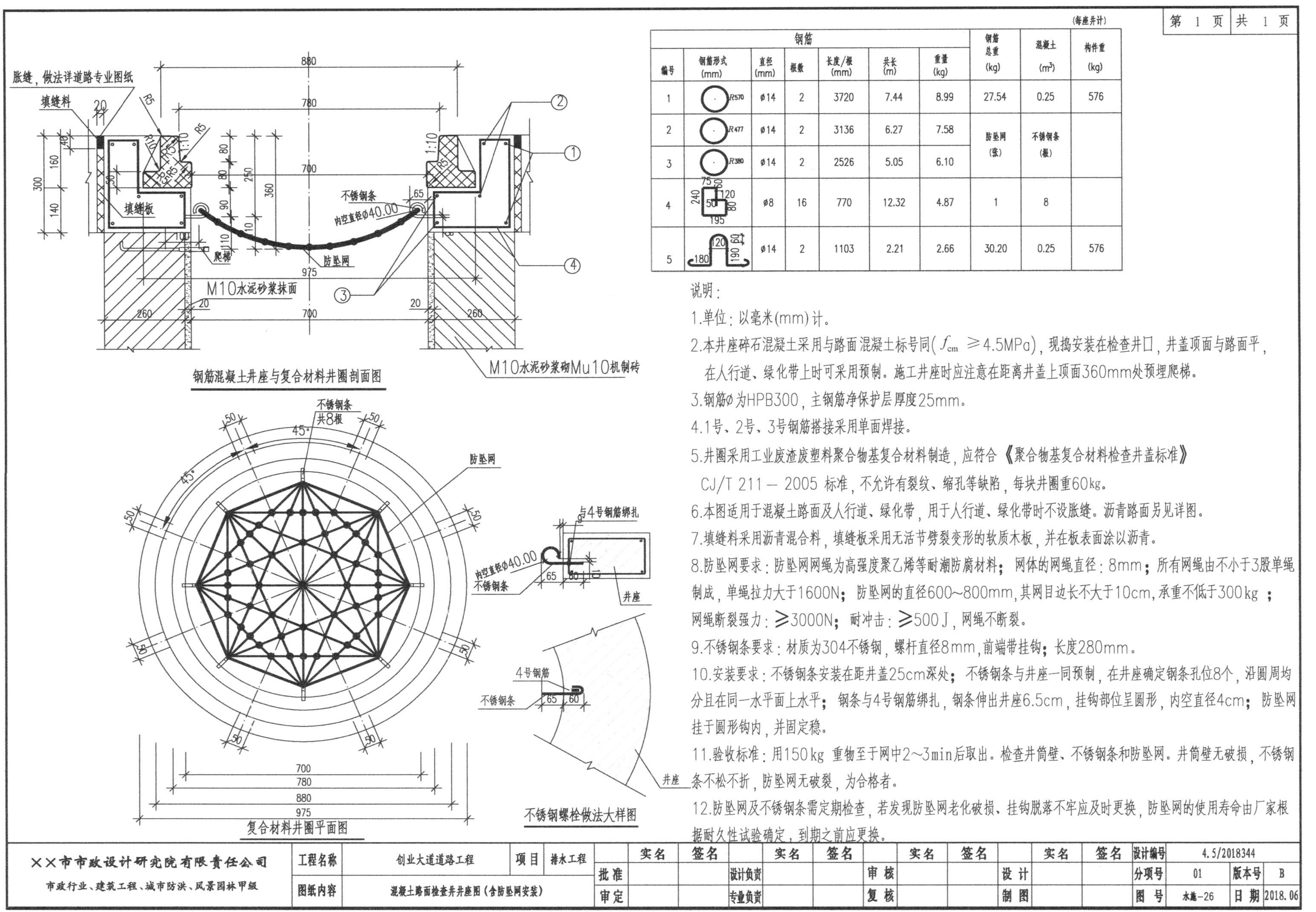

(每座井计)

编号	钢筋形式 (mm)	直径 (mm)	根数	长度/根 (mm)	共长 (m)	重量 (kg)	钢筋总重 (kg)	混凝土 (m^3)	构件重 (kg)
1	R570	φ14	2	3720	7.44	8.99	27.54	0.25	576
2	R477	φ14	2	3136	6.27	7.58	防坠网 (张)	不锈钢条 (根)	
3	R380	φ14	2	2526	5.05	6.10			
4	75 240 120 50 80 195	φ8	16	770	12.32	4.87	1	8	
5	120 60 190 180	φ14	2	1103	2.21	2.66	30.20	0.25	576

说明：

1.单位：以毫米(mm)计。

2.本井座碎石混凝土采用与路面混凝土标号同(f_{cm} ≥4.5MPa)，现捣安装在检查井口，井盖顶面与路面平，在人行道、绿化带上时可采用预制。施工井座时应注意在距离井盖上顶面360mm处预埋爬梯。

3.钢筋φ为HPB300，主钢筋净保护层厚度25mm。

4.1号、2号、3号钢筋搭接采用单面焊接。

5.井圈采用工业废渣废塑料聚合物基复合材料制造，应符合《聚合物基复合材料检查井盖标准》CJ/T 211—2005 标准，不允许有裂纹、缩孔等缺陷，每块井圈重60kg。

6.本图适用于混凝土路面及人行道、绿化带，用于人行道、绿化带时不设胀缝。沥青路面另见详图。

7.填缝料采用沥青混合料，填缝板采用无活节劈裂变形的软质木板，并在板表面涂以沥青。

8.防坠网要求：防坠网网绳为高强度聚乙烯等耐潮防腐材料；网体的网绳直径：8mm；所有网绳由不小于3股单绳制成，单绳拉力大于1600N；防坠网的直径600~800mm，其网目边长不大于10cm，承重不低于300kg；网绳断裂强力：≥3000N；耐冲击：≥500J，网绳不断裂。

9.不锈钢条要求：材质为304不锈钢，螺杆直径8mm，前端带挂钩；长度280mm。

10.安装要求：不锈钢条安装在距井盖25cm深处；不锈钢条与井座一同预制，在井座确定钢条孔位8个，沿圆周均分且在同一水平面上水平；钢条与4号钢筋绑扎，钢条伸出井座6.5cm，挂钩部位呈圆形，内空直径4cm；防坠网挂于圆形钩内，并固定稳。

11.验收标准：用150kg 重物至于网中2~3min后取出。检查井筒壁、不锈钢条和防坠网。井筒壁无破损，不锈钢条不松不折，防坠网无破裂，为合格者。

12.防坠网及不锈钢条需定期检查，若发现防坠网老化破损、挂钩脱落不牢应及时更换，防坠网的使用寿命由厂家根据耐久性试验确定，到期之前应更换。

××市市政设计研究院有限责任公司 市政行业、建筑工程、城市防洪、风景园林甲级	工程名称	创业大道道路工程	项目	排水工程		实名	签名		实名	签名		实名	签名		实名	签名	设计编号	4.5/2018344		
	图纸内容	混凝土路面检查井井座图(含防坠网安装)			批准			设计负责			审核			设计			分项号	01	版本号	B
					审定			专业负责			复核			制图			图号	水施-26	日期	2018.06

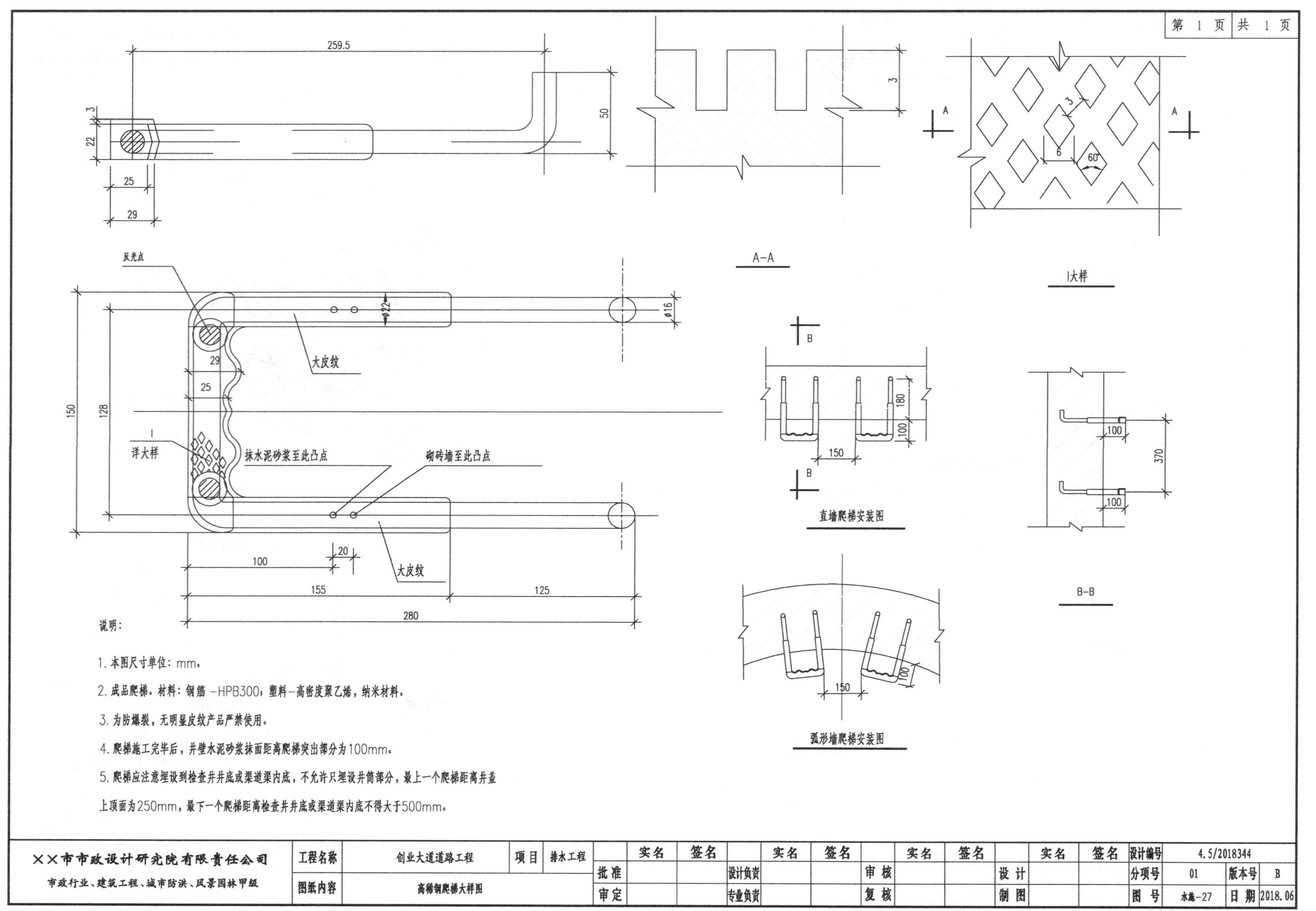

说明：

1. 本图尺寸单位：mm。

2. 成品爬梯。材料：钢筋 -HPB300；塑料—高密度聚乙烯，纳米材料。

3. 为防爆裂，无明显皮纹产品严禁使用。

4. 爬梯施工完毕后，井壁水泥砂浆抹面距离爬梯突出部分为100mm。

5. 爬梯应注意埋设到检查井井底或渠道渠内底，不允许只埋设井筒部分，最上一个爬梯距离井盖上顶面为250mm，最下一个爬梯距离检查井井底或渠道渠内底不得大于500mm。

××市市政设计研究院有限责任公司	工程名称	创业大道道路工程	项目	排水工程		实名	签名		实名	签名		实名	签名		实名	签名	设计编号	4.5/2018344		
市政行业、建筑工程、城市防洪、风景园林甲级	图纸内容	高稀钢爬梯大样图			批准			设计负责			审核			设计			分项号	01	版本号	B
					审定			专业负责			复核			制图			图号	水施-27	日期	2018.06

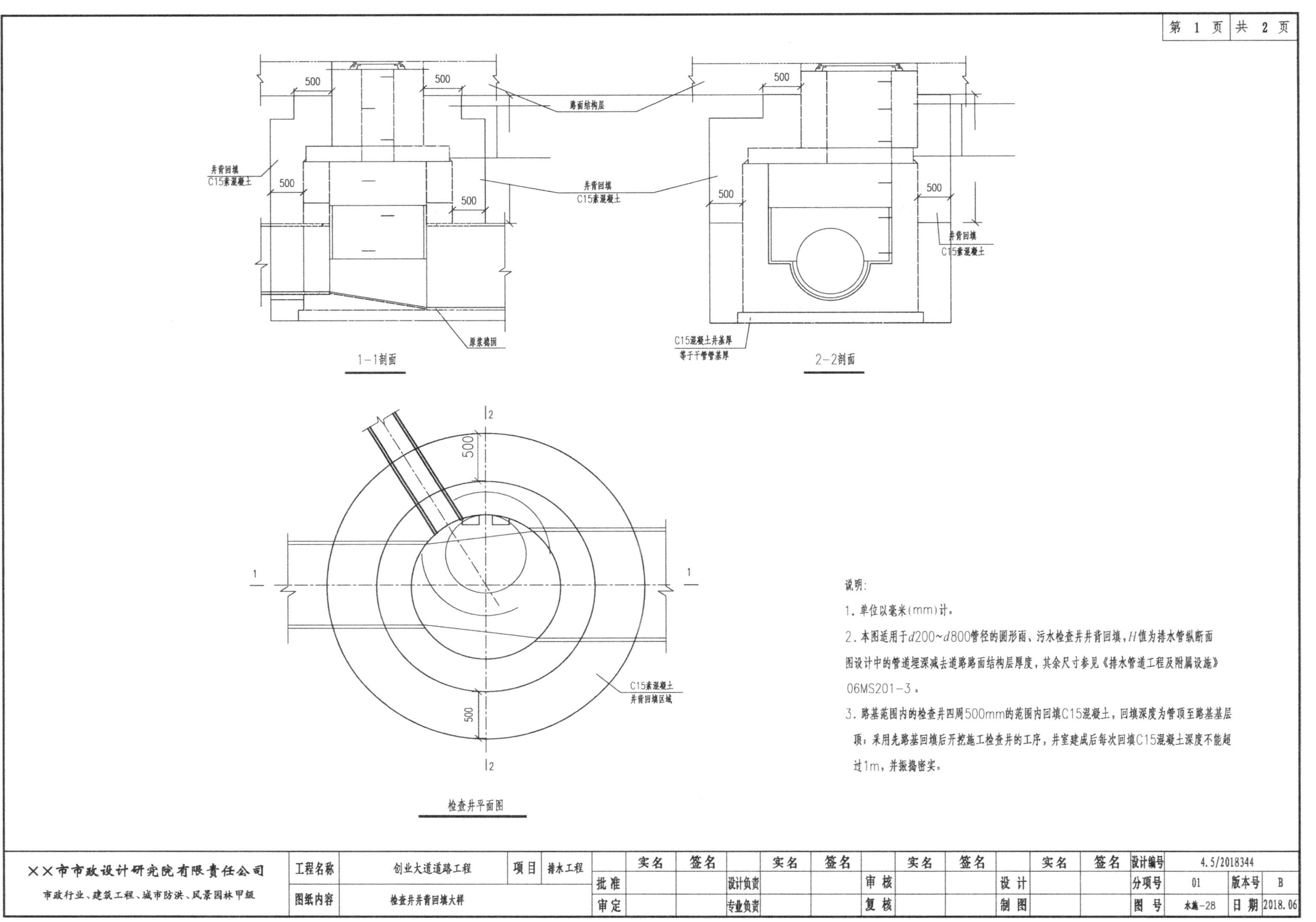

第 1 页 共 2 页
500
500
路面结构层
井背回填
C15素混凝土
500
500
井背回填
C15素混凝土
500
500
井背回填
C15素混凝土
厚浆砌筑
C15混凝土井基厚
等于干管管基厚
1-1剖面
2-2剖面
2
500
1
1
C15素混凝土
井背回填区域
500
2
检查井平面图
说明:
1. 单位以毫米(mm)计。
2. 本图适用于d200~d800管径的圆形雨、污水检查井井背回填，H值为排水管纵断面图设计中的管道埋深减去道路路面结构层厚度，其余尺寸参见《排水管道工程及附属设施》06MS201-3。
3. 路基范围内的检查井四周500mm的范围内回填C15混凝土，回填深度为管顶至路基基层顶；采用先路基回填后开挖施工检查井的工序，井室建成后每次回填C15混凝土深度不能超过1m，并振捣密实。
××市市政设计研究院有限责任公司
市政行业、建筑工程、城市防洪、风景园林甲级
工程名称
创业大道道路工程
项目
排水工程
图纸内容
检查井井背回填大样
实名
签名
批准
审定
设计负责
专业负责
审核
复核
设计
制图
设计编号
4.5/2018344
分项号
01
版本号
B
图号
水施-28
日期
2018.06

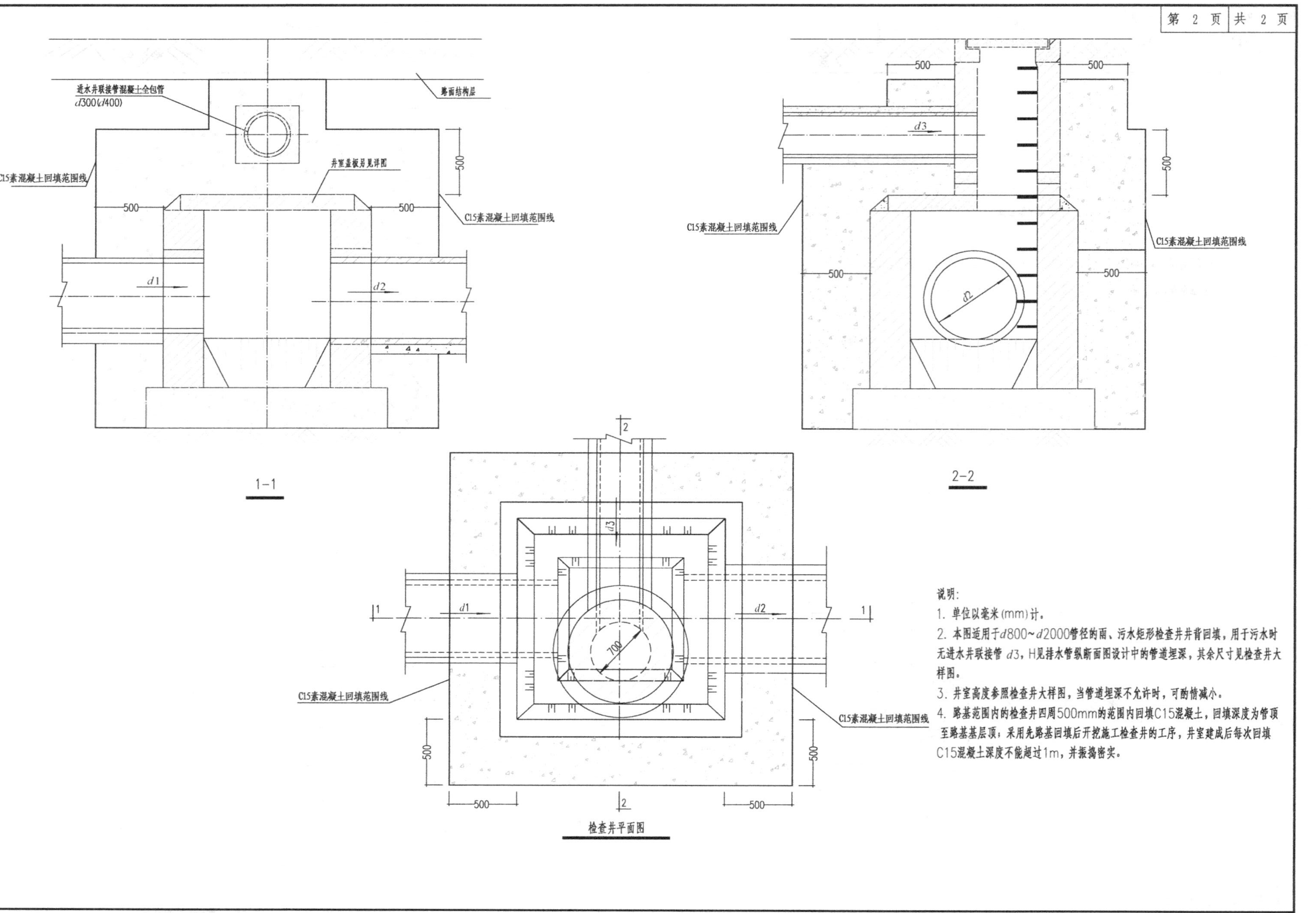

1-1

2-2

检查井平面图

说明：

1. 单位以毫米(mm)计。
2. 本图适用于$d800$~$d2000$管径的雨、污水矩形检查井井背回填，用于污水时无进水井联接管 $d3$，H见排水管纵断面图设计中的管道埋深，其余尺寸见检查井大样图。
3. 井室高度参照检查井大样图，当管道埋深不允许时，可酌情减小。
4. 路基范围内的检查井四周500mm的范围内回填C15混凝土，回填深度为管顶至路基基层顶，采用先路基回填后开挖施工检查井的工序，井室建成后每次回填C15混凝土深度不能超过1m，并振捣密实。

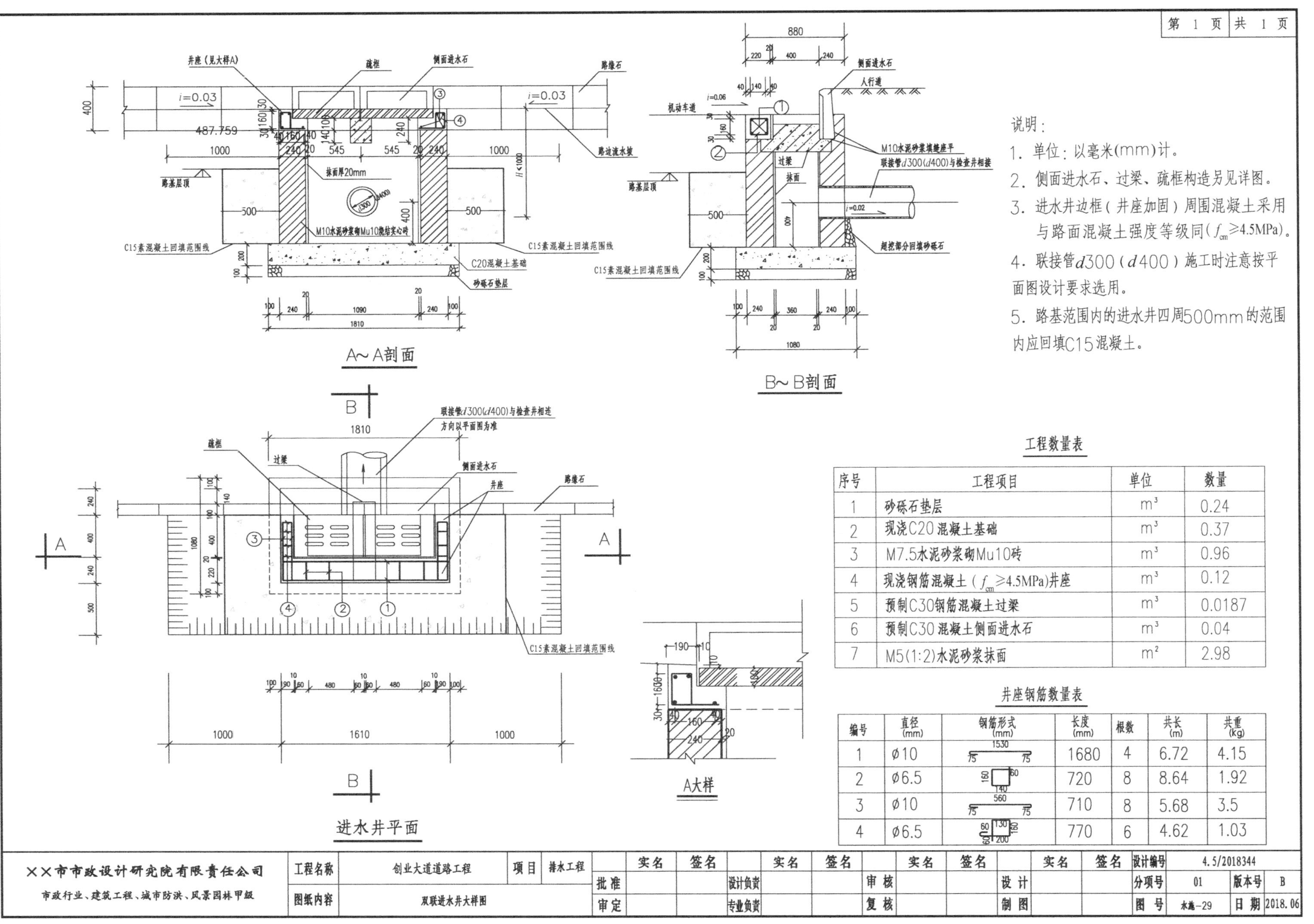

说明：

1. 单位：以毫米(mm)计。
2. 侧面进水石、过梁、疏框构造另见详图。
3. 进水井边框（井座加固）周围混凝土采用与路面混凝土强度等级同(f_{cm}≥4.5MPa)。
4. 联接管d300（d400）施工时注意按平面图设计要求选用。
5. 路基范围内的进水井四周500mm的范围内应回填C15混凝土。

工程数量表

序号	工程项目	单位	数量
1	砂砾石垫层	m^3	0.24
2	现浇C20混凝土基础	m^3	0.37
3	M7.5水泥砂浆砌Mu10砖	m^3	0.96
4	现浇钢筋混凝土（f_{cm}≥4.5MPa)井座	m^3	0.12
5	预制C30钢筋混凝土过梁	m^3	0.0187
6	预制C30混凝土侧面进水石	m^3	0.04
7	M5(1:2)水泥砂浆抹面	m^2	2.98

井座钢筋数量表

编号	直径(mm)	钢筋形式(mm)	长度(mm)	根数	共长(m)	共重(kg)
1	∅10	75 1530 75	1680	4	6.72	4.15
2	∅6.5	160 140 60	720	8	8.64	1.92
3	∅10	75 560 75	710	8	5.68	3.5
4	∅6.5	60 130 60 200	770	6	4.62	1.03

××市市政设计研究院有限责任公司	工程名称	创业大道道路工程	项目	排水工程		实名	签名		实名	签名		实名	签名		实名	签名	设计编号	4.5/2018344		
市政行业、建筑工程、城市防洪、风景园林甲级	图纸内容	双联进水井大样图			批准			设计负责			审核			设计			分项号	01	版本号	B
					审定			专业负责			复核			制图			图号	水施-29	日期	2018.06

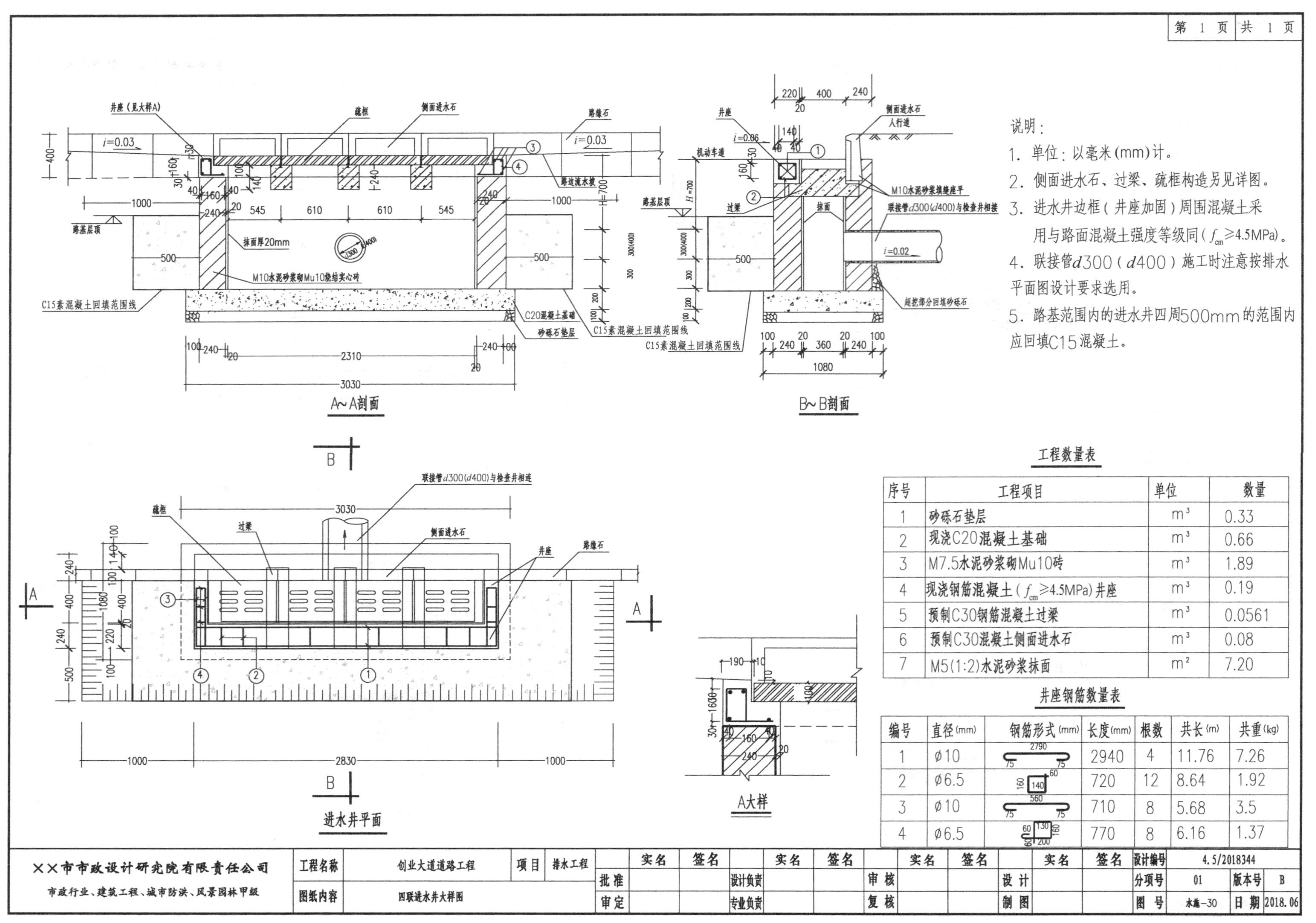

说明：

1. 单位：以毫米(mm)计。
2. 侧面进水石、过梁、疏框构造另见详图。
3. 进水井边框（井座加固）周围混凝土采用与路面混凝土强度等级同（f_{cm}≥4.5MPa）。
4. 联接管d300（d400）施工时注意按排水平面图设计要求选用。
5. 路基范围内的进水井四周500mm的范围内应回填C15混凝土。

工程数量表

序号	工程项目	单位	数量
1	砂砾石垫层	m³	0.33
2	现浇C20混凝土基础	m³	0.66
3	M7.5水泥砂浆砌Mu10砖	m³	1.89
4	现浇钢筋混凝土（f_{cm}≥4.5MPa）井座	m³	0.19
5	预制C30钢筋混凝土过梁	m³	0.0561
6	预制C30混凝土侧面进水石	m³	0.08
7	M5(1:2)水泥砂浆抹面	m²	7.20

井座钢筋数量表

编号	直径(mm)	钢筋形式(mm)	长度(mm)	根数	共长(m)	共重(kg)
1	ϕ10	2790, 75, 75	2940	4	11.76	7.26
2	ϕ6.5	160, 140, 60	720	12	8.64	1.92
3	ϕ10	560, 75, 75	710	8	5.68	3.5
4	ϕ6.5	60, 130, 160, 200, 60	770	8	6.16	1.37

××市市政设计研究院有限责任公司	工程名称	创业大道道路工程	项目	排水工程		实名	签名		实名	签名		实名	签名		实名	签名	设计编号	4.5/2018344		
市政行业、建筑工程、城市防洪、风景园林甲级	图纸内容	四联进水井大样图			批准			设计负责			审核			设计			分项号	01	版本号	B
					审定			专业负责			复核			制图			图号	水施-30	日期	2018.06

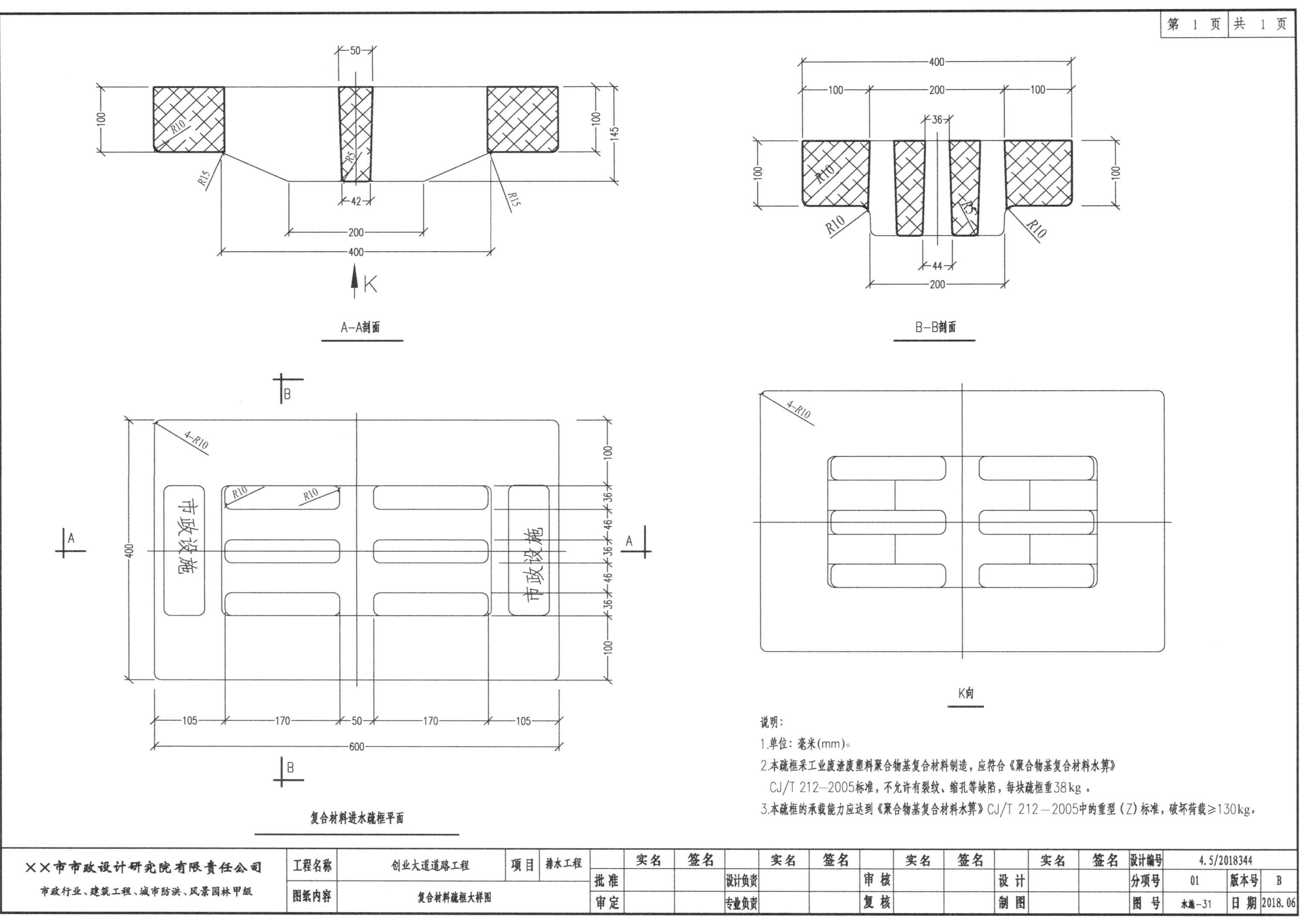

说明：

1.单位：毫米(mm)。

2.本疏框采工业废渣废塑料聚合物基复合材料制造，应符合《聚合物基复合材料水箅》CJ/T 212—2005标准，不允许有裂纹、缩孔等缺陷，每块疏框重38kg 。

3.本疏框的承载能力应达到《聚合物基复合材料水箅》CJ/T 212—2005中的重型（Z）标准，破坏荷载≥130kg。

××市市政设计研究院有限责任公司 市政行业、建筑工程、城市防洪、风景园林甲级	工程名称	创业大道道路工程	项目	排水工程		实名	签名		实名	签名		实名	签名		实名	签名	设计编号	4.5/2018344		
	图纸内容	复合材料疏框大样图			批准			设计负责			审核			设计			分项号	01	版本号	B
					审定			专业负责			复核			制图			图号	水施-31	日期	2018.06

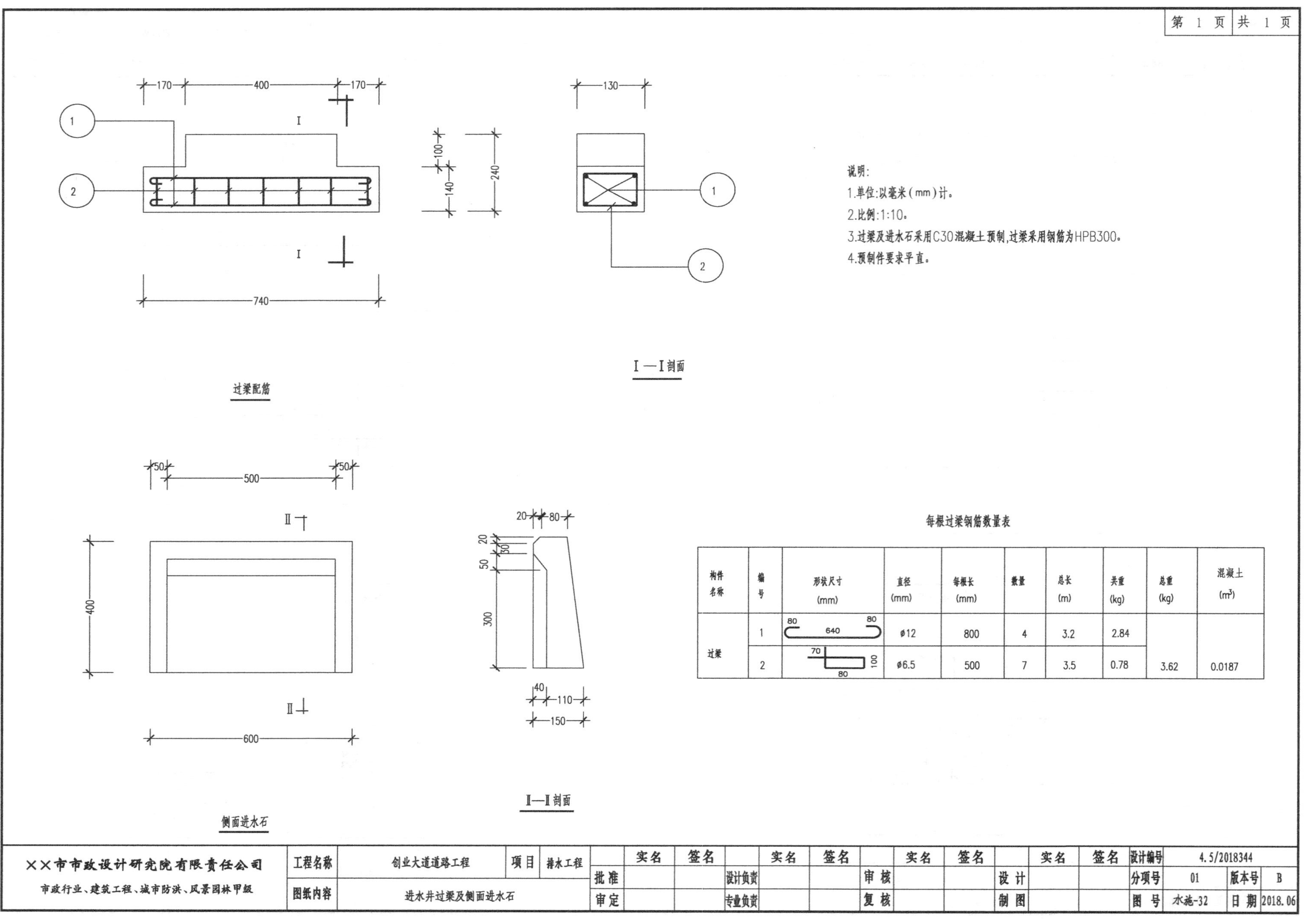

说明：
1.单位:以毫米(mm)计。
2.比例:1:10。
3.过梁及进水石采用C30混凝土预制,过梁采用钢筋为HPB300。
4.预制件要求平直。

每根过梁钢筋数量表

构件名称	编号	形状尺寸(mm)	直径(mm)	每根长(mm)	数量	总长(m)	共重(kg)	总重(kg)	混凝土(m³)
过梁	1	80 640 80	ø12	800	4	3.2	2.84	3.62	0.0187
	2	70 80 100	ø6.5	500	7	3.5	0.78		

××市市政设计研究院有限责任公司 市政行业、建筑工程、城市防洪、风景园林甲级	工程名称	创业大道道路工程	项目	排水工程		实名	签名		实名	签名		实名	签名		实名	签名	设计编号	4.5/2018344		
	图纸内容	进水井过梁及侧面进水石			批准			设计负责			审核			设计			分项号	01	版本号	B
					审定			专业负责			复核			制图			图号	水施-32	日期	2018.06

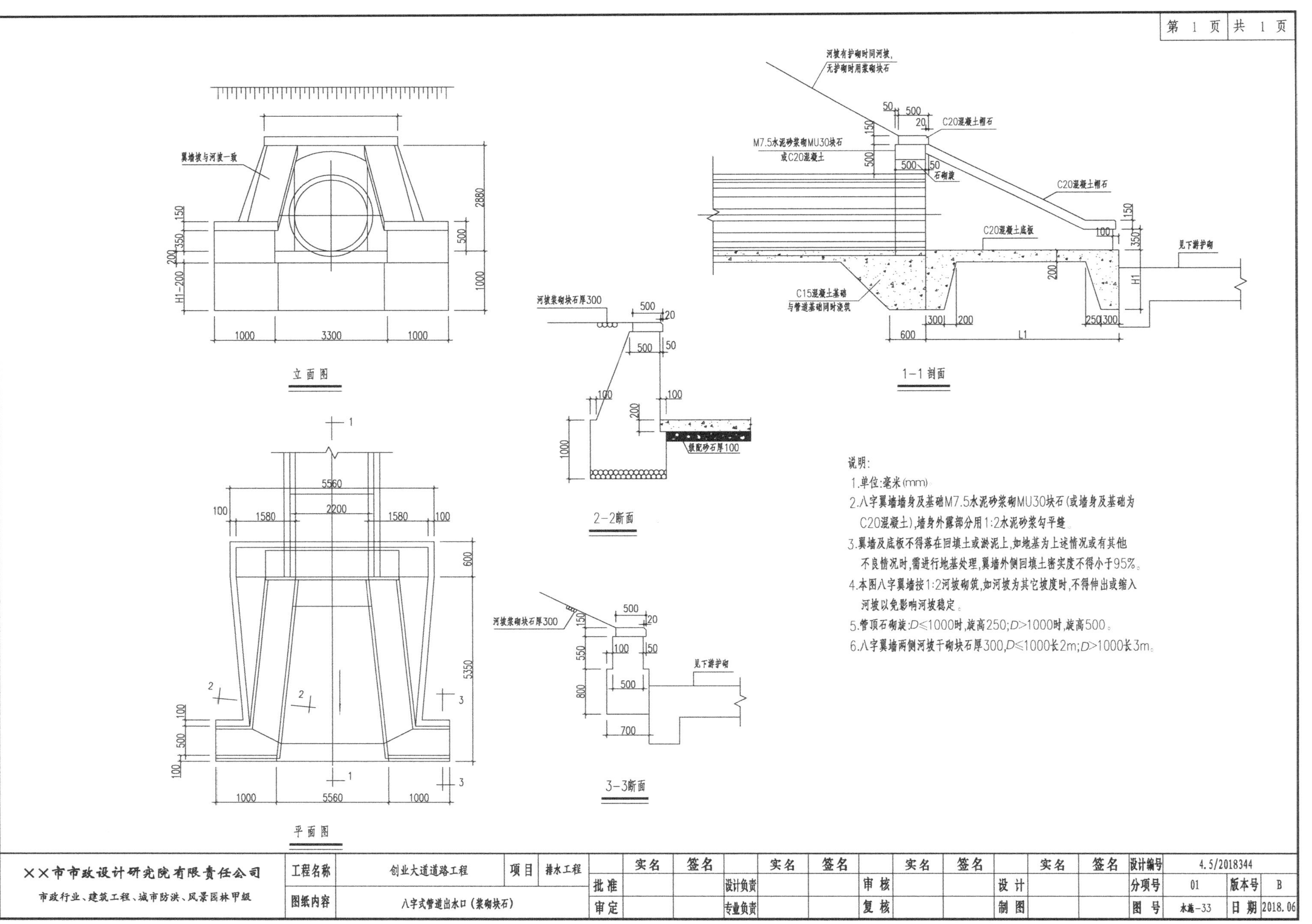

说明:

1. 单位:毫米(mm)
2. 八字翼墙墙身及基础M7.5水泥砂浆砌MU30块石(或墙身及基础为C20混凝土),墙身外露部分用1:2水泥砂浆勾平缝。
3. 翼墙及底板不得落在回填土或淤泥上,如地基为上述情况或有其他不良情况时,需进行地基处理,翼墙外侧回填土密实度不得小于95%。
4. 本图八字翼墙按1:2河坡砌筑,如河坡为其它坡度时,不得伸出或缩入河坡以免影响河坡稳定。
5. 管顶石砌旋:$D\leq1000$时,旋高250;$D>1000$时,旋高500。
6. 八字翼墙两侧河坡干砌块石厚300,$D\leq1000$长2m;$D>1000$长3m。

××市市政设计研究院有限责任公司 市政行业、建筑工程、城市防洪、风景园林甲级	工程名称	创业大道道路工程	项目	排水工程		实名	签名		实名	签名		实名	签名		实名	签名	设计编号	4.5/2018344		
	图纸内容	八字式管道出水口(浆砌块石)			批准			设计负责			审核			设计			分项号	01	版本号	B
					审定			专业负责			复核			制图			图号	水施-33	日期	2018.06

序号	各部尺寸 (mm)								工程数量 (m^3)		
	D	t	B	H	L_1	L_2	L_3	L_4	C15混凝土	C20混凝土	MU30块石(或C20混凝土)
1	300	30	1300	830	1260	540	460	1420	0.68	0.84	4.55
2	400	35	1400	940	1470	690	520	1640	0.79	1.03	5.30
3	500	42	1500	1040	1680	830	570	1840	0.88	1.22	6.06
4	600	50	1600	1150	1900	980	630	2060	0.99	1.45	6.98
5	700	55	1700	1260	2110	1120	690	2280	1.09	1.64	7.95
6	800	65	1800	1370	2330	1270	750	2500	1.20	1.87	9.01
7	900	70	1900	1470	2540	1410	810	2720	1.31	2.11	10.11
8	1000	75	2000	1580	2750	1560	870	2940	1.41	2.37	11.31
9	1100	85	2100	1690	2970	1700	930	3160	1.90	2.92	14.30
10	1200	90	2200	1790	3180	1850	980	3360	2.02	3.23	15.70
11	1350	105	2350	1960	3510	2070	1080	3710	2.23	3.71	18.29
12	1500	115	2500	2120	3830	2280	1170	4040	2.42	4.21	20.96
13	1650	125	2650	2280	4150	2500	1250	4350	2.61	4.75	23.77
14	1800	140	2800	2440	4480	2720	1340	4680	2.81	5.32	26.95
15	2000	155	3000	2660	4910	3010	1460	5120	3.07	6.11	31.58
16	2200	175	3200	2880	5350	3300	1580	5560	3.34	6.97	36.75
17	2400	185	3400	3090	5770	3590	1700	6000	3.60	7.85	42.24

附注：

1. 块石工程量中不包括护坡工程量。

2. t:管壁厚。